北京市职业院校教学管理能力提升"五说"行动

北京市职业院校教学管理能力提升"五说"行动编委会 编著

北京理工大学出版社
BEIJING INSTITUTE OF TECHNOLOGY PRESS

版权专有　侵权必究

图书在版编目（CIP）数据

北京市职业院校教学管理能力提升"五说"行动／北京市职业院校教学管理能力提升"五说"行动编委会编著．－－北京：北京理工大学出版社，2023.4

ISBN 978-7-5763-2297-2

Ⅰ．①北⋯　Ⅱ．①北⋯　Ⅲ．①高等职业教育-教学管理-研究　Ⅳ．①G718.5

中国国家版本馆 CIP 数据核字（2023）第 067522 号

出版发行　／　北京理工大学出版社有限责任公司
社　　址　／　北京市海淀区中关村南大街 5 号
邮　　编　／　100081
电　　话　／　（010）68914775（总编室）
　　　　　　　（010）82562903（教材售后服务热线）
　　　　　　　（010）68944723（其他图书服务热线）
网　　址　／　http：//www.bitpress.com.cn
经　　销　／　全国各地新华书店
印　　刷　／　唐山富达印务有限公司
开　　本　／　787 毫米×1092 毫米　1/16
印　　张　／　17.75　　　　　　　　　　　　　　　责任编辑／徐艳君
字　　数　／　395 千字　　　　　　　　　　　　　　文案编辑／徐艳君
版　　次　／　2023 年 4 月第 1 版　2023 年 4 月第 1 次印刷　责任校对／周瑞红
定　　价　／　59.80 元　　　　　　　　　　　　　　责任印制／施胜娟

图书出现印装质量问题，请拨打售后服务热线，本社负责调换

编委会

顾　问：孙其军　王东江
主　编：张树刚　王春燕
委　员：张　兰　余　俊　高　飞　项　明
　　　　陈敬文　巫梅林　武　晔　龚戈淬
　　　　桑　舸　陈佳妮　吕欣珊

序

  北京市职业院校教学管理能力提升系列行动是促进北京职业教育高质量发展、持续多年且一脉相承的创新举措，是首善之区为全国职业教育高发展提供的理论创新与实践探索：一是2019年起，组织编写、推广、落地《北京市职业院校教学管理通则》（以下简称《通则》），成为北京职业教育发展史上及时而重要的创新举措，同时《通则》作为国内第一本系统规范职业院校教学管理制度体系的规则文本，发挥了首善之区引领作用，为全国职业学校教学管理工作提供借鉴。二是2022年教学管理能力提升"五说"行动抓住了高质量发展的牛鼻子，彰显北京职业教育发展瞄准特色之路和首善标准的初心，面向国家战略，适应首都高质量发展，把握改革方针政策，建立健全教学管理制度，完善教学管理体系，推动教学管理能力和教学质量提升，促进学校管理制度化、科学化、规范化。三是"五说"行动体现了各学校主动融入首都高质量发展、突出办学特色、推进产教融合、校企合作，强化内涵建设的决心，展示了学校优化高层次和"双师型"教师队伍结构，深化以职业岗位工作及能力要求为培养目标，利用现代信息技术手段，以学生中心的教学改革的匠心。

  教育是国之大计、党之大计。党的二十大报告指出，党的中心任务就是团结带领全国各族人民全面建成社会主义现代化强国、实现第二个百年奋斗目标，以中国式现代化全面推进中华民族伟大复兴。教育、科技、人才是全面建设社会主义现代化国家的基础性、战略性支撑，为推动教育改革发展指明了方向。推进职业教育高质量发展、增强职业教育的适应性，深入推进育人方式、办学模式、管理体制、保障机制改革，培养高素质技术技能人才、能工巧匠、大国工匠，是职业教育的重要行动方向和目标任务。

  职业教育要加强与高等教育、继续教育的协同创新，推进职普融通、产教融合、科教融汇，在服务国家和区域战略上改革突破。经济产业转型、服务品质升级，职业教育需要优化类型定位，要在服务北京经济社会发展、服务"四个中心"功能建设的新征程上，在新一轮产业革命的背景下，探索新模式、建设新思路；要精准对接人才市场需求，不断增强适应性。我们要不断完善现代职业教育体系，办好高质量、有特色、国际化的首都职业教育，持续有效培育高素质技术技能人才，才能为经济社会高质量发展写好"职教答卷"，贡献职教力量。

  教学管理工作应始终坚持教育规律、开展适应类型教育的改革、规范符合技术技能人才成长规律的教学管理、传承北京职业教育教学管理文化。"德技并修、工学结合"，关注学生技术技能的积累，坚持用发展的眼光、全面的视角看待学生，使"人人皆可成才、人人尽展其才"，这是制度的出发点，也是优秀教学管理的立足点。因此，应以《通则》为指导，以优秀院校"五说"行动成果为引领，强弱项、补短板，不断优化符合学校办学定位的规范科学的制度体系。

办好高质量、有特色、国际化的首都职业教育事业，大有可为！有总书记的指引，有职教法的保障，有"新京十条"的落地，有《通则》的依据，有优秀代表的示范引领，有战友们的共同努力，建设目标一定能够实现。我们以习近平新时代中国特色社会主义思想为统领，全面贯彻落实党的二十大精神和习近平总书记关于教育的重要论述，紧紧抓住新时代职业教育发展历史机遇，为首都经济社会发展，为全面建成社会主义现代化强国、实现第二个百年奋斗目标，以中国式现代化全面推进中华民族伟大复兴的中国梦提供技术技能人才支撑。

2022 年 12 月

前　言

2022年，为全面贯彻党的二十大精神，落实新修订的《中华人民共和国职业教育法》、中办国办《关于推动现代职业教育高质量发展的意见》和北京市人民政府《关于推动职业教育高质量发展的实施方案》，北京市教育委员会以落实《北京市职业院校教学管理通则》为目标，组织开展了校长说办学定位、教学副校长说管理落实、师资副校长说师资团队、教务处长说教学运行、专业带头人说人才培养的"五说"行动。经研究规划、项目启动、系统开发、机制搭建、网络评审、展示交流等推进实施，强化内涵建设，规范引导职业院校全面提升教学管理水平，提高教学管理质量，深入推进育人方式、办学模式、管理体制、保障机制改革。

"五说"行动期间，各职业院校高度重视，55所学校、997个专业、8 205位教师、教学管理人员、中层干部、校领导参与了本年度"五说"行动，以《北京市职业院校教学管理通则》为依据，开展面向一线管理人员和教师形式多样的培训，修订完善教育教学管理制度651个，213位管理干部录制"五说"视频，总结凝练管理经验和做法。北京市教委创新"以评代宣、以评代训"的评审方式，邀请第三方专家和参加"五说"的学校人员进行制度体系和"五说"视频评审，最终评选出17所获奖学校和85位"五说"优秀个人，遴选了部分获奖个人进行了展示交流。

为进一步宣传"五说"行动成果，推广首善标准，在全国范围内形成更广泛的示范作用，北京市教委组织编制了《北京市职业院校教学管理能力提升"五说"行动》，共分为三部分：第一部分全面分析总结了"五说"行动的背景与意义、目标与内容、过程与方法、数据与分析、特色与创新、问题与展望，第二部分展示了在"五说"行动中获奖的校长说办学定位、教学副校长说管理落实、师资副校长说师资团队、教务处长说教学运行、专业带头人说人才培养共85份演讲稿，最后展示了北京市教委对本年度项目设计实施相关的政策文件。

本书可为北京市及全国各类中等职业学校和高等职业学校，以及举办职业教育的机构提供可学习借鉴的经验，不断优化职业教育类型定位，推进职业教育治理能力现代化，推动职业教育更好地服务地方经济社会发展，为全面建设社会主义现代化国家提供基础性、战略性支撑。本书仅呈现了部分学校的优秀经验总结，难以还原学校教学管理实践全貌和覆盖所有的优秀经验，望各学校进一步相互交流学习，也欢迎广大读者提出宝贵意见，共促职业教育高质量发展。

编委会

2022年12月

目　录

第一部分　研究报告

推进《通则》落地实施　彰显高质量发展特色
——北京市职业院校教学管理能力提升"五说"行动报告 ……………………… 3

第二部分　优秀案例

校长说办学定位

精准定位、五子联动，下好首都职教高质量发展这盘棋 ………………………… 18
深化产教科城融合，赋能区域经济高质量发展 …………………………………… 20
"智慧财贸、智惠京商"，打造"中国服务"精品商学院 ………………………… 22
打造城教融合样板，服务首都城市高质量发展 …………………………………… 24
发挥国企办学优势，办首都需要、人民满意的卓越品牌学校 …………………… 26
"述"丰职质量办学，"说"职教能量发展 ………………………………………… 28
开启全面建设中国特色现代化高职学院新征程 …………………………………… 31
因"时势地人"做"加减乘除"，推进学校基于供给侧改革的转型与创新发展 …… 33
立足首都、行业引领、联合培养，创新"交通产教融合体"办学模式 ………… 36
为党育人、为国育才，培养新时代文化艺术人才 ………………………………… 40
突出"产教研训评"五位一体办学特色，促《通则》落地生根 ………………… 42
办学定位是职业学校建设发展的定盘星 …………………………………………… 45
守正创新，在"减量"中实现高质量发展 ………………………………………… 48
六十载坚守职教初心，"十四五"再续发展华章 ………………………………… 51
明确出发点、找准立足点、奋发着力点，为首都卫生健康行业培养适用人才 … 54
办一流职业学校，塑特色职教品牌 ………………………………………………… 57
扎根京华大地、服务民生福祉，建设首善融通卓越的现代高职院校 …………… 60

教学副校长说管理落实

落实《通则》、完善制度，实现高质量发展 ……………………………………… 64
创新驱动新变革，制度引领教学管理新格局 ……………………………………… 68
规范教学管理，促进高质量发展 …………………………………………………… 70
机制先行、多措并举，构建高效教学管理体系 …………………………………… 73
构建"一纵三横六制十维"教学管理体系，让"人"站在学校中央 …………… 75

抓《通则》贯彻落实，促改革创新发展 ………………………………………… 78
基于教学综合治理理念的教学管理体系建设 …………………………………… 82
分层推进，落实《通则》，构建教学管理制度体系 …………………………… 84
加速教学管理体系建设，抢占职教发展新赛道 ………………………………… 86
强化内涵、凝聚共识，全面提升教育教学质量 ………………………………… 88
坚持规律、适应改革、规范教学、提升质量 …………………………………… 90
规范引领促提升，改革创新谋发展 ……………………………………………… 94
"四有三促"构建贸校特色的教学管理体系 …………………………………… 97
创新"3442"教学管理能力提升模式，持续推进学校内涵发展与质量提升 … 100
落实《通则》，完善教学管理制度体系，促进教学工作优质化发展 ………… 102
建机制、提品质，促进学校高质量发展 ………………………………………… 105
对标《通则》促提升，精准施策谋发展 ………………………………………… 108

师资副校长说师资团队

培根铸魂育双师，创新改革激活力 ……………………………………………… 112
建设师德师风高尚、有梯度、高质量的双师型教师队伍 ……………………… 114
创新体系、深耕内涵，打造卓越教师队伍方阵 ………………………………… 117
践行《通则》标准，促进师资团队建设，为培育未来工匠筑牢师资基础 …… 120
"角色四级定位、能力四阶递进"，提升双师型教师队伍能力 ……………… 122
师德为先、多维赋能，建设面向未来的高水平教师队伍 ……………………… 125
基于教师成长路径的北信师资队伍建设实践 …………………………………… 128
立足育人、师德引领、德技双馨，创新"两翼融合、双师一体"
　师资培养模式 …………………………………………………………………… 130
践行TSPD教师教学能力提升模式，打造高质量教师队伍 …………………… 133
全面实施教师动态管理，整体推进师资队伍建设 ……………………………… 135
赛事引领数字赋能强队伍，师徒传承使命担当育新人 ………………………… 138
实施"卓越人才"教师队伍建设支持计划，构建师资队伍建设新格局 ……… 140
"一线、双元、多维"，打造新时代高质量双师型教师队伍 ………………… 142
突出特色、多措并举，培养锻造戏曲专业名师和学科带头人 ………………… 147
多举措齐发力，建设高水平双师型教师队伍 …………………………………… 149
打造"培训研修+项目实践+团队成长"的骨干、名师团队 ………………… 152
顺应新时代职业教育发展需要，建设"双师+"师资队伍 …………………… 154

教务处长说教学运行

拓格局、建生态、树标杆，创新教学管理模式 ………………………………… 158
"一三三三五"教学运行管理模式的实践探索 ………………………………… 160
依法循规、领悟《通则》标准，引领学校教学高质量运行 …………………… 163

"全域、全员、全链"数据赋能的教学管理运行 …… 165
构建"五个一"管理格局,创新"1234"运行模式 …… 168
建立"四线五环"教学运行体系,推动学校科学发展 …… 171
基于一体化设计的教学运行体系探索与实践 …… 173
引领、改革、服务、创新、智慧、高效 …… 175
校企融合共建教学运行新机制,内控外监保证人才培养高质量 …… 180
"四横八纵"保运行,"三度模式"促发展 …… 183
完善体系、锻造队伍,全力提升教育教学质量 …… 185
夯实常规抓教学,精细管理提内涵 …… 187
打造"三化三创"管理模式,推进教学运行平稳高效 …… 189
走科学、规范、先进、特色的教学运行管理之路 …… 191
优化教学管理,深化校企合作,助力学生成长成才 …… 194
抓头尾、立规范,以落实《通则》为要义带动教学运行管理质量全面提升 …… 199
保证教学秩序稳定,不断提升教学质量 …… 202

专业带头人说人才培养

构建药品生物技术专业群人才培养新模式,支撑首都医药健康高精尖
　　产业发展新跨越 …… 205
创新"四化"举措,有力推进汽修专业人才培养 …… 208
适应产业发展数字化升级,打造高水平智慧商业专业群 …… 210
以数赋智,智慧会计
　　——"智慧会计专业群"人才培养 …… 215
产教融合型专业人才培养 …… 218
服务"京津冀交通一体化"建设,培养道路桥梁智慧管养领域高素质技术技能人才 …… 220
德技并修、双元育人,服务北京人工智能产业发展 …… 225
立足首都高品质民生建设,校企行协同共建全国一流"珠宝与艺术设计"专业群 …… 227
信息安全技术应用专业群人才培养探索与实践 …… 229
城市智慧建造技术专业群人才培养 …… 231
优化育人机制,提升音乐专业人才培养质量 …… 234
岗课赛证融合育人,德技并重综合培养 …… 237
"特高"项目引领,优化人才培养 …… 240
"一主三融多通道,校企融合育英才"
　　——高星级饭店运营与管理专业人才培养模式实践 …… 243
校企合作建精品,产教融合谋共赢 …… 246
实修德技、星火基层,培养首都基层治理的青年先锋 …… 251
遵循《通则》规范专业,对接人力资源服务产业链,产教融合培养人才 …… 254

第三部分　政策文件

北京市教育委员会关于开展 2022 年北京市职业院校教学管理能力提升
　"五说"行动的通知 ··· 259
北京市教育委员会关于公布 2022 年北京市职业院校教学管理能力提升
　"五说"行动情况的通知 ··· 263

第一部分

研究报告

推进《通则》落地实施　彰显高质量发展特色
——北京市职业院校教学管理能力提升"五说"行动报告

北京教育科学研究院　王春燕

2022年，北京市教委以中办国办《关于推动现代职业教育高质量发展的意见》、北京市委市政府《关于推动职业教育高质量发展的实施方案》文件精神为指导，以《通则》为依据，结合市教委"职业院校教学管理能力提升"项目工作安排，通过开展校长说办学定位、教学副校长说管理落实、师资副校长说师资团队、教务处长说教学运行、专业带头人说人才培养的"五说"行动，提升北京市职业院校教学管理水平，全面贯彻落实党的二十大精神，深入推进育人方式、办学模式、管理体制、保障机制改革，推动北京市职业教育可持续、高质量发展，服务国家战略和首都经济社会发展。

一、背景与意义

自2019年起，市教委持续设立市财政专项推进我市职业院校教学管理改革，市教委、市教科院组织来自北京市特色高水平职业院校具备优秀管理经验和理论研究水平的校长、教学副校长、教务处长成立专家组，研究国家、各部委和北京市相关政策文件百余份，深入调研中高职院校管理制度2 241个，吸收各方管理经验，剖析存在的问题，历时两年，在全国首先发布职业教育系统化教学管理的地方标准——《通则》，该书遵循职业教育规律、开展类型教育改革、规范技术技能人才成长管理和传承职业教育教学管理文化为宗旨，以构建高水平人才培养体系为着力点，以促进学生成长发展、激励和保障教师全身心投入教育教学为落脚点。这是国内第一本系统规范职业院校教学管理的制度体系和教学管理方法论，充分体现职业教育类型特色和教育教学规律。

2021年9月，为加深职业院校管理人员对《通则》的理解，市教委组织开展了中职、高职两期《通则》培训，全市中、高职院校的108位教学主管校长、教务负责人参加培训，培训以解读《通则》为主要内容，采取脱产、沉浸式的学习，互动研讨等形式，使管理人员对教学管理内容有了更加全面、系统、深入的认知与理解。

2022年，为推动北京市各职业院校深入学习与落地实施《通则》，发挥《通则》的规范与引领作用，市教委组织开展教学管理能力提升"五说"行动，通过案例提交、专家评选、培训交流等形式，进一步促进职业院校教学管理能力的提升。

二、目标与内容

在2022年的"五说"行动中，职业院校以贯彻《通则》落地实施为要义，开展了形式多样的培训学习活动，对标《通则》全面梳理完善学校现有管理制度，凝练学校办学特色、管理体系和教学运行机制，总结师资队伍建设和人才培养经验。通过"校长说办学定位"总结学校如何契合北京经济社会发展需要，完善办学功能、深化产教融合、优化调整专业设置布局，更好地对接北京城市运行、高精尖产业、高品质民生；"教学副校长说管理落实"总结学校如何开展《通则》的学习培训，如何构建教学管理制度体系，实现学校的内涵发展与质量提升；"教务处长说教学运行"总结学校如何建立科学、系统的教学管理运行机制，凝练总结学校的典型做法、创新举措与实践经验；"专业带头人说人才培养"总结专业（群）的组群逻辑，校企双方如何共同研制人才培养方案和课程标准、开展实践性教学环节、开发应用教学资源，如何推进教学改革和课堂革命，强化提升学生的实际获得感；"师资副校长说师资团队"总结如何建设师德师风高尚、有梯度、高质量的双师型教师队伍，尤其是如何发掘、培养、锻造名师与学科带头人。通过本年度的梳理与凝练、参评与评审、展示与交流等系列环节，形成学校对教学管理的总结反思、学习提升与再反思再完善的质量闭环。

三、过程与方法

（一）全面启动、凝练提升

市教委面向北京市所有中职、高职学校发布《关于开展 2022 年北京市职业院校教学管理能力提升"五说"行动的通知》（京教函〔2022〕125 号），各校全面核查教学管理制度、查漏补缺，并通过校长说定位、教学副校长说管理、师资副校长说师资、教务处长说运行、专业带头人说人才培养的形式总结经验、厘清新发展思路。学校以说规范、说落实、说特色、说创新为基本原则，制作"五说"微视频，并提交至"北京市职业院校教学管理能力提升管理系统"平台。

（二）建设信息平台、创新评审方式

根据项目实施规划，定制开发管理平台。面向学校的信息填报系统，解决了大量制度和大容量视频的收集上传和后续数据分析问题；面向评审专家的评审系统，解决了评审人员数量多和来源多样、评审内容容量大等问题。

成立 2022 北京市职业院校教学管理能力提升"五说"行动评审委员会，确定专家委员会成员并进行评审结果审议。专家委员会由三部分专家组成：一是《通则》编委会专家；二是在专家库中随机抽取第三方京内外专家；三是参加本次"五说"行动的学校校长、教学副校长、师资副校长、教务处长和专业带头人。研制 2022 年北京市教学管理能力提升"五说"行动评审指标体系，制订《2022 年北京市教学管理能力提升"五说"行动评审方案》，确定奖项分为单位综合奖和"五说"单项优秀奖。

（三）以评代宣、以评代训

专家委员会对学校提交的材料进行形式审核，对审核后发现的问题，驳回给相关单位，并限期修改后返回。邀请了41位第三方专家和213位参加"五说"的学校人员参加制度体系和"五说"视频评审。第三方专家来自全国知名专家、媒体人员，通过评审宣传北京的做法，学校人员参加评审可以学习借鉴其他学校和自己角色的经验，创新了"以评代宣、以评代训"的评价方式。

（四）总结交流、实现新发展

12月，评选出教学管理能力提升"五说"行动获奖学校47所，其中特等奖6所、一等奖11所、二等奖17所、三等奖13所；"校长说办学定位、教学副校长说管理落实、师资副校长说师资团队、教务处长说教学运行、专业带头人说人才培养"个人优秀奖各17名。

市教委职成处组织召开"五说"行动总结交流会，15位职业院校校长、教学副校长、师资副校长、教务处长、专业带头人作为此次"五说"行动的优秀代表进行展示，教育部职成司、市教委领导出席并发表讲话。总结交流会引起人民网、中国教育新闻网、中国青年报、职教之音、新京报、北京青年报、北京时间等多家媒体的关注与报道，指出"五说"行动展示了北京职业院校落实教学管理标准的最新进展，把"人人皆可成才、人人尽展其才"作为管理的出发点和立足点，影响广泛、成效显著，充分体现了北京市职业教育服务首都"高质量、有特色、国际化"的发展理念，在学习贯彻党的二十大精神中，用行动回答为谁培养人、怎样培养人、培养什么人，推动北京职业教育在新的起点上实现新的发展。

四、数据与分析

（一）8 205名教师参与"五说"行动，《通则》培训覆盖率75.7%，全面推进教学管理建设科学化，产生广泛影响

全市55所中、高职学校参与了"五说"行动（见附件），涉及24所高职院校，参与率92.3%；31所中职学校（中专13所、职高18所），参与率63.3%。未参加学校主要是因为无招生、学校类型特殊（例如，央属艺术类院校管理模式与职业教育有较大差异）、校领导层正在调整等。全市参加"五说"行动的专任教师8 205人，校均149人；涉及997个专业，校均18个专业；在校生共96 418人，校均1 753人。

55所学校均组织了不同形式的培训，培训时长在3天以上的占比最高，达到56.4%，占比超过一半；培训时长为1天的占比最低，达3.6%。培训形式主要有讲座集训、研讨会议、自主学习与反思、分组实践和其他类型；83.6%的学校选择了讲座集训、研讨会议、自主学习与反思三种形式组织培训，61.8%的学校选择了分组实践培训形式，5.5%的学校选择了其他培训形式，包括撰写学习笔记、征文活动等，如图1所示。

参训人员有教师、教学管理人员、校级领导、中层干部，共6 211人参与培训，参训率

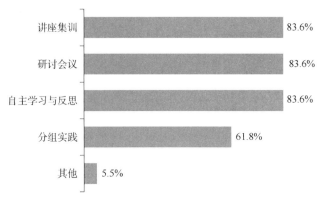

图1 培训形式分布

达75.7%,如图2所示。通过对参加《通则》培训后的成果进行词频分析,出现频率最高的词汇为"教学管理""制度建设",分别为143次和105次,其次为"完善方案""培训""修订"等,频次分别为65次、62次、55次,其他出现频率较高的词汇为"规范""提升标准""实施""制订""进一步形成"等。

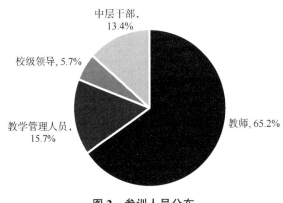

图2 参训人员分布

由此看出,学校通过《通则》培训使相关人员对教务管理、教师管理以及专业设置等职业教育管理的类型特征有了更清晰的认识,进一步明确了职业教育教学管理的重要性,在梳理学校专业建设情况、修订人才培养方案和课程建设方案、完善教学管理制度、修订部门规章制度等方面取得进展。

北京市职业院校教学管理能力提升"五说"行动推动了学校提升管理质量与效率,呈现影响广泛、主题突出、形式新颖、成效显著等特点。

(二)修订教学管理制度651个,聚焦人才培养和教师管理,体现关键领域建设新要求

55所学校现有教学管理制度共963个,校均18个;通过"五说"行动完善相关制度651个,校均12个,占比67%,还有部分制度纳入修订计划。通过对学校现有教学管理制度名称进行词频分析，出现频率最高的管理词汇是"人才培养"，为 214 次；其次是"教师制度""信息管理""实习"，分别为 166 次、153 次、152 次；其他出现频率较高的词汇还有"课程标准""考核""课堂""评审""教材建设""教学质量""课堂教学""档案管理"等，如图 3 所示。由此可见，我市职教教学管理集中在技术技能人才培养和教师管理上，与本项目推进的初衷一致。

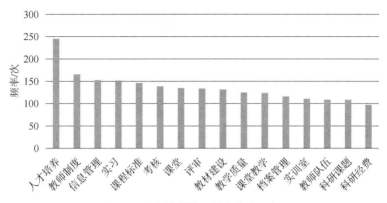

图 3　现有教学管理制度名称词频

通过对学校已完善教学管理制度名称进行词频分析，出现频率最高的词汇是"教师管理"，为 96 次；其次是"学生管理""实习制度"，分别为 84 次和 80 次；再次是"课程建设""信息管理""应急方案""人才培养"，分别为 77 次、66 次、64 次和 61 次；其他出现频率较高的词汇还有"教材""实践""学籍制度""考核""课程标准"等，如图 4 所示。由此可见，学校通过本年度行动，修订了教学管理制度，落实了师资队伍建设、学生实习管理、疫情防控、信息化建设、教材建设等关键领域建设和近些年对学校管理的新要求。

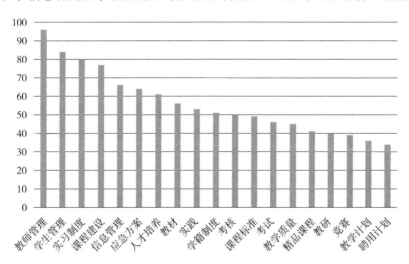

图 4　修订的教学管理制度名称词频

师生比均值显示有条件实施精准管理，差值大需差异化管理。参加"五说"行动的 55 所学校师生比均值为 1∶12，有条件实施精准管理。同时，学校间的师生比差值大，最高为

1∶1，最低为1∶40；师生比高于1∶12的占比为52.7%，师生比在1∶12到1∶18之间的占比为29.1%，师生比低于1∶18的占比为18.2%，如图5所示。可见还需在教学管理上持续发力，针对不同基础的院校提升管理质量。

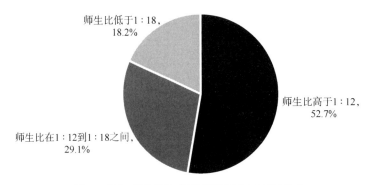

图5　参与"五说"行动学校师生比区间分布

（三）学校面向国家重点战略、适应首都高质量发展，坚持特色办学，以职业岗位要求为培养依据，深化以学生为中心的课堂革命，提升培养质量

对校长"说办学定位"材料进行词频分析表明：出现频率最高的词汇是"办学特色"，为408次；其次是"人才培养""区域经济需求""高质量"，分别为308次、275次和208次；其他出现频率较高的词汇还有"功能优势""品牌战略""就业""优化调整""国际化""高精尖""数字化""十四五"等。可以看出，学校能够面向国家及北京战略需要，立足首都经济社会发展培养技术技能人才，坚持学校办学特色，强化内涵建设，主动适应产业转型和数字化升级，大力推进产教融合、校企合作，适应高精尖产业发展，适应北京"十四五"规划对人才培养的需求，推动首都职业教育高质量发展。

对专业带头人"说人才培养"材料进行词频分析表明：出现频率最高的词汇是"技术技能"，为459次；其次是"人才培养""企业""岗位"，分别为452次、429次和364次；其他出现频率较高的词汇还有"合作""需求""素养""信息""共享""智能""职业技能""调研""工作任务"等。可以看出，学校能够坚持职业教育类型特色，培养高素质技术技能人才，能精准对接区域行业企业，以相关企业岗位工作和能力要求为培养依据，开发课程体系，利用现代信息技术手段，推进线上线下混合式教学，深化以学生为中心的课堂革命，提升人才培养质量。

（四）对标《通则》完善教学管理体系，提升教学质量，以内涵发展为主线，促进教学管理制度化、科学化、规范化

对教学副校长"说落实管理"材料进行词频分析表明：出现频率最高的词汇是"教学管理"，为814次；其次是"通则""管理制度""人才培养"，分别为600次、432次和422次；其他出现频率较高的词汇还有"课程改革""教学质量""评价机制""教学工作""管理体系""教学改革""队伍建设"等。可以看出，学校把握国家和北京市职业教育体制机制改革的方针和政策，落实《通则》、对标《通则》，以人才培养为核心完善教学管理体系，建立健全管理制度，把课程和教学改革作为提升教学质量的关键，改革过程中注重机制的完善、队伍的建设等保障体系的完善。

对教务处长"说教学运行"材料进行词频分析表明：出现频率最高的词汇是"教学管理"，为 502 次；其次是"教学质量""人才培养""教学工作"，分别为 240 次、166 次和 163 次；其他出现频率较高的词汇还有"服务""标准""创新""通则""管理制度""教学改革""质量管理""管理模式""运行机制"等。可以看出，学校在教学运行中树立服务意识，将保障人才培养质量和教学质量作为管理的重心，一方面注重标准的落实，另一方面也能在日常工作中注重创新管理机制和管理模式。

（五）坚持师德师风建设为先，优化高层次和双师型教师队伍

对师资副校长"说师资队伍"材料进行词频分析表明：出现频率最高的词汇是"教师教学"，为 770 次；其次是"师德师风""能力培养"，分别为 635 次和 435 次；其他出现频率较高的词汇还有"创新""示范""骨干教师""专业带头人""职称""调研""课题""兼职教师""高质量"等。可以看出，学校师资队伍建设落实立德树人根本任务，坚持师德师风建设为先，完善专任教师和兼职教师结合的教师队伍建设，以高层次"专业带头人、骨干教师"为引领示范，通过课题研究、专业建设、企业实践等方式，完善双师型教师队伍结构，提升教师素质和能力。

五、特色与创新

（一）《通则》作为国内第一本系统规范职业院校教学管理的规则文本，逐渐实现了三个根本转变

市教委组织编写、出版、推广、落地《通则》，成为北京职业教育发展史上及时而重要的创新举措，同时作为国内第一本系统规范职业院校教学管理制度体系的规则文本，发挥了首善之区引领作用，为全国职业学校教学管理工作提供借鉴。通过持续发力，逐渐实现了三个根本转变：一是根本转变了多年来中等职业教育的职业高中与中专学校办学主管部门不同、体制机制不同、教学管理不统一的顽疾；二是根本转变了高等职业教育管理水平参差不齐、交流难的问题，以优秀高职学校的先进教学管理经验带动底子薄的学校；三是根本转变了多年来教学管理散漫现象，形成了专业设置、人才培养方案、教学运行、实践教学、教师、教材、教法，产教融合、校企合作、质量保障的教学管理体系，全方位、系统化规范教育教学全过程，在职业教育高质量发展阶段给出了北京的创新行动。

（二）"五说"行动参与率高、覆盖面广、成效显著

8 205 位教师、教学管理人员、中层干部、校领导参与了本年度"五说"行动，涉及 55 所学校、997 个专业。"五说"行动体现了各学校主动融入首都高质量发展，突出办学特色，推进产教融合、校企合作，强化内涵建设的决心，展示了学校优化高层次和双师型教师队伍结构，深化了以职业岗位工作及能力要求为培养目标、利用现代信息技术手段、以学生中心的教学改革。"五说"行动启动后，各校高度重视、认真推进，组织发动全校力量，开展了讲座集训、研讨会议、分组实践、自主学习反思等不同形式的《通则》培训，参与率达75.7%；全面梳理教育教学管理制度，总结凝练教学管理经验做法，完善学校制度651个，有力促进教学管理质量提升。评审阶段，邀请了254位第三方专家和参加"五说"的学校人员参加评审，通过评审了解北京做法、北京方案，通过评审学习借鉴其他学校和自己角色的经验，提高教学质量，提升高素质技术技能人才培养水平。

（三）体现了北京职教高质量发展的特色之路和首善标准

发布《通则》和实施"五说"行动，抓住了高质量发展的牛鼻子，面向国家战略，适应首都高质量发展。对254位专家意见进行词频分析表明：出现频率最高的词汇是"教学管理通则"，为4 091次；其次是"定位准""思路清晰"，分别为3 192次和2 890次；再次是"特色""管理制度""师资队伍"，分别为2 660次、1 917次和1 422次；其他出现频率较高的词汇还有"前瞻性""契合经济""规范""修订""教学改革"等。本项目推动学校契合北京经济社会发展需要、结合学校实际办出特色，大力推进产教融合、校企合作，专业群建设契合人才需求；以师德师风建设为先，以高层次和双师型教师为导向优化教师队伍结构，健全师资队伍建设规划，提升师资队伍建设水平；以职业岗位工作及能力要求为培养依据，利用现代信息技术手段，深化以学生为中心的课堂革命，提升人才培养质量；以促进内涵发展为主线，健全教学管理运行监控、复盘、指导与整改机制，建立健全教学管理制度，完善教学管理体系，提升教学管理质量与效率，促进学校教学管理制度化、科学化、规范化。

六、问题与展望

（一）发现的问题

院校间管理水平不平衡。国家"双高计划"和北京市"特高"项目建设单位对此次"五说"行动高度重视，提交材料质量高，学校能够主动契合北京经济社会发展，人才培养具有针对性，社会服务贡献突出。部分高职民办学校和非活跃中职学校在此次行动中，存在对管理制度的概念理解不到位、视频录制用宣传片来代替等情况，学校办学缺乏与时俱进，办学规模小且优势特色不突出。职业院校管理水平呈现出不平衡、差异大的现象。

部分学校培训存在形式主义。大部分学校《通则》的培训学习和落实实施较好，但也有部分学校存在走形式现象。有的学校未组织培训，让教师自己学习；有的学校培训不到位，时间短、形式单一，导致部分人员整体把握《通则》要义和落实过程中出现困难；有的学校对于一线管理人员和教师的培训覆盖面不够，导致部分人员不能很好地理解和执行新修订的制度。

改革创新性举措呈现不足。有的学校管理还停留在传统的、常规性的做法上，缺乏针对人才培养的产教融合、校企合作深化过程中对职教集团、现代学徒制、工程师学院、大师工作室等管理创新，缺乏针对数字赋能下的智慧管理、教育数字化等创新性举措，引领全国的具体管理创新举措呈现不足。

问题导向不够。有的学校空泛议论笼统阐述，问题抓得不准，缺乏针对问题的改革思路和整改措施；有的学校对未来前景预测不足，对未来的应对和解决方案思考不够；有的学校对规律性的经验还缺乏凝练，引领示范意识不强。

（二）未来展望

本年度"五说"行动是北京市贯彻落实二十大精神、新职教法、落实中办国办高质量发展意见和北京市新十条精神，服务首都高质量发展的创新举措。接下来，应进一步针对发现的问题，在本年度"五说"行动的基础上采取"优秀院校促创新、薄弱院校补短板"分类指导提升的方式，从两方面做深、做精、做品牌：一是优秀院校促创新。针对教学管理水平较高的院校开展教学管理创新活动，"树标杆校、拓创新路"，特别是在落实二十大精神，实施"三融"改革、教育数字化等方面的提升。二是薄弱院校补短板。针对教学管理水平较低的院校，在更广泛的层面上开展《通则》专题培训，加强学校各个层级的理解运用。

"让发展更有质量，让治理更有水平"[①]，经济社会发展对职业院校治理提出更高质量的要求。职业院校教学管理工作应始终坚持教育规律、开展适应类型教育的改革、遵循技术技能人才成长规律、传承职业教育教学管理文化，坚持德技并修、工学结合，坚持用发展的眼光、全面的视角看待学生，使人人皆可成才、人人尽展其才。在深化现代职业教育改革中，把握中国式现代化核心内涵和职业教育改革发展基本规律，进一步增强职业教育适应性，深度适应产业升级和社会转型，继续探索面向人的全面发展和经济社会高质量发展的北京实践，深化北京职业教育高质量、有特色、国际化改革，建设技能型社会，探索职普融通、产教融合、科教融汇，着力构建有利于职业教育发展的教学管理制度体系和生态，加快提升职业教育质量，培养德智体美劳全面发展的高素质技术技能人才、能工巧匠、大国工匠，形成一批可复制、可推广的新经验，为推动教育更好地服务地方经济社会发展提供示范，为全面建设社会主义现代化国家提供基础性、战略性支撑[②]。

附件

2022 年北京市职业院校参加"五说"行动学校名单

序号	类型	学校名称
1	高职	北京北大方正软件职业技术学院
2	高职	北京财贸职业学院
3	高职	北京电子科技职业学院

---

① 习近平出席博鳌亚洲论坛2018年年会的中外企业家代表座谈时的讲话
② 习近平．高举中国特色社会主义伟大旗帜为全面建设社会主义现代化国家而团结奋斗——在中国共产党第二十次全国代表大会上的报告［M］．北京：人民出版社，2022：34-36．

续表

序号	类型	学校名称
4	高职	北京工业职业技术学院
5	高职	北京汇佳职业学院
6	高职	北京交通运输职业学院
7	高职	北京交通职业技术学院
8	高职	北京京北职业技术学院
9	高职	北京经济管理职业学院
10	高职	北京经济技术职业学院
11	高职	北京经贸职业学院
12	高职	北京科技经营管理学院
13	高职	北京科技职业学院
14	高职	北京劳动保障职业学院
15	高职	北京农业职业学院
16	高职	北京培黎职业学院
17	高职	北京青年政治学院
18	高职	北京社会管理职业学院
19	高职	北京体育职业学院
20	高职	北京卫生职业学院
21	高职	北京戏曲艺术职业学院
22	高职	北京信息职业技术学院
23	高职	北京政法职业学院
24	高职	首钢工学院
25	职高	北京国际职业教育学校
26	职高	北京市昌平职业学校
27	职高	北京市大兴区第一职业学校
28	职高	北京市电气工程学校
29	职高	北京市房山区第二职业高中
30	职高	北京市房山区房山职业学校
31	职高	北京市丰台区职业教育中心学校
32	职高	北京市怀柔区职业学校
33	职高	北京市黄庄职业高中
34	职高	北京市劲松职业高中
35	职高	北京市门头沟区中等职业学校
36	职高	北京市平谷区职业学校
37	职高	北京市求实职业学校
38	职高	北京市外事学校
39	职高	北京市现代音乐学校
40	职高	北京市延庆区第一职业学校

续表

序号	类型	学校名称
41	职高	北京新城职业学校
42	职高	密云区职业学校
43	中专	北京金隅科技学校
44	中专	北京商贸学校
45	中专	北京市昌平卫生学校
46	中专	北京市对外贸易学校
47	中专	北京市供销学校
48	中专	北京市国际美术学校
49	中专	北京市经济管理学校
50	中专	北京市商业学校
51	中专	北京市信息管理学校
52	中专	北京市园林学校
53	中专	北京市自动化工程学校
54	中专	北京水利水电学校
55	中专	北京铁路电气化学校

第二部分

优秀案例

校长说办学定位

精准定位、五子联动，下好首都职教高质量发展这盘棋

北京市昌平职业学校　段福生

感谢北京市教委为我们基层职业学校搭建"五说"平台。这是在首都职教高质量发展的关键之年提供的一次珍贵复盘机会，帮助我们认识到"低头拉车"的同时也要"抬头看路"。

人们常说，人生如棋。我更喜欢说，办职业学校也如同下棋。棋盘上的棋手之间的竞争，讲究的不是地段与地段的竞争，而是他们各自构造的资源网络之间的角逐。这与昌职的办学理念不谋而合。二十年来，我们一直坚持"科学经营学校"的办学理念，坚持打开大门办学校，将教育规律、经济规律和社会发展规律紧密地结合在一起，对学校内外资源进行筹划、挖掘、拓展并盘活。接下来，我也尝试用下棋的策略来阐释昌职的办学经验。

首先是确定办学定位。真正善于下棋的人，在落子之前就需要运筹帷幄，把内外部环境了解得清清楚楚，确定一个总目标。对于职业教育而言，这个总目标就是办学定位，一切人、一切活动都要围绕总体目标。我们是社会主义国家，必须坚持扎根中国大地办教育。昌职身处北京市，就要主动服务和融入首都的新发展、新格局，突出高质量、有特色、国际化的特征；昌职是昌平唯一一所公办中职学校，就要为昌平的经济社会发展做贡献，助力昌平区的乡村振兴、产业升级和社区发展。因此，学校总体定位是昌平需要、北京样板、业界标杆、国际赞誉的特色高水平职业学校。

按照金字塔原理，我们可以将总体定位划分为人才培养目标定位、学校功能定位、专业定位、办学层次与发展规模定位、服务面向定位等内容，大处着眼，小处着手，更方便办学策略实施。

人才培养目标定位：爱国拥党、德技双馨的新时代职业人。

学校功能定位：区域技术技能人才储备库、产业结构调整升级助推器、市民终身学习大课堂和乡村振兴的服务站。

专业定位：把专业建在区域产业上，办区域需要的专业。

办学层次与发展规模定位：不求最大，但求最优；开展以中职为基础的五年一贯制人才培养。

服务面向定位：立足昌平、服务北京、面向京津冀、走向"一带一路"。

其次是办学策略。身在棋局，如何破局？围棋界有一句话"善弈者通盘无妙手"，本质上就是挖掘一切可利用的资源，调整资源性质，变换与资源的关系，让自己一直走得通。办学亦是如此，要有整体的分析和规划，每落一子，都要为下一子做好铺垫。昌职从"立德树人、产教融合、贯通培养、育训并举、战略服务"五方落子、五子联动，走出了一条高质量发展之路。

一是扣好立德树人的扣子。坚持立德树人、德技并修，不断优化"三路育德、三有育智、五环强体、七彩育美、四域育劳"的五育并举体系，研究好"思政课程"与"课程思政"这一重大课题，用思政教育扣好学生成长的第一粒扣子，用育人成效回应好"怎样培养人、培养什么人、为谁培养人"这一教育根本问题。

二是系好产教融合的绳子。坚持把专业建在区域产业上，紧密围绕首都高精尖产业发展和"七有五性"需求，以及昌平区"二二一"现代产业体系布局，加快学校专业布局调整，近三年新增生物制药工艺、新能源汽车等18个新专业，形成智慧农业等6个专业群，与区域产业契合度达100%。

学校引头部企业入驻，共建12个工程师学院，紧系专业与产业的"连接绳"。创新"服务站"等五种合作模式，把课堂搬到了昌平的乡村大地上、产业中、社区里，创设了新时代全息鲜活的"大地课堂"育人场景，真正构建起"同命运、共呼吸"的产教生态雨林。

三是钉好长学制的钉子。瞄准新职教法对中职学校"就业+升学"的新定位，借"新京十条"政策红利，成立长学制研究中心，研究高端技术技能人才成长规律；一体化设计职业教育人才培养体系，推动中高等职业教育专业设置、培养目标、课程体系、培养方案衔接，实施以中职为基础的五年一贯制人才培养试点，为小米、三一重工、福田康明斯等驻昌企业提供技术技能人才支撑。

四是挂好短培训的牌子。履行好育训并举的法定职责，坚持五个面向，为社区居民、镇村农民、企业员工、中小学生、驻昌部队官兵提供定制化、高品质的培训服务，持续打响"中小学劳动教育服务""社区培训驿站"等培训品牌；在中国职业技术教育学会乡村振兴与城市可持续发展工作委员会的平台上，高质量完成国家乡村振兴局"雨露计划+"就业促进行动任务，为技能型社会建设和全民终身学习贡献力量。

五是搭好服务区域的台子。坚持将学校的可持续发展置于北京市、昌平区发展规划中，践行"五个融入"：深度融入昌平"两谷一园"建设、昌平新城发展规划、昌平全域旅游规划、昌平"灯塔工厂"建设、昌平美丽乡村建设，为昌平"四区建设"，"六个国际一流"目标达成提供强有力的人才支撑、技术支撑、平台支撑和资源支撑，真正办成区域需要的职业教育。

面向未来，学校要全面贯彻党的二十大精神，建立与驻昌高校、行业企业协同创新机制，全面推进产教融合、科教融汇，助力昌平打造科教产城融合的示范区；要进一步对标新职教法、"新京十条"，重新审视棋局，随时刷新思路，让"五子"落子有声，子子精妙，为北京昌平培养人，培养北京昌平人，培养北京昌平需要的人作出昌职不可替代的贡献！

深化产教科城融合,赋能区域经济高质量发展

北京电子科技职业学院 姚光业

立足区域、服务地方经济发展是职业院校赖以生存的根本。北京电子科技职业学院自1958年建校之日起,就深深扎根京华沃土,立足开发区、服务首都、融入京津冀,为区域经济社会发展和行业产业发展需求,培养了10万余名高素质技术技能人才和能工巧匠。近年来,学校认真贯彻全国职业教育大会精神,全面落实北京市委对学校提出的"当标杆、作示范、走在前、做表率"要求,紧紧围绕首都"四个中心"功能建设,精准对接北京市高精尖产业体系,持续深化改革,强化内涵建设,强力推进产教融合、校企合作,事业发展不断迈上新台阶,打造了首都高职的新形象、新模式、新样板。

一、立足开发区、服务开发区

作为北京经济技术开发区内唯一高校,学校全面融入亦庄综合产业新城建设,形成了"在开发区里办高职"的特色品牌。

一是打造区校合作对接平台。学校成立由开发区政府、行业及企业组成的理事会,开发区将学校事业发展纳入其"十四五"发展规划。2020年与开发区管委会签署了新一轮全面战略合作协议,联合申报并开展国家产教融合型城市建设试点,形成了与开发区发展同步规划、同频共振、深度合作的办学格局。区校合作获得2018年国家职业教育教学成果奖一等奖。

二是打造技术创新与服务平台。围绕科技成果与核心技术产业化等需求,建设化药制剂与蛋白药物研发等3个开发区中试基地。聚焦智能制造、机器人等高精尖产业,建设人工智能与智能制造技术创新中心等8个创新中心。面向产业技术前沿,建设智能制造赋能中心2个。近两年,为300多家中小微企业提供技术服务350多项;专利授权、横向技术服务到款等工作成效显著,实现倍增式发展;科技成果转化实现突破发展,年均增长达20%以上。

三是打造优质社会服务平台。推动学习型亦庄新城建设,学校与开发区共建"亦城工匠学院"、"亦城工程师学院"、公共图书馆等,构建开发区技能人才培训基地和资讯服务中心,面向开发区组织开展中小学生职业启蒙教育。

二、精准对接,服务首都高精尖产业发展

学校在多年办学实践中,始终抓住"产教融合""校企合作"这个根本,精准对接首都产业发展需求,不断优化专业布局,着力提升专业与产业的匹配度以及服务产业能力,形成了深度融入首都高精尖产业发展的"五条线"。

一是服务高端汽车产业线。汽车专业群与北京奔驰、北汽新能源合作，对接高端汽车、新能源汽车、智能网联汽车产业链。建有戴姆勒中国汽车学院、北京奔驰汽车制造工程师学院、百度智能网联汽车产业学院、复杂和异形件智能制造研发中试基地等产教融合平台。为北京奔驰公司订单培养了 1 000 余名毕业生，公司 30% 的一线班组长、三分之一的首席技师均出自我校，企业 80% 在职员工先后在我校参加技术技能培训。

二是服务生物医药产业线。生物专业群与国药集团、北京亦庄生物医药园、中国检验检疫科学研究院、北京化工大学等企业、高校及科研院所合作，建设开发区"化药制剂和蛋白药物研发中试基地""北京亦庄生物医药园实训基地"等合作平台，被市科委、市教委联合授予"G20 企业北京生物医药产业跨越发展工程应用型人才培养基地"。

三是服务先进制造产业线。机电专业群与西门子、京东方、机械仪综所、德国杜伊斯堡-埃森大学等单位合作，建立北京先进制造新工程师校企联盟，合作共建"新工程师学院"，建设流程型、离散型行业全流程示范中心，服务开发区企业工业 4.0 战略。

四是服务集成电路产业线。电信专业群与集创北方、中芯国际等合作培养芯片设计、晶圆制造、封装测试、设备材料、芯片应用等一线岗位的技术技能人才。与集创北方合作共建"集成电路设计与测试中试基地"，与北京工业自动化研究所合作共建厚膜电路生产基地，建设 SMT 生产性实训中心。

五是服务首都航空产业线。航空专业群与 Ameco 公司合作成立"航空工程技术学院"，与国航、东航、海航等企业签订订单培养协议，面向首都国际机场、大兴国际机场和"南箭北星"的航天产业布局，培养从事航空维修、航天技术和航空服务等领域的高素质技术技能人才。

此外，学校还主动对接临空经济区、昌平未来科学城、怀柔科学城和国家教育行政学院，以及大兴、门头沟的多个政府单位，通过技术技能人才培养、教师干部挂职交流、调研学习前沿科技、共建社会培训基地等，助力北京区域经济发展。同时，学校与全国人大搭建服务全国"两会"的桥梁，积极参与北京冬奥保障工作，为首都经济社会发展贡献电科力量。

三、创新人才培养模式，服务国家重大战略需求

2019 年，学校精准对接冬奥会制冰人才需求，与国家速滑馆、国家游泳中心合作开设"双冰场馆制冰人才订单班"，培养了中国第一批科班制冰师，为打造北京冬奥"最快的冰"作出了贡献，经验做法被中央电视台等多家媒体专题报道。我校自 2014 年与火箭军、战略支援部队合作定向培养士官人才以来，累计输送了 1 170 余名高素质技术技能士官，被部队领导赞誉为"工匠型专业技能士官和专家型专业技术士官的摇篮"。目前，学校长期稳定合作的企业超过 300 家，订单定向培养比例近 50%，学生一次性就业率保持在 98%，企业满意度 95% 以上。

展望未来，学校将深入学习贯彻新修订的《中华人民共和国职业教育法》（以下简称《职业教育法》）和北京市《关于推动职业教育高质量发展的实施方案》精神，开拓创新、锐意进取，全面提升办学质量和水平，培养更多高素质技术技能人才、能工巧匠和大国工匠，继续引领首都职业教育高质量发展，奋力谱写新时代"首善标准、中国特色、世界一流"职业院校发展新篇章。

"智慧财贸、智惠京商",打造"中国服务"精品商学院

北京财贸职业学院　杨宜

北京财贸职业学院于1958年建校,办学64年来孕育了"植根财贸、与行业共成长"的基因,始终与首都现代服务业发展同频共振,为首都现代服务业输送了大批高素质技术技能人才,被北京商界誉为经理摇篮。学校以建设财贸特质、首都特色、国际知名的新商科职业院校为目标,坚持"智慧财贸、智惠京商",致力打造"中国服务"精品商学院;建智慧服务新商科,做引领财贸职业教育改革发展的新标杆;建设精品财贸学科和专业群,为京商发展提供智力支持,为"中国服务"提供北京版本。中国服务的内涵是国际水平、本土特色和物超所值;学校紧扣新商科发展方向,对接首都现代服务业高端领域新技术、新业态、新岗位的高素质技术技能人才培养需求,打造"中国服务"教育品牌的一流商学院。

一、落实立德树人根本任务,不断完善办学功能

坚持五育并举,强化为党育人、为国育才的使命担当,落实立德树人根本任务,不断完善办学功能。围绕北京"四个中心"战略定位,契合首都现代服务业高质量发展,聚焦"两区"建设、国际消费中心城市建设,聚焦城市副中心金融服务、商务服务、文化旅游等产业高端发展需求,瞄准北京数字经济发展,对标"中国服务"标准,打造"北京服务"品牌,建设现代服务业技术技能人才培养高地和现代服务业技术技能创新服务高地,为首都发展、城市副中心建设提供高素质人才和技能支撑。

二、深化产城教融合,实施校企双元育人

一是深化产教融合,构建"三联合、三对接、三融通"校企双元育人体系。联合政府与行业企业,实现专业设置与产业升级和结构调整相对接,专业课程内容与职业岗位、职业技能标准对接,教学过程与企业生产过程相对接。实施扬长教育,X证书覆盖所有专业。

二是依托北京商贸职教集团,拓展产教融合合作模式。牵头的北京商贸职教集团入选全国示范性职业教育集团培育单位,目前集团成员达到144家。与中联集团、首旅集团、北京环球度假区等头部企业开展深层次合作,共同参与,共同建设,共同受益。

三是校企深度合作,共建产教融合型实训基地。不断提高专业的技术跟随度和校企合作深度,成立财经商贸专业群产教融合共享型实训基地、旅游管理产教融合型实训基地、智慧建管全图通产教融合创新基地,新建财务大数据应用中心、智慧商业线上运营实训室、智慧文旅综合实训室等智能化、场景化专业实训室。

四是深化"校园企"城教融合，提升校企共育人才水平。聚集城市副中心优质资源，建立学校、园区、企业"1+1+N"合作运行机制，与环球影城、中智集团、中联集团等合作共建人才储备班、订单班、企业课堂、实训基地、大师工作室、技术应用研发服务中心等。

三、支撑首都服务业高质量发展，铸造新商科品牌专业集群

一是基于新版专业目录引领，全面升级新商科专业建设。主动适应新经济、新业态、新技术、新职业的发展要求，落实新版专业目录要求，优化布局财经、商贸、旅游、建管等8大类28个专业，基本覆盖北京现代服务业主要领域，形成了"契合产业、骨干引领、特色支撑"专业群体系，开展财经商贸类专业与产业契合度研究。用技术与文化赋能，实施新商科专业群品牌建设工程，建设智慧财经、现代商旅服务两大国家"双高"专业群和智慧会计、金融科技、智慧商业、文化旅游、智慧建筑管理5个北京特高专业群。

完善"产业契合度、技术跟随度、城教融合度、校企协同度、国际对接度、利益方满意度"6个维度的专业群"核心竞争力评估体系"。健全对接产业、动态调整、自我完善的专业（群）建设发展机制，发布《专业设置与产业需求契合度研究报告》《专业（群）核心竞争力分析报告》。

瞄准国际标准，率先通过国际专业标准评估认证（UK NARIC），建立会计和金融管理专业的国际标准，获得国际可比性证书。

二是牵头财经商贸大类标准建设，引领财经商贸专业改革。牵头国家职教财经商贸大类专业目录修订，深度参与22个国家职教专业教学标准研制，覆盖45%财经商贸专业。牵头研发智慧财经专业群建设标准，在2021年服贸会发布并在全国30余家院校推广。10位专业带头人入选新一届国家行指委委员，入选人数位居北京高职院校第一、全国前十。

党的二十大报告提出，教育、科技、人才是全面建设社会主义现代化国家的基础性、战略性支撑。二十大前后国家又发布了几个重要的职业教育相关政策文件。"'三教'协同、三通一优化"是今后引领职教改革的新方向。

今后，学校将深入贯彻习近平总书记关于职业教育的重要指示，深入学习贯彻党的二十大精神，落实新修订的《职业教育法》和北京市《关于推动职业教育高质量发展的实施方案》的要求，立足需求、优化布局、提升质量，为实现首都职业教育"高质量、有特色、国际化"的发展蓝图提供北京财贸样板，为"中国服务"教育贡献北京方案，以职业教育高质量发展助力中国式现代化！

打造城教融合样板,服务首都城市高质量发展

北京工业职业技术学院　安江英

一、精准学校办学定位,打造城教融合高地

北京工业职业技术学院致力于成为"首都城市发展的工匠摇篮"。

以立德树人为根本任务,遵循"以人为本,因材施教"教育理念,秉承"厚德博学,善技创新"办学传统,坚持校企互动、产教对接、学做合一,促进开放融合,推动学校内涵、特色、差异化高质量发展。

在多年的发展中形成了如下办学定位:

围绕首都城市战略定位,主动服务国家和北京重大发展战略,面向首都城市建设、运行、管理、服务领域,坚持"高端化、精品化、信息化、国际化",深化产教融合,推进城教融合,完善育训融合,培养复合型国际化高素质技术技能人才,提升服务社会的贡献力和职业教育的国际影响力,努力把学校建设成为特色鲜明、世界一流的高等职业学院。

二、服务首都城市发展,打造智能化高水平专业群

学校面向首都城市建设、运行、管理、服务领域,服务首都城市与高精尖产业发展需要,实施"五聚焦五打造",形成了服务首都智慧城市发展的5大智能化专业群。

- 聚焦首都城市建设,打造城市智慧建造技术专业群;
- 聚焦首都城市运行,打造城市运行智能设备应用技术专业群;
- 聚焦首都城市管理,构建跨领域的城市安全技术专业集群;
- 聚焦首都城市智慧,打造智慧城市信息技术专业群;
- 聚焦首都城市服务,打造城市现代高端服务业专业群。

现有国家级特色高水平专业(群)2个,北京市级专业(群)5个。机电、测量2个专业连续三年在全国排名第一。

建立专业动态调整机制,不断提升专业与产业的契合度,更好地服务高端产业和产业高端,开设无人机应用技术、工业机器人、数字化设计与制造等10个新专业,淘汰了通信、数控等老专业。

三、适应新经济新要求，全面开展数字化升级改造

适应北京市打造中国数字经济发展样板、全球数字经济标杆城市的要求，契合数字化转型升级趋势对技术技能人才素质结构要求的变化，将信息素养和数字化生存能力作为我校培养人才的特色，打造了特色鲜明的"双主体四经历"人才培养模式，利用新一代信息技术赋能传统专业升级改造，以数字化为主线全面修订专业人才培养方案，构建智能贯通的结构化课程体系与"软、硬、高"的实践能力训练体系，培养学生的数字化职业素养、数字化专业能力、数字化职业能力。

持续加强数字化办学条件建设，推动智慧教育，建设国家级虚拟仿真实训基地，打造数字化教学环境，开发数字化课程资源，提升教师的信息化水平。

四、推进产教深度融合，强化校企协同育人

创新实施"五共三享"校企融合模式，校企命运共同体初显成效。与北京市自来水集团、北京市燃气集团、京港地铁等行业企业开展深层次校企合作，培养城市运行与管理急需人才；牵头组建的北京城市建设与管理职教集团入选全国示范性职教集团；开展国家现代学徒制试点并顺利通过验收，合作企业有131家，全部专业实现与1个以上行业龙头企业、领先企业合作。

合作平台和载体不断完善，建设7个工程师学院、4个技术技能大师工作室。其中典型代表——施耐德电气城市能效管理应用工程师学院入选工信部第三批中法合作示范项目，入选教育部法国施耐德电气绿色低碳产教融合项目，成为助推国家"双碳"战略的绿色低碳产教融合示范项目，案例入选教育部2021年产教融合校企合作典型案例。

五、服务国家和区域发展，树立职业教育品牌

主动服务"一带一路"建设、京津冀协同发展、雄安新区建设和首都城市运行。建成我国在海外第一所开展学历教育的职业院校"中国—赞比亚职业技术学院"，建立全国首个职业教育型孔子课堂，建成全国高职首家"中文+职业技能"教育实践与研究基地；发起"强军育才"接力工程，为石景山区"全国双拥模范城"八连冠作出了突出贡献。

服务中小微企业技术创新，建设18个技术技能创新服务中心，获省部级科技进步奖12项。成功入驻北京市中小企业公共服务平台，成为北京首家高职院校规模化服务中小企业的支撑单位。学校是承担北京市教育扶贫协作与支援合作项目最多的高职院校，脱贫攻坚工作荣获北京市教委嘉奖。

今后学校将努力闯出一条职业院校服务城市发展的新路子，成为全国城教融合的典范，舞起改革龙头、打造高职样板。

发挥国企办学优势，
办首都需要、人民满意的卓越品牌学校

北京市商业学校　邢连欣

北京市商业学校由北京市大型国有企业祥龙公司主办，是一所国企办学、政府投入、商科特点的中等职业学校。学校坚持以服务为宗旨，坚持党建引领创新大思政格局，突出育训并举，坚持多元化办学、多层次培养、多样化发展，以高质量发展引领职业教育综合改革创新，为国企改革、国际一流和谐宜居之都建设和服务国家战略提供有力的人才与智力支撑。

一、立德树人、铸魂育人，创新党建引领"双循环"互促共育大思政格局

学校坚持以高质量党建引领高质量发展，用习近平新时代中国特色社会主义思想铸魂育人，把立德树人作为办学治校的基本功和生命线。以培养德能兼备的现代职业人为目标，立足"四个服务"，秉持"追求卓越、和谐共生"学校精神，构建党建引领下"双循环"互促共育大思政格局和全员全程全方位育人体系，为培养德智体美劳全面发展的社会主义建设者和接班人提供坚强有力的政治保障。

二、育训并举、多元办学，打造"祥龙产教共同体"

在市教委指导、行业协同下，祥龙公司全面落实企业办学主体责任，充分发挥国企办学产业优势，与学校共建产教深度融合的祥龙博瑞汽车工程师学院，打造紧密互动、发展共赢的"祥龙产教共同体"，实现企校党建、资源、人力、管理、文化"五位一体"。

形成以学校全日制中等职业教育为主体，成人高等学历教育、党员干部教育、企业员工培训、技术技能鉴定、职业启蒙体验、社会培训服务并举的多元办学格局和国企举办优质职业教育的融合办学生态，助力祥龙公司"产教融合型企业"建设，有力支撑首都国企改革创新发展和战略需求。

三、适应产业升级和高品质民生需求，构建"双核四高五特"专业矩阵

学校紧密围绕首都"四个中心"城市战略定位和"五子"联动，积极把握国有企业转型升级、京津冀协同发展的战略机遇，主动契合首都高精尖产业发展、超大城市运行管理、高品质民生需求、文化传承创新及祥龙公司主营业务发展对应用型人才的需要，聚焦产业数

字化升级、专业数字化改造，构建"四链融合"的"双核、四高、五特"专业矩阵。

建立专业发展动态研究、预警、评估、调整机制，不断优化专业布局。新增跨境电商、直播电商、智能财税等专业，建设智慧商业、互联网+财经专业群，服务北京两区建设、国际消费中心城市建设和数字经济标杆城市打造；新增新能源汽车、航空物流专业，建设智能交通专业群，服务北京临空经济区建设和智能绿色交通发展；新增现代家政服务、幼儿保育专业，紧密服务北京城市高品质民生需求。

四、多层次培养、多样化发展，建设"德能兼备"的高端技术技能人才培养高地

适应北京高精尖产业链带动人才链升级要求，响应人民群众对多层次职业教育的需求，学校优化形成集四年制中专、3+2中高衔接、五年一贯制大专、七年贯通培养、成人学历教育为一体的多层次系统化人才培养体系，同时，满足学生兴趣爱好，提升素质修养，支持终身发展，促进自主、泛在、个性化学习等多样化发展。

面向现代服务业，对标世界一流标准，以培养数字经济时代"德能兼备"的高素质技术技能人才为目标，以服务产业升级和美好生活为重点，以数字化专业集群建设为抓手，以技术服务与研发为引领，以国企办学体制机制优化为驱动，全面打造国企主体办学、先进文化融合、产教发展互动、技术研发引领、教育培训共生、师生人才卓越、环境体验智能的"祥龙教育"范式，努力建成质量、文化、贡献、影响力一流的国家级"双优"学校，成为引领北京、示范全国的特色高水平职业院校。

新时代开启新征程，北京市商业学校将全面学习贯彻党的二十大精神，深入贯彻落实新职教法、职教"新京十条"的要求，主动契合首都"四个中心"和"四个服务"，以首都"五子"联动高质量发展需求为导向，高站位聚焦产业适配度、服务贡献度、社会认可度提升，为党育人、为国育才，努力把习近平总书记对职业教育"大有可为"的殷切期待转化为职教战线"大有作为"的生动实践，办好首都需要、人民满意的职业教育！

"述"丰职质量办学，"说"职教能量发展

北京市丰台区职业教育中心学校　赵爱芹

丰台是首都建设中浓墨重彩的一笔，是展现北京风貌和国际品质的重要城市功能区，是协调促进"一核""两翼"、实现四个中心定位的关键节点，是京津冀协同发展的棋眼。蔡奇书记多次强调一定要实现"妙笔生花看丰台"。学校正是在这样的背景下聚焦办学重点，改革当下、建设未来。

一、以机制建体系，升级职成一体运行模式

丰台区职成一体发展模式是实施"职业教育服务终身学习质量提升行动"的先行案例，是试点中职学校牵头举办社区学院的既成成果，是服务区域经济社会、改革职业与成人教育办学体制机制的生动实践，是全方位开放办学、全领域供给服务、各类型伙伴组织共营共建共享的发展典型。

职成一体构建了纵向"三衔接"，横向"四融通"的育训体系，推动区域职业教育与普通教育融通、职业教育与社区教育融通、职前培训与职后提升融通、学历教育与非学历教育融通。实施一体化人才培养，探索学分银行学习成果积累、认定与转换制度，强化能力与素养高度融合，共建育训结合的学历体系和课程体系，营造选择性、个性化终身学习良好生态。

二、依产业调结构，整体优化专业集群布局

产教融合、城教融合是职业教育的出发点，数字化高精尖产业已经进入了创新自主化的攻坚期、产业集群化的发力期和数字智能化的迸发期。文化产业带重点落地南中轴，"北京智造""北京服务"挑战着职业教育的数字化、国际化、高水平的升级改造以及作为类型教育的变轨超车。

学校对接丰台首都核心功能建设、区域重点产业发展和城市运行保障，打造"科技+""文化+"两大特色，建设了13个产教融合平台，形成六大专业群，对接首都商务新区、南中轴生态文化发展带人才需求，重点建设文化特色鲜明的文化艺术、影视融媒专业群；对接数字经济产业园区、看丹独角兽科技园区、雄安新区和丽泽城市航站楼发展人才需求，重点建设科技特色鲜明的智能技术应用、交通运输、数字商务专业群；对接北京市"一核一副"和河西生态涵养区发展人才需求，重点建设餐饮艺术与管理专业群；根据民生需求，重点建设教育服务专业群。实现专业链、产业链、教育链、人才链"四链"融合。

坚持专业发展高质量。依照"双轮驱动、一链多点"建设策略，不断完善"十个一"专业建设生态。围绕产教融合机制、人才培养模式、课程体系建设、师资队伍培养、教学模式创新、教学资源优化六大育人要素，突出成果转化、辐射带动，打造精品专业。

三、以管理促治理，完善质量管理标准体系

学校完善职成一体的集团化运行机制，实施矩阵式管理、双循环治理。一是构建横向学院制管理、纵向"五部五中心"组织架构；二是围绕发展目标、业务拓展需求引入企业管理理念，实施"事业部+项目"扁平化矩阵式组织运行；三是深化四链融合区域联动模式；四是探索混合所有职改革。

实施办学质量年度评估机制、教学质量诊断与改进制度，完善以学习者为中心的专业和课程教学评价体系、德技并修人才培养评价机制，建构学生职业素养模型，建立"毕业推荐书"制度。

四、以数智赋强芯，"数字+工程"孵化行动能力

学校实施学生成长匠品工程。一是构建"三全六维"工匠人才培养体系，实现润德筑梦，强技赋能，培育学生"厚德精工"品质。二是搭建匠心、匠才、匠品"三匠"教育平台，实施"一平台、三融合、三路径"学生成长培养策略。三是创新现代学徒制人才培养模式，推进"岗课赛证"融合，开展新型学徒制人才培养模式，建立学分银行数字运行与管理平台。四是深化"三教"改革，重点培养学生的工程思维、数字素养，培养学生的专业行动能力，在学以致用中创新成长。

五、以四阶育四级，培育新教练型教师队伍

着力打造一支职业素质优秀、专业知识精通、实践能力超群、教学艺术高明、适应未来变革的新教练型教师队伍。明确新教练型教师内涵，出台新教练型教师评价标准，明确不同阶段教师能力模型，构建培训体系，实现教师定制式培养。

学校开发基于岗位能力提升模块化教师培训课程库。实施教师"四级定位"培养方案，形成"新手上路""三新讲坛""精工研习""名师成长苑""杏坛涉足"五个培训服务品牌。培育双师型教师团队，对接职业标准和工作过程，探索分工协作的模块化教学组织方式等。

六、以产教融城教，搭建终身学习数字平台

坚持职教类型特点，发挥职成教育资源优势，构建终身学习服务体系，服务高端技术技

能人才培养、企业转型升级、中小学课程供给、市民品质生活提升、京津冀协同发展、"一带一路"国家倡议。形成八大服务品牌："丰职学堂"中小学职业启蒙教育品牌、"丰职味道"餐饮创新品牌、"丰华蕙制"非遗文创品牌、"商联会学院"职工继续教育品牌、"丽泽大讲堂"市民学习品牌、"丰台老年大学"老年教育服务和学分银行试点运行品牌。学校成为北京市残疾人培训中心、北京市红十字会应急培训中心、丰台区复转军人就业创业培训基地，在对口帮扶、扶贫扶技、乡村振兴等各项国家战略行动中发挥着重要作用，被评为市级先进校，形成"一花两宴"教育帮扶品牌、"京雄职业技能大赛"京津冀协同发展品牌等。

七、以协同促共同，形成"一带一路"职教方案

为加快培养国际产能合作急需人才，学校丰富"技能+文化+语言"特色课程体系，建立了"丝路学堂"泰国分校、海外技能人才培训基地、涉外师资培训中心、泰国汉语培训中心4个平台。探索形成了中德国际课程证书引进、中俄国际人才贯通培养、中英国际职业学校建设、中泰北京宴产教融合中心4种模式。创建了"丝路工匠"国际技能大赛品牌，并于2022年6月成功举办第二届大赛，共有26个国家的808名选手参赛，首创云端国际大赛，赛事盛况空前，赛项内容、标准等成果成功转化输出。

学校已经成为首都职教国际合作与交流的重要窗口，发起创办的"丝路学堂"，也已经成为"北京市国际消费中心城市"和"两区"建设的重点项目，并与"丝路工匠"国际技能大赛品牌一起，列入《北京市关于推动职业教育高质量发展的实施方案》的文件内容。

作为技能强国的重要载体，数字经济背景下的职业教育如何高质量发展，如何重塑教学生态、重构教学模式、重组教育技术、重设教学场景等，都是丰职立足南城发展的思考、行动、责任和使命。职业教育风帆正扬，丰职定当砥砺前行。

开启全面建设中国特色现代化高职学院新征程

北京信息职业技术学院　卢小平

北京市教委组织开展的职业院校"五说"活动，是落实高质量发展的具体举措，意义重大。这里结合谈学校定位，汇报一下学校的发展战略与改革举措。谈到学校的办学定位，离不开三个关键词：组织使命、基本职能和发展理念。

学校的初心使命，就是贯彻党的教育方针，落实立德树人根本任务，为党育人，为国育才，培养德智体美劳全面发展的社会主义建设者和接班人。

学校的基本职能载明在学校章程中，主要包括人才培养、科学研究、社会服务、文化传承、国际交流等。

学校的发展理念，就是立足新发展阶段、贯彻新发展理念，落实到北信的具体实践，就是创新发展、融合发展、内涵发展、特色发展四大发展理念。也即：坚持创新发展，主动服务北京"四个中心"建设和高精尖产业发展需要，积极探索产教融合体制创新、人才培养模式创新、学校治理体系创新，以制度创新为突破口，不断激发办学活力，全面提升学校综合实力；坚持融合发展，大力推动产业发展与教育发展相融合、专业教育与素质教育相融合、学校教育与终身教育相融合，为构建面向社会、面向人人、面向未来的现代职业教育体系贡献力量；坚持内涵发展，着力实现发展理念的深刻转变，牢固树立教育质量是学校生命线的理念，切实把提高人才培养质量放到更加突出的位置，走内涵发展道路，推动学校实现高质量发展；坚持特色发展，坚定不移走行业办学的发展道路，充分发挥办学体制优势，全面彰显行业办学特色，不断扩大产教融合校企合作的资源禀赋优势，打造北京信息产业技术技能人才培养高地

如果我们把"使命""职能""理念"这三个关键词整合在一起，就形成了学校的发展愿景。学校的发展愿景是这样表述的：落实立德树人根本任务，坚持创新发展、融合发展、内涵发展、特色发展，把学校建设成为行业办学特色鲜明、产教融合充满活力、学科专业优势突出、人才培养质量优良、社会服务能力卓著、教育国际化成效显著的中国特色现代化高职学院。

透过发展愿景，学校的办学定位与目标任务大体呼之欲出，可以概括为以下几个方面：一是凸显行业办学特色，二是创新产教融合机制，三是打造学科专业品牌，四是提高人才培养质量，五是强化社会服务能力，六是加快教育国际化进程。这也正是学校"十四五"发展的核心战略。

行业办学是学校的基本特征，也是最大的特色。追溯历史，学校诞生于1954年，当时正值新中国第一个五年计划，中央政府在北京筹建大型电子工业园区，作为园区的配套项目，创办了学校的前身——华北第四工业学校。半个多世纪以来，学校一天也不曾离开行

业，最早隶属二机部、四机部，现在隶属于北京电控。长期以来，学校坚持走行业办学的发展道路，在首都职教战线独树一帜。

进入新时代，学校开启了全面建设中国特色现代化高职学院的新征程。必须主动服务首都发展和"四个中心"建设，服务北京高精尖产业发展，对标"五子联动"的首都新发展格局，尤其是北京打造全球数字经济标杆城市战略定位，围绕"数字产业化"和"产业数字化"两大主线，重点打造产业互联网、人工智能、集成电路、数字贸易、智慧健康、数字艺术等高水平专业集群。必须主动迎接新一轮科技革命和产业变革，充分发挥行业办学的资源禀赋优势，以国家"双高计划"和"北特高"建设项目为引领，深化教育教学改革，提升社会服务能力，加快教育信息化、教育国际化进程，促进职业教育供给侧和产业需求侧结构要素全方位融合。必须坚持专业教育与素质教育并重，探索新时代"通用平台+技术中心"人才培养模式的实现形式，传承红色电子文化，创新三全育人格局，构建促进学生德智体美劳全面发展的人才培养体系，把学校打造成为首都信息产业高素质技术技能人才的培养高地。

当前，学校正在深入学习贯彻党的二十大精神，我们要把学习宣传党的二十大精神与研究谋划学校发展战略紧密结合起来，找准改革发展的突破口和着力点，开启全面建设中国特色现代化高职学院新征程，为把学校建成行业办学特色鲜明、产教融合充满活力、学科专业优势突出、人才培养质量优良、社会服务能力卓著、教育国际化成效显著的新时代中国特色现代化高职学院而努力奋斗。

因"时势地人"做"加减乘除"，推进学校基于供给侧改革的转型与创新发展

北京市信息管理学校　董随东

北京市信息管理学校创建于1960年，是海淀区教委所属唯一中职学校，是国家中职示范校、首批国家重点职业学校、全国德育工作先进校，是北京市职教先进单位、首都文明单位、北京市文明校园。

党的十八大以来，尤其是"十三五"时期以来，学校契合北京经济社会发展需要，因"时势地人"做"加减乘除"，推进基于供给侧的转型与创新发展，提供多样化和个性化的职业教育产品和服务，更精准地满足经济社会转型发展对高素质技能型人才的需要、受教育者对全面发展的需要，推进学校持续健康发展。

一、因"时势地人"

因时。面对国际国内大局，中国经济进入新常态，面临供给侧结构性改革的新形势，需要推进结构调整，促进创新创业，调整要素配置，扩大有效、优质供给，更好满足广大人民群众的需要。这就必然强化了对高素质技能型人才的需求、对高质量职业教育的要求。

因势。2014年、2022年，国务院陆续印发《关于加快发展现代职业教育的决定》《国家职业教育改革实施方案》；2022年，全国人大通过新修订的《职业教育法》。习近平主席、李克强总理多次对职教工作作出批示。北京市也对职教发展作出相应部署。职业教育作为一种教育类型，被赋予与普通教育同等重要地位，需要在聚焦适应性、聚力高质量、聚责贡献力上作出新成绩。

因地。作为北京市海淀区的职业学校，必须结合国家"一带一路"倡议、京津冀协同发展要求、北京"四个中心"建设任务、海淀"两新两高"战略，调整优化专业设置。针对禁限产业，撤并相关专业；针对转型产业，升级传统专业；针对高精尖产业，发展新兴专业；针对城市管理和社会建设需求，建设紧缺人才专业。同时，不断深化产教融合、校企合作，以高水平专业服务高质量发展。

因人。充分考虑北京市民、海淀区民对职业教育的期待，满足中职生由就业导向转向升学导向、由更重视专业技能学习转向更重视全面可持续发展的需求，满足社会面对职业培训尤其是紧缺服务人才培训的需求；充分考虑学校人才优势、办学优势，完善治理体系，打造学校品牌。

二、做"加减乘除"

学校基于供给侧改革的转型和创新发展的基本思路，是以"区域经济社会需要、学校学生家长满意"为目标，以"始终构建匹配区域经济社会发展的专业群、持续提升专业人才培养质量"为核心，以做好"加减乘除"为主要工作，提高供给结构的适应性和灵活性，更好适应社会、家长、学生对职业教育需求的变化。

一是做好加减法。就是扩大有效、高质量供给，减少无效、低质量供给；对中职学校来说，就是做强专业、做精课程。做强专业，一要科学设置，匹配区域产业需求；二要校企合作，对接职业标准和行业岗位工作标准；三要落实保障，提升人才培养质量。做精课程，一要完善公共基础、专业、培训课程体系；二要更新课程内容；三要建设课改机制，打造精品课程。

二是做好乘法。就是实施创新驱动战略；对中职学校来说，就是发挥学校文化引领、信息技术融合的乘数效应。学校文化是学校发展的"灵魂"，是推动学校品牌建设的"内在动力"，要把建设过程、落实过程融合起来，引领学校各项工作，实现学校品牌"生长"。数智化正深刻影响着各行各业，学校也需要借此推动教育理念更新、模式变革、体系重构。

三是做好除法。就是破除体制机制障碍；对中职学校来说，就是完善治理体系，解决制度障碍，通过规范岗位职责、完善标准体系、强化制度管理等激发人员活力，通过减少管理层级、下沉管理权力、突出要素激励等强化要素配置，通过加强过程管理、强化检查督导、及时反馈调整形成闭环管理，释放发展动能。

三、基于供给侧的转型与创新发展

1. 完善治理体系：激活个人动力和团队合力，释放发展动能

完善治理结构，构建扁平式、经纬式、分布式、闭环式的组织体系；完善管理制度，构建统一化、精细化、规范化、人文化的制度体系；完善工作流程，构建规范化、信息化、便捷化、高效化的管理平台；完善学校章程，构建规范性、前瞻性、可操性、有特色的基本大法。

2. 重构办学理念：激励教师成长和学生进步，凝聚发展力量

明确核心理念产生流程：研究教育方针与教育理念→总结办学历史与文化→分析环境与条件→借鉴优秀办学理念→邀请专家指导→深刻简明表述→深入研讨论证→教职工大会通过→实践检验修订。

形成办学理念完善方案，推进学校文化建设的行为、视觉、环境、媒体识别系统建设，开展丰富多彩的校园文化活动，推进办学理念落地。

3. 专业转型升级：促进产教融合和校企合作，打造竞争优势

顶层设计，构建适合学校特点的专业转型升级制度体系；动态调整，打造适合区域经济社会发展需要的专业群；多方联动，完善"四对接四融合"的专业人才培养方案；分类培养，推进"四功能包四激励包"专业师资队伍建设；整合资源，促进"校企合作、集团办学"服务专业人才培养质量提升；督导跟进，保障专业人才培养质量到位。

学校在深入调研、广泛研讨、认真论证的基础上，动态调整专业设置，目前开设的专业完全契合北京市、海淀区产业布局，始终对接区域经济社会发展需要。

4. 深化课程改革：对接岗位需求和素养提升，构建多维课程体系

完善课程建设与改革的制度与标准。完善公共基础课程体系，探索公共基础课与专业课的融通。完善专业课程体系，深入调研分析，强化专业群基础课、核心课、拓展课设置，一体化设计中高职衔接专业课程。完善创新创业课程体系，建设创新创业学院和创客空间，打造双创教育的"动力点"；建设专创融合课程链，打造双创教育的"延长线"；建设师生全员培训平台，打造双创教育的"覆盖面"；建设支持和服务机制，打造双创教育的"共同体"。完善培训课程体系，开发实施分类、分级、模块化培训课程，提供多元供给方式，提升社会培训效益。

5. 创建学校品牌：突出相对优势和催化作用，形成办学特色

在首批教育信息化试点"优秀"的基础上，推进学校大数据分析与应用，突出一个核心（以人为本、注重体验），做到两个坚持（坚持自主开发按需定制、坚持数据整合信息共享），形成三大体系（安全保障、网络运维、数据服务体系），实现四个统一（信息门户、权限管理、数据管理、消息管理统一），构建"六位一体"（教育、教学、科研、管理、资源、宣传）生态化网络教育场，形成基于数据流的工作流，通过数据流优化工作流，使得"信息"不仅成其名称，更成为特色、品牌。

立足首都、行业引领、联合培养，创新"交通产教融合体"办学模式

北京交通运输职业学院　马伯夷

学校坚持职业教育的类型教育定位，通过对首都经济社会发展和交通行业的调研，明确了办学定位——立足首都交通行业，服务首都城市运行和经济社会发展，承担五项办学任务——全日制学历教育、交通行业职业培训、交通行业技术研发推广、交通文化传承、国际交流与合作。

一、创新"交通产教融合体"办学模式

学校立足首都经济发展需要，积极主动服务和融入新发展格局，回应职业教育新发展、新机遇、新挑战，遵循交通行业办学的市场规律和职业教育的类型定位要求，挖掘交通行业企业的生产性职教资源，研究学校教育教学要素形成学校定位，双方融合搭建交通产教融合体，打造新时代交通职业教育新标杆。

"交通产教融合体"办学模式初步形成，从三方面带来人才培养模式的新变革：

一是构建融合结构体系，落实企业主体作用。打造人力资源、办学资金、资源组成、体系治理融合结构的体系架构，实现管理体系、资源体系、资质体系、资讯体系的融合贯通，最终全方位落实企业主体作用。

二是发挥协同功能效应，践行初心办学使命。立足交通职教集团、产业学校、两师基地实现产教、育训、标准、资源、师资和文化的多维融合，打造产教融合育人体系，深度践行"做交通行业职业人才培养的孵化器，做交通行业持续、稳定、健康发展的守护神"办学使命。

三是凸显融合发展增长，服务首都核心功能。服务首都"四个中心""四个服务""五子联动"和京津冀交通一体化的核心功能，畅通行业标准国际化渠道、留学国际化职教途径、国际合作办学路径三方外联，实现高质量服务首都北京城市运行和经济社会发展。

二、"交通产教融合体"办学模式初见成效

（一）集团化办学成果突出

十余年来学校充分发挥集团化办学优势，以制度形式明确了交通职业教育政府主导、行

业指导、校企共同参与的办学机制。积极构建现代交通职业教育体系，围绕产教融合、校企合作开展了一系列改革创新探索，形成具有鲜明交通特色的"校企协同、德技并修"人才培养模式，建成多元主体、分层分类的交通职业人才培养培训体系，以实际行动回应了两办印发的《关于加强新时代高技能人才队伍建设的意见》对加强新时代高技能人才队伍建设的相关要求。

一是建立首都交通行业职业人才有效供给。立足北京现代化综合交通体系，建设城市轨道交通、汽车技术与服务、道路桥梁工程技术、交通管理与信息工程、建筑工程五大专业群。自2010年以来共向首都交通行业输送毕业生近2万人，较好地满足了交通行业企业用人需求。

二是提升首都交通行业从业大军整体素质。学校是北京市交通运输行业专业技术人员继续教育基地，承担交通行业企业员工上岗培训、岗位技能培训，开展继续教育、职业技能大赛，培训学员来自首都企业的一线员工。2010年以来共完成职业培训近60万人次，职业技能鉴定60余万人次。

三是以高质量就业保障民生。学校主要面向北京地区招生，北京生源占90%以上，近三年就业率稳定在99%，毕业生在北京市交通行业一线岗位就业，起薪点和职业发展均优于全国同类院校。

四是办学质量居全市前列。学校是北京市特色高水平职业院校、中国特色高水平专业群建设单位，建成1个国家级骨干专业群，3个北京市级骨干专业群，还建有4个工程师学校、4个技术技能大师工作室。2021年经市教委评估，在全市7所特色高水平高职院校中排名第二。

五是引领全国职业教育发展。学校是全国轨道专业指导委员会主任单位，牵头完成国家教学标准制订、全国师资培训，建成国家级教学资源库，承担全国职业技能大赛，并面向"一带一路"沿线国家师生提供培训。学校也是全国汽车专业"1+X"标准牵头单位，推动全国汽车后市场领域书证融通、技术服务、师资培训工作。

（二）产教融合校企合作不断深化

职业教育作为以就业为导向的教育类型，企业引领、产教融合、校企合作是职业教育的办学模式。

学校通过与头部企业合作，建立了人才培养对接产业需求的校企"双元培养"模式；产教融合实现共育共促，入选教育部"2021年度产教融合校企合作"典型案例；中高本贯通项目完成素养赋能教育教学改革；搭建了服务交通行业创新发展的校企共建、资源共享的创新服务平台；实现教师与企业工程技术人员双向流动。

一是建立契合首都城市战略定位的专业结构。建立健全专业动态调整机制，紧密对接首都交通，优化专业布局。校企合作贯穿专业建设全过程，突出企业在专业群打造中的主体作用，实施"建设路径整体设计，典型工作任务贯穿主线，PDCA工作循环，分步分层开展"的专业建设模式，形成了PGSD模型专业人才培养方案和课程标准全覆盖。

二是建立校企"双元培养"教育模式。学校不断探索、深入实施"入学即入职、工学交替、校企协同"培养机制,对接首都产业升级确定人才培养目标,形成"双主体,两类别,四层次,五融合"人才培养模式,与企业共建产业学校育人平台,实现工学交替,深化校企一体化育人,育人质量显著提升,大幅度减少企业入职培训时长,初步实现入职即上岗。

三是不断增强职业教育适应性。学校获批北京市学分银行服务体系建设第一批建设单位。校企合作开发职业技能等级标准,建成"课证融通"模块化课程,同时校企共同推进共建共享式新形态教材开发,保证行业企业最新标准在职业教育中的快速落地,获得企业认可。对接"1+X"认证标准,将认证标准融入人才培养方案设计中,获批 23 个 1+X 证书试点,积极探索通过专业人才培养方案改革、课程体系建设,实现"岗课赛证融通",深化"三教"改革。

四是国际合作促进内涵式发展。与 SGAVE 等高端汽车品牌合作,促进了设备、技术、理念全方位的提升,进一步提高服务行业企业的能力。德国"胡格"教学模式的引入,以学生为中心,将理论与实践作为一个整体来开展,注重学生社会能力、方法能力等非专业能力的培养等先进的教学理念。

强化输出,充实资源库内容,持续开发符合国际化课程,制订 3 项国际化专业教学标准、6 项课程标准,应用于"一带一路"泰国城轨专业人才培训,为交通行业走向"一带一路"沿线国家提供人才培养支撑,实现中国标准向国际输出。

五是校企合作进一步探索共建产业学院。学校探索创新产教融合模式,积极推进产业学院建设,目前已与行业头部企业共同成立 3 个产业学院,分别为智慧城市产业学院、北京东职国际智能融媒体产业学院和轨道交通通信信号产业学院,并响应工信部号召,积极推进"专精特新"产业学院申报和建设等相关工作。

(三) 大思政育人工作格局已经形成

职业教育承担着为党育人、为国育才的重任,必须坚持立德树人、德技并修,培养与企业文化对接的高技能人才。学校在专业与课程建设、双师型教师队伍建设、实训基地建设、人才培养全过程中都充分引入企业文化,企业深度参与专业开设、人才培养方案的制订、课程建设、教学过程实施、顶岗实习与就业等人才培养全过程,课堂教学实现教学标准与行业标准对接,学习情景与工作情景对接,教学内容与工作任务对接,课程思政与职业素养对接,按照企业对学生基本素质的要求提升学生的综合素养。

在此基础上,学校探索出"一心三色四步五结合"德育教育工作模式,逐步构建起全员、全过程、全方位的"大思政"育人格局,培养交通强国建设者和接班人。将思想政治工作与专业教育教学相结合、与班级团日活动相结合、与实践研学相结合、与校园文化建设相结合、与社会服务相结合,彰显铸魂育人效果。

积极参与交通社会动员和宣传工作。服务交通宣讲团,实施"随行宣讲团,学习劳模精神"行动计划,用融媒体技术支持交通安全、交通精神的宣讲,营造文明出行、绿色出行的良好社会氛围。引导学生在服务交通行业发展中展现担当与责任,传递春春正能量,在亲历交通行业发展的过程中实现综合能力全面提升。

伴随学校"十四五"规划的实施，学校将继续深入落实党中央对职业教育的改革要求，坚决贯彻落实两办印发的《关于深化现代职业教育体系建设改革的意见》要求，立足首都城市战略定位，把北京交通职业教育放在服务"四个中心"功能建设、提高"四个服务"水平的大局中来思考谋划，加快教育发展模式变革，努力在北京构建新发展格局的过程中，贡献交通职业教育的力量。

为党育人、为国育才,培养新时代文化艺术人才

北京戏曲艺术职业学院　黄珊珊

北京戏曲艺术职业学院是经北京市人民政府批准、教育部备案的全日制普通高等学校,是北京市唯一一所公办艺术类高等职业学院。学院由梅兰芳先生等京剧前辈创建于1952年。2002年12月,学院正式举办全日制高等职业教育,2006年北京市艺术研究所与学院合并,充实了教学、科研力量。学院面向全国招生,开设京剧、地方戏曲、音乐、舞蹈、艺术设计和影视表演等多个专业方向,从单一的戏曲学校发展成为综合艺术院校,培养了孙毓敏、李玉芙、赵葆秀、谷文月等众多表演艺术家和知名演员,在全国的戏曲教育领域有着广泛的影响。2011年12月,学院被北京市教育委员会评为"北京市示范性高等职业院校"。2017年,被中央精神文明建设指导委员会评为"全国未成年人思想道德建设工作先进单位",2019年成为北京市特色高水平职业院校建设单位,2022年年初戏曲表演专业群入选北京市职业院校特色高水平骨干专业(群)建设名单。近年来,学院师生多次参加国家重大的演出活动,在国家各类重要赛事中获400多个奖项。七十年的发展奋斗,为中华优秀文化的传承和发展作出了突出贡献。

一、坚持"立德树人"根本任务,培养社会主义时代新人

学院始终坚持党的全面领导,高举中国特色社会主义伟大旗帜,以习近平新时代中国特色社会主义思想为指导,坚持社会主义办学方向,全面贯彻党的教育方针,牢固树立"四个意识"、坚定"四个自信"、坚决做到"两个维护"。学院坚持立德树人的根本任务,坚守为党育人、为国育才的初心,遵循艺术职业教育规律,尊重学生的主体地位,以传承和弘扬中华优秀传统文化为己任,坚持产教融合、校企合作;坚持面向市场、促进就业;坚持面向岗位、强化能力;坚持面向人人、因材施教,形成了"教育教学、演出实践、创作创新、传播交流与传承服务"五位一体的办学特色,为新时代培养德智体美劳全面发展的社会主义文化事业建设者和接班人。

二、打造"学—演—创—传—承"育人平台,服务首都文化中心建设

近年来,学院深入贯彻国家大力发展职业教育的精神,扎实推动职业教育高质量发展。学院围绕首都文化中心城市和国际交往中心战略定位,结合新时代文化创新和科技进步需要,精心谋划学校战略发展,明确办学定位和发展方向,以人才培养、科学研究、社会服务、文化传承创新、国际交流合作为基本职能,构建"教育教学、演出实践、创作创新、

传播交流与传承服务"五位一体的育人平台，以契合新时代文化事业发展需求。学院充分发挥师资力量、教学科研、文艺创演和教学的资源优势，开展文化艺术类学历教育和公共文化类职业培训，努力把教育教学、艺术科研创作成果转化为服务社会的能力，积极服务首都文化中心建设。近两年，舞蹈系师生先后参加"庆祝中国共产党成立100周年大型情景史诗《伟大征程》文艺汇演"和"北京冬奥会开幕式表演活动"，为建党百年和北京冬奥演出的成功举办贡献了北戏力量。

三、重点发展戏曲为代表的非遗保护类专业，弘扬和传承中华优秀文化

多年来，学院实施以培养传承和弘扬中华优秀传统文化的艺术人才为核心，以京剧表演专业为龙头，以戏曲表演专业特色专业群建设为重点，同步发展曲艺、民族音乐、民族民间舞蹈等传统文化和非遗保护类专业，紧跟首都文化产业发展需要，探索拓展文化服务类、艺术教育类专业的发展战略，为文化事业和文化产业发展，培养专业基础扎实、舞台实践能力强、具备创新精神和创业能力的高素质、高水平、应用型文化艺术人才。

四、深化教育教学改革，促进文化艺术职业教育高质量发展

在今后的发展中，学院将秉持"树德为首、育才为要、传承为根、创新为本、因材施教、突出实践"的办学理念，结合新时代文化新发展对文化艺术人才的新需求，聚焦标准、制度、队伍、平台建设，加快特色高水平职业院校及高水平专业群建设的实践探索，不断加快学校高质量发展，努力争当全国艺术职业教育排头兵，将学院打造成为办学特色鲜明，艺术教育质量高，艺术科研与创作成果显著，社会服务能力强，有一定国际影响力，综合实力领先、国内一流的艺术类特色高水平职业院校。为首都和京津冀区域文化高质量发展提供人才支持，为首都文化中心和国际交往中心建设作出新的更大的贡献！

突出"产教研训评"五位一体办学特色，促《通则》落地生根

北京市电气工程学校　崇静

职业教育与经济社会发展紧密相连，对促进就业创业、助力科技创新、增进人民福祉具有重要意义。优化职业教育类型定位，推动职业教育高质量发展，有力支撑首都"四个中心"建设，提升职业学校吸引力，为朝阳"新四区"建设，奋力谱写新时代改革发展新篇章，我们一直在路上。

一、学《通则》更加明确学校办学定位和发展方向

《通则》系统规范了职业院校全要素、全流程的教学管理行为，是指导教学实践，完善教学制度，建立现代教学治理体系，提升教学管理效能，充分发挥教学育人作用的行动指南。为强化教学的中心地位，引领校长抓教学改革、抓质量提升、抓诊断改进、抓考核评价提供依据。

北京市电气工程学校始终坚持以"服务区域经济，支撑行业企业，让每一个学生都能生存和发展"为办学理念。突出教师是发展教育的第一资源，形成"为每一个人创造成功可能"的管理观。传承"有奖必争，唯旗誓夺"的学校精神，形成"赛事引领，德技并修，融合发展，协同育人"的职教特色。以工程教育见长，创新人才培养模式，形成"产教研训评"五位一体的办学特色，连续十二年荣获北京乃至全国职业院校、行业企业技能大赛的先进单位，是国家中等职业教育改革发展示范校。

办学定位：契合北京服务首都城市功能定位，对接现代高端服务业紧缺行业人才需求，夯实学历教育基础，联合企业、高校探究"融合育人，贯通培养"新机制、新标准、新模式，形成系统化储能赋能培养"城市运行与发展、新能源与绿色能耗管理、新一代信息技术和高品质生活"的办学目标，成为"学生向往、家长满意、企业信任、行业领先"的优质中等职业教育标杆校。

发展方向：坚持育人为本，教劳结合，五育并举，发展素质教育。面向技能型社会，以多样化培养"升学有希望、就业有优势、创业有本领、发展有基础"的服务型技术技能人才为培养目标，以职普融通、产教融合、科教融汇为方向，汇聚国内外职教名家、头部企业资源和高精尖特优合作项目，成为朝阳教育新高地。

二、学《通则》更加促进学校治理体系和治理能力现代化

（一）适应产教融合发展需要，创新多元主体治理模式

构建现代学校制度体系，提升办学适应性。转变学校治理方式，形成"党组织领导，校长负责，专家治学，企业参与，社会监督"的民主治理结构。修订各类章程，实现依法治校；突出学术委员会的学术地位，强化民主参与功能。引入海尔数字、施耐德电气等国内外顶尖企业，合创工程师学院，形成"产学研创"多主体，生产培训一体化的合作机制。

（二）适应多址办学发展需要，创新协同联动管理方式

推行精细化管理，持续开展 ISO 9001 质量认证，提升管理效能。建立多校区协同联动机制，对接企业改进岗位流程和工作规程，使学校由层级管理走向矩阵式、项目制管理。

（三）适应教学方式变革需要，创新技术赋能评价手段

以国赛标准，强化师资队伍信息化素养，多层分类推进混合式教学实践研究，建立起基于资源统筹、数据分析、诊断改进、技术应用的网络化、数字化学习平台，形成将先进理念行为化、优秀行为标准化、规范标准程序化的日常绩效考核办法和管理激励机制。

三、学《通则》更加聚焦"产教研训评"五位一体办学特色

赛事引领深化"三教"改革，跨界融合活化"三全育人"，智慧教学推动"课堂革命"。以工程师学院建设引擎对接高精尖特头部、总部企业，以"特高骨"专业群建设探索中国特色学徒制北京模式，为建设技能型社会，作出了电气人的实践探索和艰苦努力。

（一）基于核心素养，完善学校人才培养体系

向上看与高职院校课程衔接，一体化培养高端技术技能人才；向下看为中小学开展职业启蒙教育，开发职业体验课程和劳动教育项目；向前看着力研发数字化课程资源，发展基于"互联网+"的课程教学模式；向后看传承技术技能，发现人才成长规律和教学规律，指导就业创业；向左看探索职普融通特色办学，拓宽中职学校发展新路径，建设技能型社会；向右看借鉴国际先进教育理念，推进与"一带一路"沿线国家和地区的境外职业技能交流合作，促进经济社会转型升级。

（二）深化专业内涵建设，提升人才培养质量

以产业需求为导向，统筹利用有限资源，建立专业动态调整机制。做优与办学定位相匹配的专业群；做强优势传统专业，使之智能升级组群发展；做精服务首都、国家战略急需专业；做实新兴交叉融合专业；做长高品质服务非遗传承特色专业，彰显"优化、优势、优

质"的三优特色。投身"特高骨"专业群试点改革,开展"基于产业链跨专业大类专业群的建设与研究",强化专业高点,培育专业重点,扶持专业增长点。建立预警机制,把毕业生就业、升学状况反馈到人才培养环节上来,形成专业发展优势带动、存量升级、弱势重组、错位发展、协调发展的新局面。

(三)构建产教融合"双轮驱动"实践型育人方式

形成现代学徒制"五双合创,柔性培养"新模式。成功与北京工业职业技术学院"大手拉小手"开展"施耐德国际能效管理高端人才贯通培养";发展与中国地热产业联盟的合作,设立行业创新示范基地;创建中职校首家"海尔智能应用内外联通 BIM 实训项目";参与多项 1+X 证书试点,形成"产学研训""岗课证分"互为一体的职业技能培训体系,使智能环保专业集群始终保持领军地位。

(四)建立内控外监的督导评价制度和校本培训制度

以评价促改进,以培训促成长,突出问题导向、行动导向、效果导向,做到时时跟进、事事回应、人人落实、月月考核,使师资队伍能力建设出实效。

以《职业教育法》为依据,始终把培养什么人、为谁培养人放在首位。规划引领,对标《通则》,始终使教学成为学校的中心工作,始终将教师队伍的师德师风建设、教育理论素养、教育思维能力和教学实践能力有机统一起来,形成学校各具特色、协调发展的制度体系,保障机制和综合评价范例并在推进高质量办学实践中得到丰富和发展。

办学定位是职业学校建设发展的定盘星

北京市对外贸易学校　李倩春

一、办学定位决定学校发展命运

北京市对外贸易学校成立于1965年，隶属于北京市商务局，是国家级重点中等职业学校，有教职工150人，在校生1700人。目前开设商务服务、交通运输、教育和信息技术四大类近20个专业。通过几代人的不懈努力，已将学校打造成一座拥有"五个一"（即发展了一批产教深度融合特色高水平专业群和实训基地、创设了一个立德树人品牌、营造了一个人文气息浓厚的育人环境、锻炼了一支敢打敢拼的教职工队伍、培养了一批高素质技术技能型人才）的花园式学校。

回顾五十多年学校发展建设史，我们深刻认识到，办学定位与学校发展的兴与衰、成与败息息相关。

从上世纪60年代到90年代，学校为北京市外贸行业培养了大批高素质技术技能型人才。进入本世纪后，随着北京市城市功能定位的调整，经济社会发展的变化，学校遭遇发展瓶颈，特别是2006—2010年，学校年招生人数仅百人左右，教师队伍的稳定性下降，社会影响力贡献力下降。

面临严峻挑战与困难曲折，学校领导班子带领全校教职工直面问题、解放思想、自我革命，不断调研、探索、实践，调整办学定位，完善办学功能，深化产教融合，优化专业布局，开辟出一条新的发展之路。学校治理体系更加完善，专业设置更加符合市场需求，学校享有较高社会声誉，每年吸引大批学生报考，连续多年招生人数名列北京市前茅。

可以说，学校从盛到衰再到盛的转化过程中，办学定位发挥着关键、主导作用，有着定盘星的功效。

二、办学定位引领学校高质量发展

北京是全国政治中心、文化中心、科技高地、人才高地。针对北京城市功能、产业、就业新特点，结合技术技能人才需求规模、结构、规格新变化，学校成立校领导牵头的专门研究团队，深入学习中央和北京市关于职业教育发展等各类规划文件精神，研究市场、研究产业、研究职业，适时调整学校功能定位、专业定位、理念文化定位，立体化、多维度引领学校改革创新与健康发展。

（一）功能定位旨在更好服务人才需求市场

开门办学，紧贴市场、产业、职业，坚持学历教育与职业培训相结合，是学校明确的办学功能定位。只有紧紧围绕首都新发展格局和高质量人才发展需求而不偏离，才能充分发挥学校办学特色及优势，立于不败之地。

在学历教育方面，提升育人质量，提高学校的适应性。发挥中职教育的基础性作用，将以就业为导向逐步调整为以升学+就业为导向，目前所有专业均实现"3+2"中高职衔接，全面打通学生升学通道。

在服务行业方面，积极发挥行业办学职能和优势，组织历届北京市电子商务高研班、北京市抖音直播大赛、商业服务业技能单证大赛等全市性商务活动。主动与各区商务局联系，参与行业调研及报告撰写。每年选派师生服务服贸会、进博会等商务领域中心工作。通过参加各项商务实践活动，师生获得历练和成长。

在服务城市战略方面，学校建立京冀蒙合作交流平台，与军蒂集团建立退伍军人培训服务战略合作关系。学校是北京市专业技术人员继续教育基地、初中生开放性科学实践课市级资源单位、朝阳区社会考试考点、朝阳区来广营地区市民终身学习基地。

（二）专业定位体现个性化办学特色

学校紧跟市场，服务需求，立足优势，大胆创新，对接高精尖产业结构和高品质民生需求，由过去单一的外贸类专业逐步拓展到其他领域，陆续开发建设城市轨道交通、民航运输、幼儿保育、网络信息安全等新专业，形成了现代国际商务服务、国际城市交通服务、学前教育和全域数字化运营四大专业群。

围绕"一带一路"和北京"四个中心"建设，学校进一步推进产教融合、校企合作，激发专业发展活力，不断加强与头部企业的合作，先后共同建设了京东跨境电商工程师学院、首都会展服务管理学院、阿里巴巴直播电商学院和幼乐美幼师学院4个工程师学院。

目前已有3个专业群和3个工程师学院，被北京市教委认定为北京市特色高水平专业群和实训基地。

（三）理念文化定位发挥引导熏陶功效

学校坚持党建引领，坚持立德树人，加强校风学风、师德师风建设。打造学校品牌，"丝路春晖"被北京市教委评定为北京市优秀德育品牌。学校注重以文化人、以美育人，突出办学特色、挖掘文化特质，营造"丝路书韵·桃李芳菲"的育人环境，充分发挥环境化育功能，用潜移默化润物无声来熏陶、感染学生，激发学生向善向美，培养学生的感性素养、涵养学生的文化底蕴。

三、办学定位指引学校可持续发展

在不断优化上述办学定位的基础上，下一步学校将贯彻《职业教育法》，认真学习领会二十大精神，学习中央及北京市关于职业教育发展建设的文件精神，全面落实《通则》，立足"五个坚持"：坚持正确的办学方向，加强党建引领，以理想信念引领学生；坚持两条腿走路，学历教育与非学历教育相结合，全方位多角度培育人才；坚持高质量办学，产教融合校企合作，提升学生综合职业素养；坚持特色化办学，立足行业服务社会，在实践活动中锻炼学生；坚持探索国际化办学，服务"一带一路"，培养学生国际视野和胸怀。北京市对外贸易学校将继续探索、实践、创新，打造更具活力、更加满足市场需求的职业教育新模式，培养更多高素质技术技能人才。

守正创新，在"减量"中实现高质量发展

北京市外事学校　田雅莉

2022年北京市职业院校教学管理能力提升"五说"行动旨在推进职业教育高质量发展。职业学校要推动发展，首先要明确学校的办学定位，本文从学校的专业设置定位、办学特色定位、办学功能定位三个维度，分享北京市外事学校作为首都核区的中等职业学校，坚持学校办学定位，守正创新，在"减量"中实现高质量发展的实践与探索。

一、坚持"服务中央"的专业设置定位

首先从外事学校校名说起，大多数职业学校的校名体现了学校的优势特色专业。1980年，改革的春风吹遍了中华大地，为满足党和国家在首都接待大量高端外事服务任务以及涉外旅游行业迅猛发展对旅游服务人才的需求，在西城区政府的主导下，北京158中与北京饭店联合开设三个外事服务职高班，外事学校的校名由此而来。外事服务专业是目前学校高星级饭店运营与管理和烹饪工艺与营养两个专业的前身。北京饭店是新中国成立以来党和国家政治活动、国际交往活动的重要场所，与北京饭店的合作让学校在创办之初就确立了"为中央服务、为政治服务、为行业企业服务"的办学定位。

随着校企合作不断拓展，学校的毕业生活跃在北京饭店、人民大会堂、钓鱼台国宾馆等重要外事活动接待单位，学生多次承担国家重大政治任务、国际活动，受到了党和国家领导人的高度评价与赞誉。在三十余年发展历程中，学校的校名从158中外事服务职业高中，到北京市外事服务职业高中，再到北京市外事学校。几经更名，"外事"两个字始终没变，这凸显了学校坚持培养"服务中央"高素质外事服务保障人才的独特定位。经过三十年的积淀，学校已形成对接首都区域经济的三大专业集群，共计12个专业。

2014年，习近平总书记明确指出首都"四个中心"战略定位，首都进入了"减量"发展时代，作为核心区的职业学校需要将专业减至两个。我们认真学习总书记对北京建设的要求，新时代的首都服务保障中央政务活动、主场外交、重大活动更加繁重。为此，学校守正创新，坚守"服务中央"的专业设置定位，选择保留契合首都功能、最具学校特色的高星级饭店运营与管理、烹饪工艺与营养两个专业，以特色高水平骨干专业建设和工程师学院建设为抓手，寻求在"减量"中增值发展、高质量发展，打造核心区特色、精品、高端的职业教育。

二、"三融"创新，打造办学特色

学校以专业建设为核心，深化教学改革，实施"产教融合、职普融通、数智融创"的

三融战略，形成新时代首都核心区职业学校的办学特色定位。

一是产教融合，探索中国特色学徒制。学校深化与北京饭店的合作，双方共建北京饭店外事服务学院。2019年受北京市教委委托，与北京财贸职业学院合作，为北京饭店、民族饭店一线员工开设酒店管理专业大专班，将课堂搬到企业，形成"校企双元、产学合一、双线并行"的人才培养模式，全面提升企业一线员工素质。为中职学校产教融合、校企合作，探索中国特色学徒制，长学制培养高端技术技能人才、提高人才培养层次积累了经验、奠定了基础。

二是职普融通，探索职业高中办学新模式。因材施教，开设职普融通班，构建职普融通"3+3+N"的课程体系，探索职业高中办学新模式。为学生同时开设普通高中课程与酒店管理1+X取证课程、多样化的专业课程，提高学生的学习能力与实践能力，寻找职业高中在现代职业教育体系中的新方位，增强职业教育的适应性，为学生搭建多元化成长通道。

三是数智融创，适应产业发展需要。专业的生命力在于不断地创新，我们在专业建设中对接旅游行业数字化、智能升级；引入旅游大数据分析、收益管理等课程，推动人才培养创新；在全国率先建成智慧酒店实训基地，建设数字化教学平台，推动课堂革命。同时，学校以专业数智化升级带动学校现代化治理与管理创新取得了突出成效。

"三融"战略的实施，激发学校两个专业的提质创优、办学特色，两个专业均获评北京市特色高水平专业建设项目。

三、完善办学功能，拓宽服务领域

在"减量"发展中，学校依托两大专业的优势，完善办学功能，育训并举，服务区域社会经济发展与人才培养需要，不断拓宽学校服务领域。

一是立足西城。积极服务中小学、社区培训需求，开发了100余门职业体验、劳动教育、非遗文化、社区美好生活课程，年培训量达2万余人次。2018年学校成为首批北京市民终身学习示范基地。

二是服务首都。开展旅游行业员工培训。提升一线员工专业技能，服务北京旅游业发展。

三是辐射京津冀。学校2016年成立北京外事职业教育集团，以需求为核心，面向职业院校开展定制化培训，面向河北、内蒙古开展对口帮扶，提高合作地区师资水平。

四是面向全国。推出酒店、烹饪专业MOOC资源。2015年起10门MOOC资源上线中国大学慕课平台，学习者达26万余人次，发挥了首都优质资源的示范引领作用。

五是走向世界。积极开展院校国际交流，把握"一带一路"倡议机遇，积极开发"中华茶艺"等"一带一路"课程，服务中国企业走出去。

"减量"发展的背景下，我们一直坚信"职业教育前途广阔，大有可为"。我们将持续推动《通则》落地，坚持"服务中央"，满足首都对外事服务保障人才的培养需要；产教融合、职普融通、数智融创，办人民满意的高品质职业教育；立足西城、服务首都、辐射京津冀蒙、面向全国、走向世界，不断完善办学功能。

党的二十大明确提出"推进职普融通、产教融合、科教融汇，优化职业教育类型定位"，让我们更加坚信我们的选择！学校就像2022年冬奥会主火炬的"微火"，"微火"虽微，但是星星之火，同样充满无穷的力量！同样可以照亮美好的未来！我们将坚定不移地向建成"中国特色、世界一流"的特色高水平职业学校迈进，推动学校在"减量"中实现高质量发展。

六十载坚守职教初心，"十四五"再续发展华章

北京金隅科技学校　关亮

一、不忘初心，立足特色发展

北京金隅科技学校（原北京市建筑材料工业学校）创建于 1955 年，隶属关系曾几度发生变革，但职业教育初心不改。学校坚持"德育为首、德技并修、依托行业、服务首都"的办学宗旨，秉承"服务社会，成就未来"的办学理念，注重文化建设与传承。进入新时代，学校以习近平新时代中国特色社会主义思想为指导，坚持党的领导，全面贯彻落实新发展理念，构建学校发展新格局。按照市教委提出的"提升八个能力"的要求，强化制度建设，不断创新。学校坚持校企融合发展，紧紧围绕首都城市发展规划功能定位、京津冀协同发展，不断调整优化专业结构，拓展服务面向，提升服务能力，为社会培养出 3 万余名优秀毕业生，成为行业特色突出、示范性强的北京市职业教育的排头兵。

二、守正创新，服务人才发展

学校坚持"德育为首、德技并修、依托行业、服务首都"的办学宗旨，落实立德树人根本任务，学校坚持党建引领，全力打造三全育人典型学校。秉承"自力更生艰苦奋斗、理论与实践相结合、德育为首"的优良传统，创建"责育匠心"德育品牌，实践"一、四、五"育人模式，构建"三全育人"体系。遵循有利于学生身心健康发展的教育理念，建立"家、校、企、社"四方联动育人机制，全面实施思政课程与课程思政改革，实施"职业从校园起步、文明在校园交融、技能在校园锤炼、未来在校园剪彩"的育人方案，不断优化育人模式，通过"养、训、悟、塑"的习得，淬炼学生的意志，培养工匠精神。

三、优化结构，支撑产业发展

学校建立服务产业发展的专业建设动态调整机制，坚持"立足首都，依托行企，服务京冀"的区域性定位服务策略，科学规划学校的专业建设，面向高端制造业、城市现代化服务业、高品质民生等主导产业，找准支撑点，持续提升支撑能力，按照"一高一特""一老一小"的定位策略，构建学校"六大"专业群。针对限制和禁止发展产业，停办硅酸盐工艺及工业控制等 8 个专业。

1. 立足先进智造，打造北京品牌

围绕首都高精尖制造领域，服务航空、航天等高端智造产业，以数控技术应用专业为龙头，以高质量建设"国创轻量化工程师学院"，发挥国家重点实验室的优势，创新人才培养模式，探索"双主体"育人机制，高精尖领域培养高技能人才，为首都高精尖企业提供人才支撑，打造特色鲜明的北京品牌专业。

2. 服务城市功能，形成行业特色

发挥学校传统特色优势专业，服务首都城市建设，积极做好"智慧建筑装饰"专业群建设，持续打造建筑与装饰工程类专业，探索实践1+X证书试点工作，推动课证融合。创新"岗课衔接、课证融合、课赛联动"的岗课赛证融合育人模式，建设高水平特色专业。以建设楼宇智能化技术服务与管理专业群为引领，面向北京高端楼宇智控，深化物业行业合作，定位涉外物业综合岗位能力，打造具有首都特点、行业特色的骨干专业群。

3. 定位"一老一小"，延伸服务领域

紧扣"七有"需求，高起点建设幼儿保育专业，持续开展养老护理培训服务，探索物业管理专业建设，做强做优航空服务专业、幼儿保育等新专业建设。

四、校企融合，助推学校发展

1. 以"研"促建，服务高端制造领域

借力首都高科技产业技术"领头羊"的优势，促进转型与发展。立足产教融合、校企合作，聚焦高端智造，紧密对接产业升级和技术变革，引"研"驻校，坚持"以研促建"的理念，建设高水平工程师学院，合作开展技术研发，打造融合型师资团队，充分发挥技术前沿引领作用，实现专业在现代智造技术、芯片技术的转型升级。同时与北京金研半导体有限公司合作，向芯片制造装备专业领域扩展，共建生产性实训基地。

2. 以"高"引领，树立北京服务形象

以打造具有首都特色的高端楼宇物业服务培养培训高地为目标，与北物协、外交部等合作，共建"物业行业设备设施培训基地"，不断深化与行业、企业、政府的合作，总结"十三五"期间"百馆"工程涉外物业复合型人才培训，聚焦复合型、高素质驻外物业人员岗位内涵，持续探索"四联动、六共同"政行企校合作模式；不断深化"纵向递进、横向延伸"阶梯递进复合型人才社会培养培训新模式，提供高标准服务、开展高技能培训、承办高级别大赛，引领创建培训品牌，提升学校的社会服务能力，实现向高品质发展的突破。

3. 以"特"为根，提升专业服务能力

发挥建材行业和企业的独特优势，与金隅集团开展共赢共享、共同发展战略合作，紧跟企业发展，坚持为企业服务，开展"企业招工、学校招生"订单培养，实施送教下厂、企业标准开发、技术服务、职工技能提升培训等，面向"一带一路"沿线国家承接国外企业员工培训与技术服务项目，增强专业的生命力，合作项目遍布国内外。

五、强化责任，助推社会发展

1. 精准服务京津冀，改革办学模式

学校坚持以服务社会发展为己任，强化责任担当。以"京保石邯"职教联盟为平台，发挥京西南"桥头堡"作用，积极推进"1+N"办学模式改革。强化校校合作，探索实体化运行模式，构建具有首都特色的职教联盟，推进办学模式改革。

2. 对口帮扶新蒙豫，服务国家战略

学校积极服务国家重大战略，开展对口支援帮扶工作。做好新疆和田地区职业学校师生手拉手工作、内蒙古职业教育专业教师学校管理干部等跟岗实践等活动，助推新疆和内蒙古职业教育的快速发展。与河南固始开展进城务工人员养老护理服务培训，助力脱贫攻坚。

3. 开发项目高精尖，提升服务能力

紧跟北京市职业技能提升行动计划，开展首都职工素质建设工程楼宇智能化技术等多项技术工人技能提升职业培训，开发智能装备和节能环保两大类高精尖产业四个培训项目，融入企业发展，助力行业企业的高技能人才培养培训。围绕"碧水蓝天"开展固废处置等多项高技能人才研修。

"十四五"学校将继续紧密契合北京经济社会发展需要，完善办学功能，深化产教融合、校企合作，优化调整专业设置布局，更好地对接北京城市运行与发展、高精尖产业结构和高品质民生需求，为首都经济社会发展培养造就一大批具有高超技艺和精湛技能的高技能人才。面向未来，职教教育大有可为，我们将按照北京市委 13 次党代会提出的新的目标要求，为服务首都建设再续发展华章。

明确出发点、找准立足点、奋发着力点，为首都卫生健康行业培养适用人才

北京卫生职业学院　付丽

北京卫生职业学院是北京地区唯一一所公办全日制普通高等卫生职业学院，以培养专科层次高等卫生职业技术人才为主。学院具有90多年办学历史，为北京医疗卫生行业培养了10万余名医药护技专业人才，其中护技人才占北京地区该类技术人才培养量的60%以上，为北京市卫生健康事业发展作出了重要贡献。学院以明确"出发点"，找准"立足点"，奋发"着力点"，强化为首都卫生健康行业培养适用人才的办学定位。

一、明确"出发点"，三个契合，服务首都经济社会发展需求

1. 主动契合

学院主动作为，积极适应首都经济社会发展趋势，进行专业布局，以更好地服务社会、服务行业。学院2012年成立之初，开设了护理、药学、中药、医学检验技术、医学影像技术五个专业。逐步增设助产、康复治疗技术、中医康复技术、口腔工艺技术、卫生信息管理等新专业，并形成了有效的专业动态调整机制。

2. 精准契合

自2013年起，依据首都行业需求，学院积极开展基层卫生机构定向生培养工作。医学检验技术、医学影像技术、康复治疗技术等专业为北京13个郊区培养技术技能人才438人，形成了卫生健康委主导、区县政府积极参与、学院承接培养、基层医疗机构受益的四方人才培养联动机制，精准对接基层卫生机构人才需求。

3. 战略契合

学院正积极推进建设的新校区位于通州区漷县镇，物理空间定位高度契合北京市"推进与廊坊北三县一体化发展战略""京津冀协同发展战略"。新校区建设在提升改善办学条件的同时，形成了学院"立足北京，辐射周边，服务京津冀"的发展战略格局。

二、找准"立足点"，三色交织，把握卫生职业教育特殊属性

1. 在北京医学院校布局中，找准自身角色

从在京医学院校布局上看，目前全北京有北京大学医学部、协和医学院、清华大学医学部、北京中医药大学、首都医科大学、北京卫生职业学院6所医学院校，而卫生高等职业教

育只有北京卫生职业学院一家。与其他五所研究型医学院校相比，学院从"在京医学院校布局""首都医学人才培养体系布局"两个背景思考，应用型、高素质技术技能型人才的培养定位，形成了与其他在京医学院校的错位发展，使学院在首都医药卫生人才培养的格局中不可或缺、不可替代。随着学院的不断发展，学院将"为北京培养面向基层农村的应用型医学人才、面向卫生健康全行业的医学技术人才"作为全面发展的新的增长点。

2. 在服务生命健康使命中，保持医学底色

医药卫生类人才需要具备较高的政治素养和职业道德。学生未来从事的工作是服务"生命与健康"，使命神圣，责任重大。培养学生治学严谨，"敬畏生命，珍重健康"的医学终极价值观和践行"健康所系、性命相托"的誓言，时刻保持医学底色，是卫生职业教育有别于其他类型职业教育的特殊之处。

3. 在教育领域类型格局中，坚守职教本色

坚守职业教学本色也是学院面区别于其他在京医学院校的立身之本。

学院人才培养模式的顶层设计理念充分体现"四个接轨"，即培养目标与职业目标接轨、素质培养与职业道德接轨、课程内容与职业资格接轨、教学过程与职业要求接轨。根据不同专业人才培养的特点，分为临床紧密型专业和技术紧密型专业，分别构建了"两院三段式""技能递进式"人才培养模式。

"两院三段式"培养模式，以"多临床、早临床"为原则。学生在学院完成第一阶段基础课程的"学校学、学校练"后，进入医院，完成第二阶段的"医院学、医院见"和第三阶段的"临床学、临床练"，即在医院完成临床课程的学习、综合实训和临床实习。这种模式形成了校内有病房（模拟仿真）、医院有课堂的独特培养范式，实现了教学与临床实践的零距离对接。

"技能递进式"培养模式，以渐进式培养技术应用能力为原则，强化技能培养，构建了以单项基本技能实践、综合项目技能、综合实训、跟岗实习为主要环节的人才培养路径。

多年来学院各专业保持高水平的就业率、签约率、就业对口率。学院办学吸引力不断增强，连续多年超额完成招生录取任务，实现了出口旺带动进口畅的良性循环。

三、奋发"着力点"，三项建设，带动学院内涵建设整体发展

1. 专业建设：办学水平整体提升的重要载体

学院在办学过程中高度重视专业建设。通过2015年、2016年两轮专业自评工作，进一步明确专业建设要求，夯实建设基础。近年来专业建设成果不断涌现，护理、药学两个专业先后被评为"全国首批健康服务类示范专业"，被教育部认定为"高等职业教育创新发展行动计划骨干专业"。医学检验技术、医学影像技术两个专业先后入选北京市职业院校创新团队项目，护理、药学、中药三个专业先后入选北京市特色高水平骨干专业建设项目。

2. 课程建设：深入开展教学改革的有效途径

学院课程建设主要包括"两平台，一体系"。"两平台"指优质课程建设平台、课程思政建设平台，"一体系"指院级教学竞赛体系。优质课程建设，通过构建建设标准与工作机

制提升课程建设水平。通过构建"学院、专业、课程、教师"四级联动工作机制，形成了具有卫生职业特色的课程思政工作格局。教学能力竞赛体系，搭建了多维度赛项体系，并在国赛、市赛中取得优异成绩。

3. 学科建设：有效促进未来发展的关键要素

"在服务生命健康使命中，保持医学底色"是学院开展学科建设根本原因，同时学科建设还是卫生健康行业发展的"特殊要素"，技术技能平台建设的"智慧来源"，专业建设、课程建设的"基础保障"，医疗机构深度合作的"共同语言"，人才队伍水平提升的"重要内容"。这也是卫生健康类职业教育的特点。

站在新的历史起点上，北京卫生职业学院正以饱满的工作热情和昂扬的精神状态，紧紧抓住首都社会经济发展战略需求，牢牢把握首都卫生健康事业蓬勃发展、职业教育新战略带来的新机遇，推动学院高质量发展，努力为健康北京、健康中国提供充足的技术技能人才保障和智力支撑。

办一流职业学校，塑特色职教品牌

北京市求实职业学校　吴少君

党的二十大报告提出，教育、科技、人才是全面建设社会主义现代化国家的基础性、战略性支撑。职业教育承担着为国家培养高素质技术技能人才的重要任务，我们要坚定"为党育人、为国育才"的初心使命，牢记习近平总书记强调的"职业教育前途广阔、大有可为"的指示精神，认真学习和贯彻"国20条"、职教法等一系列重大政策和法律，为办好人民满意的教育而不懈努力。

北京市求实职业学校在22年的发展历程中办学成果丰硕，为北京及区域经济社会发展、人才培养作出了突出贡献。

为适应首都经济社会发展，学校形成了信息技术、幼儿教育等五大系部，有三个北京市特色高水平骨干专业（群）和一个工程师学院建设项目。学校与九所高职院校建立了"3+2"中高职衔接；与20多家国际国内知名企业长期合作，建立了校企深度融合机制，为学生学习发展搭建了立交桥。

未来将从以下四个方面努力把学校建设成为首都职业教育特色发展的亮丽名片。

一、形成一流中职学校发展模式

丰富办学功能。确立中职教育适应发展、精准服务、功能多样的办学思路。在做强学历教育的同时，拓展"四个服务"功能，发挥好职业教育的辐射作用。学校主动"走出去"，参与京津冀协同发展；投身乡村振兴战略，持续助力落后地区中等职业教育发展和质量提升；学校打造了"彩虹桥"国际合作项目品牌，服务"一带一路"，讲好中国故事，输出中国职业教育模式，拓展国际办学影响力。

深化产教融合。确立以产教融合为基本路径、校企合作为基本模式的办学思路。将工匠精神传承教育融入学校教育全过程，激发学生奋斗意志，落实好"为党育人、为国育才"的初心使命。

校企全方位融合贯通，搭建教育平台。在五个系部成立专业建设指导委员会，建设产学研基地、大师工作室等，邀请企业专家进校园、引进企业真实项目等，实现五个"共同"。通过"三引进、一融合"，力争在企业的深度参与下，做到五个不断优化，实现专业建设标准化、特色化、品牌化。

二、建立一流中职标准体系

党建一流。实施"五个"党建质量提升专项行动和"五有一特一品"党支部规范化建设。在党组织的引领下构建"两同三融四着力"课程思政和思政课程大格局。创新党建品牌，做学校党建工作标杆。

专业一流。紧密联系首都培育新产业、新业态、新模式及新需求，全面推动"两区"建设和朝阳区建设"四个功能区"定位要求。服务"数字北京"、服务经济发展及民生福祉，重点建设幼儿教育等五大系部。建设好大数据、托育专业等与城市发展运行和民生紧密相关的专业，做到：

1. 专业定位明确

建立专业动态调整机制，不断优化专业布局。在牵头及参与全国文秘和幼儿保育等7个专业教学标准修订基础上，不断明晰五大专业集群下服务面向及专业组群逻辑。

2. 人才培养方案科学

坚持贯彻党的教育方针，培养德智体美劳全面发展的高素质技术技能人才，借助校企合作"3+2"中高职一体化人才培养战略研究基地，有效建立校、企、院联动机制，实现中、高职教育有机衔接，确保培养目标和方案明确科学。

3. 课程体系完备

学校把立德树人融入思想道德教育、文化知识教育、技术技能培养、劳动教育、社会实践等各个环节，课程建设注重把握"六个要素"。继续构建"底层共享、中层融合、上层互选"的专业群课程体系，建设好以传统文化和职业素养为核心的校本选修课程体系、以社团为载体的实践活动课程体系。建设数字化在线课程，推动职业教育数字化升级。

师资一流。强化师德师风建设，加强"IPT"复合型教师培养策略研究，通过"五实"计划，搭建学研共同体、教师发展中心、课程中心、名师工作室等多个平台，借助大师工作室、专业建设联盟、双师型教师培养基地等，形成校企双向流动的高素质师资团队。

管理一流。落实《通则》要求，教学管理做到"四个突出"，完善各项规章制度，使教学运行管理更加科学、高效。

学校将继续以工作过程为导向，大力实施"三教"改革，实施"双场、双导师"培养等教学模式，打破课程及专业壁垒，对标行业、企业标准，推进学业评价改革，探索课堂新生态，不断提升教学成效。

三、打造一流学校文化高地

以"求真务实"学校精神和"三个让"的办学理念，全方位推进学校文化建设，创建"人文、绿色、开放、智慧"的校园，打造"实"文化课程体系；创新"五个一"的育人模式和载体，创建"好声音"等育人品牌，营造有利于促进学生健康成长的学习环境；激发师生对文化的热爱，进一步树立文化自信，为中国特色社会主义建设培养合格的建设者和可靠的接班人。

四、筑牢一流质量保障体系

为助力人人出彩提供组织保障，努力营造职业教育新生态。

建立"三维""五环"的督导保障体系,以督促改,以督促提升,保障学校高质量发展。

研究多校区、多法人主体、多元办学功能、多系部管理框架下的规范高效的运行保障机制,做到"五个坚持",不断构建适应职业转型发展的现代学校治理体系。

总结过去,学校已基本实现了"五个有"的发展局面。展望未来,我们将继续贯彻党的教育方针,秉承求实人"自胜者强"的校训,持续强化学校管理的科学化、规范化、特色化和品牌化,为建设具有中国特色、北京特点,服务区域经济的一流中等职业学校,勠力同心、不懈奋斗!

扎根京华大地、服务民生福祉，建设首善融通卓越的现代高职院校

北京劳动保障职业学院　田宏忠

北京劳动保障职业学院是在服务北京市人力资源和社会保障事业改革发展中成长起来的、具有鲜明行业办学特色的全日制普通高等职业学校。

多年来，在北京市人力资源和社会保障局、北京市教委的领导下，学校坚持以习近平新时代中国特色社会主义思想为指导，坚持"面向市场、服务发展、促进就业"的现代职业教育办学方向，秉持"质量为本、创新为魂"的办学理念，恪守"明理笃行、惟精惟一"的校训精神，在"骨干校"建设、"双高""特高"建设中不断开创学校事业发展新局面。

进入"十四五"时期，在学校党委的坚强领导下，全校师生员工牢记培养高素质技术技能人才、能工巧匠、大国工匠，为党育人、为国育才的初心使命，融入新时代，站稳新定位，锁定新目标，实现新跨越，为推进首都现代职业教育高质量发展努力奋斗。

一、融入新时代

以习近平总书记关于职业教育的重要论述为指导，学好用好《职业教育法》，融入中国特色现代职业教育体系，不断强化职业教育的类型定位。以新时代首都发展为统领，融入首都高质量教育体系建设，促进首都职业教育高质量、特色化、国际化发展，不断增强职业教育适应性。

二、站稳新定位

学校以扎根京华大地、服务民生福祉，为建设国际一流和谐宜居之都培养具有家国情怀、首都气派、国际视野、创新精神的高素质技术技能人才为基本办学定位。服务产业以现代生活性服务业为主，服务岗位以智慧城市运行和民生服务保障岗位为主，促进京津冀协同发展、首都社会服务业发展和高品质民生福祉。

构建"双融双通"办学模式。融合人社主办、教育主管两个办学优势，深化产教融合，加强政行企校合作，汇聚职业教育政策红利；融合学历教育和职业培训两大办学职能，做精学校教育、做优职业培训、做特劳职品牌。贯通职业启蒙、中高本学历教育和继续教育，弘扬工匠精神，服务技术技能人才终身学习成长；贯通岗课赛证，落实工学结合、知行合一，促进学生学历能力双提升。

坚持三个服务面向，规划建设好学校三大支柱专业群。

——关切"安居乐业"，强化"民生保障"，面向基层社区，服务人力社保事业，建设人力社保专业群（包括人力资源管理、劳动与社会保障、职业指导与服务、公共事务管理等专业）。

——关爱"生命健康"，呼应"民生热点"，面向"一老一小"，服务康养康育地方战略，建设康养康育专业群（包括智慧健康养老服务与管理、护理、现代家政服务与管理、婴幼儿托育服务与管理、学前教育等专业）。

——关注"居稳行安"，支撑"民生安全"，面向城市运行安全，服务城市基础设施运维保障，建设城市安全运行专业群（包括安全技术与管理、机电一体化技术、城市轨道交通机电技术、人工智能技术应用、物联网等专业）。

深化专业群内涵建设。坚持产教融合、校企合作、工学结合、知行合一，教育链、人才链无缝对接产业链、创新链，构建校企协同发展命运共同体。坚持立德树人、德技并修，专业设置与产业需求对接、课程内容与职业标准对接、教学过程与生产过程对接，持续更新教学标准、课程标准、实习实训标准和人才培养方案，提升教学管理水平和人才培养质量。

三、锁定新目标

不断强化党建引领事业发展，全面贯彻党的教育方针，落实立德树人根本任务。以教师队伍建设为基础，以突出专业特色为核心，以产教融合和教育数字化为着力点，以改革创新为动力，以治理体系和治理能力建设为保障，建设首善融通卓越的现代高等职业学校。

首善：一是牢固树立首都意识，把讲政治放在首位，服务首都"四个中心"功能建设，提高"四个服务"能力水平；二是坚持首善标准，把立德树人的成效作为检验学校一切工作的根本标准；三是建设首善学校，使学校成为政府信任、社会认可、学子向往的现代高职学校。

融通：突出职业教育的"跨界性"，立足构建技能型社会和学习型社会，一是坚持育训结合，发挥人力社保行业办学的优势，把职业教育与技工教育、职业技能培训结合起来；二是坚持产教融合、校企合作，融通学校课堂、企业课堂和网络课堂，把"工学结合"落实落地；三是坚持横向融通、纵向贯通，促进教育资源共享，为学习者提供优质、公平的多种学习机会。

卓越：坚持"内涵、特色、差异化发展"，"不求最大，但求最优，但求适应社会需求"，特色立校、质量兴校，使学校成为首都教育五彩斑斓的拼图中最亮丽最耀眼的一块。

四、实现新跨越

学校发展要实现三个跨越：

构建以学生发展为本的实用型、复合型、创新型技术技能人才培养体系，完善五育融合、三全育人、家校社三位一体育人机制，深化"三教"改革，推进"课堂革命"，实现办学模式向类型教育的跨越。

把课堂搬到企业去、社区去，把好用的人才输送到服务新时代首都发展最需要的基层一线去，把论文写在京华大地上，解决基层一线现实问题，实现服务社会向基层社区的跨越。

坚持依法治校，完善以学校章程为核心的现代学校制度体系；坚持以教育教学为中心，完善教师专业发展支持与激励机制以及"接诉即办""吹哨报到"教学服务机制；坚持安全发展，加强平安校园建设、后勤标准化建设及"智慧劳职"建设，实现学校治理向现代化的跨越。

教学副校长说管理落实

落实《通则》、完善制度，实现高质量发展

北京财贸职业学院　李宇红

一、领悟高质量发展时代新要求，增强使命感和紧迫感

党的二十大报告系统阐述科教兴国战略，强调要坚持教育优先发展，办好人民满意的教育，坚持为党育人、为国育才，全面提高人才培养质量，突出了教育对于实现中国式现代化的基础性、战略性支撑作用，进一步强调必须坚持科技是第一生产力、人才是第一资源、创新是第一动力，明确了统筹职业教育、高等教育、继续教育协同创新，推进职普融通、产教融合、科教融汇，优化职业教育类型定位的新要求。高职院校的教学管理者贯彻落实党的二十大精神，要着力把建设高水平人才培养体系和实现高质量发展的战略部署落实落细，以落实《通则》为契机，提升教学管理水平，为全面建设社会主义现代化国家、实现中华民族伟大复兴的中国梦提供强有力的人才和技能支撑。

北京财贸职业学院在贯彻落实《通则》中，主要聚焦教学管理人员的管理能力提升，做到"一专、一进、一融"，通过三个层面抓落实，即举办专题培训班、《通则》研讨列入教学例会、落实到位在实际工作中见成效。

一专：举办教学管理人员专题培训班。为加强教学管理工作的规范化、制度化、提升整个队伍的教学管理水平，实现教学管理高质量发展，教务处对近几年出台的37项核心教学管理制度进行了系统梳理，线上线下同步开展四期培训，分别是教学运行管理制度培训、实践教学管理制度培训、专业建设与教学改革管理制度培训、招生管理与学籍管理制度培训。专题培训班搭建了制度解读和交流的平台，教学管理人员人手一册《通则》，做到《通则》在手，遇事不愁。

一进：《通则》学习和政策解读进教学例会的常设议题，每隔两周组织教学管理干部进行专题学习。

一融：《通则》学习和运用融入业务实际工作。比如：运用PGSD能力分析模型，高标准、全覆盖开展专业群职业能力分析，全体教师、全程参与、全面开展企业调研，以群为单位，剖析、梳理职业岗位群、典型工作任务、职业能力。

组织教学基本建设系列工作坊，修订人培方案，建构"两平台、一核心、双进阶"课程体系，开发建设课程标准。

二、对照《通则》实施"贯标"行动，不断完善教学管理制度

北京财贸职业学院对标《通则》中的12部分内容，通过"强化规范""深化改革"

"彰显特色""学生中心""成果导向""持续改进"实施"贯标"行动，同时在制度体系建设中，还结合会计、金融两个专业开展的国际专业认证工作，融入"学生中心、成果导向、持续改进"的OBE理念，完善制度内涵。

1. 制度建设抓住关键

制度体系建设聚焦5大核心要素，把控14个关键环节。北京财贸职业学院重点在专业建设、教学运行管理、学籍管理、课程建设、实践教学、招生管理、项目管理7个方面修订了32项制度，并形成了37项核心教学管理制度汇编。

2. 下好专业建设先手棋

专业建设是学校的战略，是学校的核心竞争力，也是反映教学管理水平的先手棋，因此，把完善专业管理制度作为先手棋，把握"设""升"和"动"三个关键，用制度加以规范。

具体做法：一是制订专业设置与管理办法，明确了领导机构与组织管理、专业设置与调整原则、专业设置条件与要求、专业设置程序、专业备案管理、专业评估、预警与调整六个方面的要求。二是自主研发评估指标体系，开展"专业核心竞争力六度评估"，建立专业动态调整的机制。学校在专业动态优化调整中，自主研究设置了"产业契合度、城教融合度、校企协同度、技术跟随度、国际对接度、利益方满意度"六度专业核心竞争力评价模型，通过三年一轮的评价，建立红黄蓝动态调整机制，培优汰劣。

3. 以学生为本建章立制

高职院校的学籍与成绩管理，涵盖了从学生入学取得学籍到学生毕业的全过程管理记录。学籍管理要有一定的弹性，相信所有的学生都能取得学习成功，但可能不是在同一天以同样的方法取得成功。因此，学校以学生为本修订和完善了学籍管理实施细则、课程重修、学分置换、成绩评定与申诉等制度，比如：改革学籍管理制度，放宽弹性学习年限，明确学生对学籍处理的申诉程序。同时增强专业选择度，实施更宽松的转专业制度；制订《北京财贸职业学院成绩评定与管理办法》，明确成绩审核、申诉；实施课程重修、课程与学分置换的管理办法等。

4. 拧好招生工作质量阀

招生工作是人才培养的入口，在日常教学管理上，北京财贸职业学院建立了"招生—培养—就业"一体化质量管理理念，从确定招生专业、制订招生简章、实施招生宣传、招生录取等环节上，不仅确保政策的透明度、招生录取决策的公平和一致性，还向家长和考生说清楚每一个招生专业"是什么、学什么、干什么、未来发展前景是什么"。2022年在自主招生中，创新开展职业倾向性测评，为学生报考适合自己的专业提供专业性指导和支持。

5. 人培养方案实现纲举目张

人才培养方案是教学工作的先导性、基础性工作，学校把人才培养方案制度建设作为牛鼻子，通过规范人才培养制订工作，做到纲举目张。一是学习并运用《通则》中的方法论，强化顶层设计，制订专业人才培养方案管理办法和制（修）订人才培养方案实施意见，明确研制工作的质量标准；二是工作规程标准化，明确了包括四个主要阶段的研制流程，提高人才培养方案开发的科学性、系统性。

6. 课程标准建设实现全体教师参与

课程标准是学校落实党和国家关于技术技能人才培养总体要求，规范课程设置与规范教学行为的纲领性文件，是课堂教学实施、师资队伍建设、教材建设、教学资源开发、设施设备配备、教学督导评价的依据。贯彻《通则》，要把有关课程标准研制的制度建设作为重点。学校依据《通则》研制模板，遵循学生认知规律和技术技能人才成长规律，突出教学评价和学生学习成果导向，全面组织新版课程标准修订工作，实现职业分析内容向教学内容的转化。

7. 稳住教学运行管理

《通则》中日常教学管理包括"一历、两表、六环节、一套管理制度、一个负面清单"。

三、突破难点，实现提质培优

针对学校教学运行管理中还面临的难点，在落实《通则》过程中，学校聚焦现有管理制度体系还不能完全匹配新职教法、产教融合、校企合作、课程改革、混合式教学改革等课题开展研究。

1. 加快推进线上线下混合教学改革的步伐

现有教学运行管理还没有跟上新常态下线上线下混合教学改革的步伐，课前教学管理、课中教学管理、课后教学管理制度设计缺少对策研究和制度设计。

2. 确保以"学习者为中心"的理念真正落地

针对生源结构差异化，缺少适应技术技能人才成长要求的弹性学习制度设计（弹性学分制教学管理），破解"流水线"培养难题的实践探索不够，以"学习者为中心"的理念还没有真正落地。

3. 教学管理队伍能力提升迫在眉睫

重视教师队伍建设，教学管理队伍建设在学校管理中的地位不突出。重事务性管理，轻学术性管理；重守成管理，缺少创新性突破。

4. 增强二级学院在教学管理方面的主动性、主体性

校院两级管理体制改革不深入，教学运行管理采取传统集中式管理方式的居多。学校两级管理制度体系不健全，二级学院在教学管理方面缺少主动性、主体性，绩效杠杆作用还没有激发其管理功能和优势发挥。

5. 实施"扬长教育"把握技术技能人才成长规律

在育人标准上，坚持立德树人、德技并修；在办学模式上，坚持产教融合、校企合作；在办学导向上，坚持面向市场、促进就业；在教学要求上，坚持面向实践、强化能力；在实施对象上，坚持面向人人、因材施教，"以优长促发展"。

6. 适应类型教育的重点建设与改革

一是强化制度机制建设，促进深化校企合作、协同育人模式改革，坚持校企双主体育人，实现工学结合、学做合一，把课程思政、劳动精神、劳模精神、工匠精神融入教学标

· 66 ·

准；积极探索实践中国特色学徒制，实现"引教入企"和"引企入教"。二是着力推动"三教"改革，实现"岗课赛证"综合育人。三是打造财贸新技术应用技术技能创新服务平台，提升技术服务水平，彰显服务贡献力；融入产业发展和行业企业发展，由学习、跟随到为行业企业解决实际问题，共建产业学院、大师工作室，学生真账真做。

7. 对接 1+X 证书制度，实施"书证融通"

"1"是基础、是主体，解决德智体美劳全面发展，为学生可持续发展打下基础，实现学生综合素质培养，"X"具有针对性、引导性，解决职业技能、职业素质的强化和拓展，实现学生就业技能提升，是能力评价。根据初、中、高三级"X"证书的技术技能培训考核内容，开发相应的三级衔接课程。

8. 对接国际通用职业教育标准开展国际可比性认证

对接英国国家学历学位评估认证中心（UK NARIC），建立会计和金融管理专业的国际标准，并获得国际可比性证书，达到 RQF5 级和 EQF5 级水平。

结语：落实《通则》，真正实现提质培优、增值赋能。

提质：提高发展质量，实现内涵式发展；注重结构质量、培养质量、治理质量。

培优：培育核心竞争力，增强社会影响力；形成专业品牌、课程品牌、教师品牌、学生品牌、学校品牌、国际品牌。

增值：培养学生成长成才，提高吸引力；实现学生增值、教育增值、社会增值。

赋能：增强服务发展能力，提高贡献度；为企业赋能、产业赋能、经济赋能。

创新驱动新变革，制度引领教学管理新格局

北京市昌平职业学校　郑艳秋

什么样的教学管理才能促进高质量人才培养？如何持续增强教学管理的适应性，进而持续提升质量？

新职教法、"新京十条"明确了职业教育的类型定位，对职业院校的教学管理提出新的要求。昌平职业学校以《通则》为范本，以组织变革和制度创新驱动改革，积极构建教学管理新格局，提升教学管理能力和治理水平，助推学校高质量发展。

一、构建共同体，以组织变革落实责任

在学校集团党委领导下，形成由"三中心九系部一督导"组成的教学共同体。三中心，即主管专业设置、人培方案、校企合作等工作的项目规划发展中心；主管教学运行、教学方法、教师队伍等的教学教师发展中心；主管智慧校园、数据分析的现代教育技术中心。九系部，即各专业系部。一督导，即学校主管质量保障的督导办公室，整体形成以教学副校长为引领，多部门协同的校系（部）二级管理体制，优化了教学管理组织功能。

学校以《通则》学习为契机，建立教师项目学习机制，提升教学管理各相关主体的责任意识与管理能力。自2022年2月21日起，每周一晚8：00组织《通则》主题团队学习，连续组织了24次，3 000余人次参与团队学习。学习活动分三轮开展，第一轮重在学《通则》标准，由教学三中心领导领学；第二轮，由教学三中心领导与各系部结对领学，重点分析教学工作经验与不足，并制订改进方案；第三轮，各部门组织内部讨论，分享学习感受，思考本专业差距，创新工作方法。

经过一学期的学习与梳理，各相关部门进一步明确了责任，强化了质量意识，提升了管理能力。

二、升级标准系，以制度变革落实规范

在落实《通则》过程中，系统梳理了学校近5年的教学管理与改革经验，更加坚定了以"专业建设"为核心的教学改革方向。结合特高项目与提质培优，对现有的教学管理制度进行了升级与完善，形成专业人才培养方案管理办法、教材建设与管理办法、双师型教师队伍建设标准、工程师学院建设标准等，形成各类标准和制度138项，固化了经验，形成标准，用以指导实践。

三、组建专业群，以体系变革强化类型

学校始终坚持"立足昌平、面向北京、服务京津冀"的办学方向，专业按照产业链、岗位群组群发展，升级形成智慧农业、信息技术服务、数字媒体艺术、汽车等7大专业群。对接职业标准，科学研制人才培养方案和课程标准，形成3年中职、"3+2"中高职衔接、五年一贯制专科培养、"5+2"中本贯通培养的多元学制和系列专业教学标准。目前已有7个专业实现中本贯通、4个专业实现中高贯通、22个专业实现中高职衔接，为学生搭建多元成长通道，夯实了中职在职教体系中的基础性地位。经过实践探索，逐渐形成独具特色的教学管理做法，促进人才培养体系适应性的提升。

四、坚持"三有"牌，以"三教"改革聚焦内涵

围绕教学内容、教学过程与教学评价，创新"三有"课堂的标准和范式，解决教学改革最后一公里问题；以推进双师型教师队伍建设为起点，构建"五维五阶"教师队伍建设模式，为教师个人及团队成长提供清晰路径；采用工作过程导向的课程开发方法，形成"育训结合"的工作手册式、活页式教材，2022年的28本教材正在陆续出版中。

五、紧密企业圈，以模式变革激发活力

学校引行业龙头企业进驻校园，立足区域产业、企业需求和专业特色，共建15家工程师学院，形成自办厂、创业园、服务站、工作室、培训点5种建设模式，开展真实项目运行，驱动校企由供给关系走向利益共享、价值共创的命运共同体。依托工程师学院，开展学徒制人才培养，2022年成立8个特色学徒班，形成"校企一体""学产研销创""三阶双融通"等特色学徒人才培养模式，实现教育链、产业链、人才链、创新链的有机融合。

职业教育的目的绝不仅仅是知识传递、技能传承，更重要的是价值的建造。职业教育的教学管理不仅是规范人才培养各方面的规则体系，更是调节学校、企业、政府等多元利益主体关系的结构与机制。我们要始终坚持以学生为中心，不断适应新时代职业教育发展的新要求，创新方式方法，改革体制机制，促进学生成长和发展，提升学生获得感，让学生成为有坚定的技能报国之心，有爱党爱国爱人民的人文情怀，有解决问题的能力和就业创业的本领，有强大的生命力、创造力、精气神的幸福的人。

规范教学管理，促进高质量发展

北京市商业学校　王彩娥

一、学习《通则》，推进落实与执行，提升教学管理能力

《通则》是职业教育系统性教学管理规范文件，对学校教育教学具有引领性和指导性。学校严格《通则》落实与执行的严肃性和权威性，要求全体教师树立质量意识，提升教学管理能力，切实形成人人落实和执行的良好氛围。

1.《通则》的解读与宣传

各系部和综合管理部门采取集中研读方式，对《通则》制订的目的、主要内容和执行要求进行学习。学校组织专题培训，聘请职教专家讲解阐述《通则》内容，全面领会精神，了解关键内容，明确管理要求。

2.《通则》的落实与执行

建立落实与执行领导小组，制订执行制度，完善监督与制约机制。依据《通则》内容与要求，重新修订学校教学管理制度，构建完善的教育教学管理制度体系，推进治理能力现代化。由教务处和督导室推动各项制度的实施并落实检查反馈，结果纳入部门绩效考核。

二、贯彻《通则》，建立"六核心"教学管理制度体系，提升内涵建设质量

1. 把党的领导放在首位

实施党委领导下的校长负责制，把人才培养质量放在第一位，始终坚持教学中心地位，实行"校系两级、教务主导、系部主体、两级督导、多元评价"的管理模式。

2. 完善教学管理制度

学校为加强教学工作的全员、全程、全方位管理，秉承"以人为本"的现代管理理念，构建了以"专业布局与调整、专业建设、教学运行、实践教学、教师队伍、质量监控"为核心的教学管理制度体系，出台《专业结构调整及布局优化方案》《专业（群）建设管理办法》等相关办法和评价制度，加强指导、检查和监督，以及结果评价和反馈，同时对出现的难点问题出台实施细则和配套措施，使教学管理工作有章可循、有法可依，并编印教学文件汇编。

3. 教学运行机制保障

学校建设"企校融合专业建设共商机制"等8项运行机制，实施以激励为导向的多元

绩效动态考核机制，建立自我调控、主动多元的教学诊断改进机制，全面促进内涵发展。

三、执行《通则》，构建"九化"教学质量保障体系，实现学校高质量发展

学校坚持国企办学、双元育人、质量为本、系统管理，在实践探索的基础上，创新构建了一套完整的校企共育、人才培养质量全程监控、主动诊断持续改进的"九化"教学质量监督保障体系，全面提升了现代职业学校治理水平。

1. 构建"54321"课程思政工作模式，实现现代管理系统化

突出党建引领，做好顶层设计，依托史晓鹤工作室，建全"一核两翼内外双循环"课程思政运行机制，推动课程思政"三进"，建立评价标准和激励机制，全面开展课程思政课题研究和教师育人能力提升。学校不断深化课程思政教学改革，强化"五个协同"，规划"四个融入"，抓住"三个关键"，建立"两个评价"，加强"一个工程"，守正创新实现三全育人，凸显新时代风范。

2. 执行"三对接"教学标准管理，实现现代管理规范化

每年组织教研室、系部、教务处三级联审制度，持续更新专业调研报告、人才培养方案，课程标准实施动态调整机制，将行业企业新理念、新技术、新工艺、新规范、新标准融入教学内容，推动混合式教学理实一体化教学模式改革，以1+X证书制度为抓手，以职业能力职业技能大赛标准为引领，对接岗位能力标准，优化重组课程内容，实现岗课赛证融通的课程教学新形态，推进教学模式创新、课堂革命、精品课程资源建设等工作。促进教育链、人才链与产业链的有机结合，全面提升学生技能水平和综合素质。学校牵头完成9个中职专业建设标准和2个实训基地建设标准，实现管理规范化。

3. 实施"六环节"教学运行管理，实现现代管理精细化

在日常教学管理中，严抓管理制度、考核标准、培训指导、专项检查、考核评价、表彰激励6个关键环节，使教学运行有序、可量化、公平公正，实现管理精细化。

4. 统筹教材"五级联审"管理，实现现代管理专门化

严格执行国家关于教材管理的政策规定，坚持党委负责，实施教研室→系部→教务处→教材委员会→校长办公会、党委会进行专题审核的五级联审。规范教材准入程序，形成严格规范教材准入与评估审核机制。

坚持"凡编必审""凡选必审""管建结合"，加强激励保障，激发教材建设活力，强化过程管理，形成教材建设的长效机制。

5. 坚持"十维度"督导评价管理，实现现代管理质量化

建立校内"七维度"、校外"三维度"的课堂教学质量监控体系，形成教育督导室负责、校系教研室落实、班主任和学生评教、校内外专家进课堂听评课的良性循环质量控制，实现管理质量化。

6. 创新"四级三类"教师分级管理，实现现代管理科学化

坚持师德为先，实行"一票否决制"，建立健全师德教育管理等制度。实施"总量控制、动态调整、激励导向"的教师分级管理，按照专任教师、复合岗教师和研究型教师进

行分类，按照 1~4 进行分级，每三年一个聘期，形成"比、学、赶、帮、超"的良性循环竞争，实现管理科学化。

7. 严格"3341"学生实习管理，实现现代管理严格化

学习《职业教育法》和《职业学校学生实习管理规定》，学校坚持"立德树人""德技并修"，从系统工程和全局角度探索实习实训工作新路径，严管理、强落实，坚持科学统筹、持续优化、构建"五位"一体、"三链"引航，数字赋能精细化实习管理体系。

在实施过程中坚持专业指导、学生管理、企业指导"三导师制"，严格"学生离校、企业进校、学生毕业"三把关，组织、过程、协议、考核"四步"管理，应用"习讯云平台"监管，实现管理严格化。

8. 运用"线上线下"混合式教学模式，实现现代管理智能化

加速教学模式的探索，创新了以学生为中心、线上线下、学校、虚拟、企业三课堂交互的"一核双轨三堂"混合教学模式，融通岗课赛证，构建特色"互联网+"职业教育生态，实现管理信息化。

9. 强化"质量报告"培养效果管理，实现现代管理客观化

成立"中职发展研究协同创新中心"，完成《人才培养质量年度报告》《学生成长发展质量报告》《毕业生人才培养质量报告》，主动效验、强化第三方评价，实现管理评价客观化。

面对新时代，抢抓机遇，乘势而上，为国育人，为党育才，全力推动职业教育内涵式高质量发展。

机制先行、多措并举，构建高效教学管理体系

北京电子科技职业学院　朱运利

一、定目标建机制，不断加强全校教学管理工作

教学工作是学校工作的主旋律，是学校工作的中心。学校切实做到坚持教学工作的中心地位不动摇，教学改革的核心地位不动摇，教学建设的优先地位不动摇。满足学生求知、成才、成长的多方面的需求，全面提高教育教学质量，并以此支撑学校整体事业的可持续发展；在全校范围内基本形成一切为了教学，管理促进教学，全员重视教学，人人关心教学，个个支持教学的良好局面。

建立教学工作目标责任制，完善教学评价体系。为了更好地确立教学中心地位，进一步完善教学评价体系，实事求是地考核教师的教学情况。对于工作在教学第一线的教师给予一定的政策倾斜，进一步建立和完善教学成果奖励制度，以充分调动广大教师教学改革的积极性和创造性，在评优定职时，把教学效果和水平作为硬指标来要求。通过政策导向，在全校范围形成一个重视教学工作，重视教学质量，重视教学改革，重视教学成果的局面。

建立"多层环状"教学管理系统，形成有效的反馈调控路径。从系统的"结构—功能"理论模型来思考，完善教学工作的"回路"，构建多层环状、环环相扣、结构紧密、功能优化的决策、执行、监控和信息反馈系统。集中强化教育教学管理的设计、检查、监控、评估、反馈功能，突出系一级的主体地位和实体特性，突出教学管理对教学质量的监控、保障和对学生学习的引导功能，突出教学评价在教学管理中的激励、导向作用。借鉴控制论的观点和教学管理的功能要求，教学工作决策、执行、监控、评估、信息反馈五个子系统都属于教学管理系统。

二、抓学习促落实，建立健全教学管理制度文件

（一）开展《通则》学习，明确教学管理方向

《通则》系统总结了北京职业教育"十三五"时期教育教学管理的经验做法，凝练了职业教育类型特色，体现了职业教育教学管理规律，规范了制度体系。为了更好地学习《通则》的内容，深刻领会《通则》的要义，学校开展了为期3天的学习培训，学习培训分层、分组进行，包括教务处、科技处、质量办公室的正副处长、科长和管理人员，以及各教学单位院长、教学副院长、教运办主任和管理人员。教务处处长率先为大家解读《通则》的核

心要义及其具体内容，使参加培训的领导和老师对《通则》有了更加深刻的认识和理解；接着，各组开展了热烈的讨论，大家统一了认识，厘清了工作思路，明确了教学管理方向。各教学管理人员和教学单位落实《通则》核心内容，推动学校整体教育教学质量提升。

（二）领会《通则》要义，规范教学管理工作

除了开展培训，针对《通则》中所涉及的专业设置与管理、人才培养方案与课程标准的开发与实践管理、产教融合校企合作、教师队伍建设及科研能力提升、教材建设与管理、教学方法与教学资源、实践性教学、教学运行管理、教学质量保障等各板块，进行了学校教学管理岗位的具体划分，要求所有相关人员认真学习、研究、消化、吸收先进的职业教育理念、教学管理方法，把握职业教育规律，创新工作方法，推进教学治理能力现代化，把学习成果转化为实际行动，切实提升教学管理能力，提升职业教育改革创新意识，增强从事职业教育的责任感和使命感。

（三）对标《通则》内容，完善教学管理制度

目前学校现有教学管理制度文件40余项，其中有些制度过于陈旧，有些不够完善，已不能适应当今职业教育发展的需要。学校成立了教学制度编写专班，由教务处、科技处、质量办、二级学院相关人员组成；编写专班成员又细分为专业建设与课程建设、校企合作与实践教学、师资队伍与科研能力、"三教"改革与课程资源、教学运行与教学质量5个小组，每组设组长1人、组员2人，对标《通则》中的十个板块，结合学校教学管理实际情况，在2022年8月30日之前完成15项修订、5项新增，以建立健全学校教学管理制度。

三、依《通则》定职责，积极构建三级教学管理体系

学校以全国职业教育大会精神为指导，准确把握国家和北京市职业教育体制机制改革的方针和政策，以《通则》学习为契机，建立健全教学管理制度，在此基础上充分发挥学校和基层教学管理部门的组织优势，构建更加完善的校、院、系三级教学管理体系，具体如下：

校级教学管理主要职能部门为教务处，负责对全校教学的管理及组织工作，其他职能部门，如质量管理办公室、党委教师工作部、科技处、招生就业处、党委学生工作部和团委等，配合教务处完成学校相关教学管理工作；院级教学管理的主要职能部门为二级学院下的教学运行办公室，主要负责完成对本学院（专业群）的教学管理及组织工作；系级教学管理部门为各专业系和教学部，主要负责本系部的专业建设、课程建设、师资建设及课堂教学组织管理等工作。

通过建立和明确三个教学管理层级工作岗位和工作职责，将形成一套符合学校办学定位的教学管理制度体系，建立专业动态调整机制，深化产教融合、校企合作，不断推动"三教"改革，加强双师型教师的培养，不断提升学生的职业技能水平，为首都经济建设培养德智体美劳全面发展的高素质技术技能型人才、能工巧匠、大国工匠。

构建"一纵三横六制十维"教学管理体系，
让"人"站在学校中央

北京市丰台区职业教育中心学校　薛凤彩

一、管理是一种文化，践行"生命互构"经营理念

对于管理，中外大家都有自己的理解。汲取前人智慧，我们认为：管理归根到底是一种文化，是一群人有效地调动和运用各种资源，去实现共同的价值追求。就教育而言，管理就应该是彼此润泽，共享美好，激活生命，点亮人生！管理就应该是目标一致，用心经营，生命互构，共创未来！因此，丰职倡导"厚德精工"校园文化，把资源放在离老师、离学生最近的地方，让"人"站在学校的中央，一群人、一辈子、一件事，把"塑造一双会思考的手"作为我们的初心和使命。

正是基于这样的管理定位与思考，学校依据《通则》要求，进一步完善教学管理制度体系。

二、共识是一种财富，创新"矩阵共创"研学机制

2021年9月，《通则》培训班上专家们深度的剖析，让我进一步意识到，教学管理的核心要义就是要能够促进学生的成长发展，就是要能够激励和保障教师全身心的投入。更重要的是，通过培训也让我对传承职业教育教学管理文化有了更深的理解和更强的使命感！

在管理中，达成共识就是最大的财富。带着学习成果回到学校，我在第一时间组织科研督导室、教学处等六部门召开了《通则》学习分享会。订购《通则》100本，学校干部、教研组长、骨干教师人手一册，结合学校"事业部+项目"矩阵式运行管理，形成了"专家讲、团队研、深落实、督质量"四步骤"矩阵共创"研学机制，引导大家在制度体系完善共建中，达成共识。

"专家讲"：专家领学，对标深度解读，明确工作核心。

"团队研"：成立十个宣讲组，厘清现状，面向全校贯标。

"深落实"：科研室牵头，七校区联动，通过合并、删减、增补，梳理相关制度75项。结合"双高"建设，出台实施指导意见12个，既促进规范，更保障学校高质量、有特色地发展。

"督质量"：督导室把《通则》落实的制度化、规范化，作为每学期初、中、末三次视

导的一部分进行专项督导，经过三个学期，以评促建，确保落实质量。

在这种共学、共研、共创、共用的过程中，全体教师把制度运行转化成了日常工作的依据和标准。

三、制度是一种保障，完善"一纵三横六制十维"管理体系

基于《通则》要求，适应高质量发展，学校完善了"一纵三横六制十维"的教学管理体系。即以规范创新技术技能人才成长管理为核心纵轴，构建横向的"新教练型"教师管理、"学生中心"的教材及资源管理、"能力本位"的课堂教学"三大体系"，探索三级目标管理、产教融合育人、专业内涵发展、课堂教学创新、教师定位成长、内部质量保证"六大机制"，坚持"整体规划"与"触点变革"有机结合，推进学校质量管理深度变革。

学校管理，管的是人心凝聚，理的是工作流程。在制度框架体系下，我们形成了专业设置与管理流程、人才培养方案修订流程、课程标准研制流程、"六个一"教学常规管理路线、"学生中心"教学策略构建、教材建设与管理流程、教师成长路径、实践教学设计、校企合作运行、"六方联动"教学质量保障体系十大维度的管理"十流程"，做到职责明确、路径清晰，提高工作效率。

四、改革是一种力量，彰显"成果导向"管理效能

（一）"四个新"突出管理特色

一是目标管理新模式：学校不断完善以人才培养为核心的目标责任制考核，构建精品专业建设"十要素"、教学研究"六个一"、教师成长"四阶梯"等以质量为导向的评价体系，解决了目标不明、标准不清和个性不强等问题。

二是协同管理新平台：学校以"跨界、交互、反馈"为思路，围绕目标、过程、结果等要素，构建了由"政、行企、科、家、校、社"等评价主体参与，涵盖"教学运行过程控制、课堂教学实时测评、毕业生职业发展追踪"等"六方联动、三类评价"教学质量管理体系，建立了一个人才共育、过程共管的教学管理协同平台。

三是分类管理新抓手：学校完善了分层分类管理框架。通过每学年的"科研主任说改革、教学主任说运行、专业主任说专业、教研组长说课程、骨干教师说课堂、专兼团队说项目"的"六说"活动，建立多类型、分层次主题活动内容体系，活跃教学创新氛围，推动教师能力提升。

四是开放管理新机制：遵循"项目引领、技术智汇、文化赋能、品牌发展"建设理念，建立人才培育、资源共享、技术创新、社会服务"四位一体"校企协同的开放性机制，推行基于真实环境、真实项目、学岗一体的开放性教学方式，建设在线开放课程资源，有效提升人才培养质量。

(二)"四个高"彰显管理成效

一是人才培养质量高：培育学生榜样 120 人，获国家级各类技能大赛奖项 80 个，2 人获国家奖学金。参与张艺谋、成龙等知名导演执导的 27 部院线级电影的制作输出，完成 92 期"习思想"系列内容创作生产；注册商标"丰华蕙制"，参与研发产品 300 多种，获行业金银奖 2 项。企业用人满意度达 98.29%。

二是教学成果层次高：在国家或市级的教学成果奖、思政示范课程、教师教学能力大赛等方面取得了丰硕成果。入选教育部、北京市课程思政示范课程 3 门，入选教育部产教融合校企合作案例 1 项，12 人获得全国教师教学能力大赛一等奖，获教学成果奖 16 项，国家专利 7 项。

三是职业生涯起点高：通过建设生产性实训基地，有效推动平台合力育人、文化氛围育魂、项目引领育技、综合实训育能建设理念。如影视专业学生在校内就能以商业电影的生产为实训载体，跟随业界顶级大师学习，跟著名导演交流，在参与生产输出的项目上共享电影作品署名权，提升了学生职业竞争力，实现职业生涯高起点。

四是社会影响声誉高：通过成果转化形成了多地、多专业、多形式的协同成长模式，形成纵向贯通、横向融通的职教供给生态。近四年助力河南、河北、新疆等 12 个省份 456 名骨干教师成长，在全国产生积极影响。形成"丝路学堂"课程品牌，研发优质课程 27 门，2 门已输出至泰国，200 所职业院校近 40 万在校生学习；形成"丝路工匠"大赛品牌，研制国际大赛标准 3 项。"丝路学堂"已经成为"两区"建设重点项目。

构建现代职业教育体系，实现职业教育高质量发展，需要职业院校推进现代治理，向管理要质量要效益。因此，目标和结果导向一定要成为我们管理者的思维模式。

新征程，让我们乘改革东风、拥管理之智、守育人之本、谱华彩诗篇，携手共撑职教蓝天！

抓《通则》贯彻落实，促改革创新发展

北京交通运输职业学院　高连生

《通则》的出台，适值"国双高""京特高"和提质培优建设发展的重要时期，对推进首都职业教育高质量发展起到了至关重要的作用。学校以《通则》的学习贯彻落实为抓手，紧密结合学校改革创新建设，坚持"立德树人"根本任务，忠实体现服务首都交通保障与发展这一核心定位，深入学习领会现代职业教育发展规律，深耕教学管理内涵，深刻挖掘管理效能，以管理促改革，以改革促管理，实现制度化规范化管理与改革创新发展同促进、共提升。

一、学《通则》，悟内涵，明思路

《通则》发布以来，学校高度重视，采取自上而下、层层传导的学习形式。首先教学主管院长、教务处处长以亲自宣讲的方式，为各教学综管部门及教学单位负责人集中讲授《通则》内容，将《通则》学习与"职教22条"学习相结合，以现代职业教育高质量发展理念深化对《通则》内涵的认识与理解，明确了学校教学管理改革发展的高质量建设标准。

其次，由各教学部门组织每一名管理人员及教师通过自主学习与集体学习相结合的形式学习《通则》内涵，进一步明确了教学管理人员的管理能力和教师的执教能力的提升方向。

二、重落实，定体系，强规范

在《通则》效能的引领和带动下，学校进一步梳理完善教育教学管理体系，在此基础上，基于原有制度体系深化教学管理制度改革，以"制度"为抓手，确保各项教学工作规范、有序、科学、高效运行。

（一）整体设计、系统梳理完善教学管理体系

学校教学管理体系划分为工作体系、制度体系、组织体系、运行体系四个层面。工作体系明确的是教学管理范畴，即教学基本建设、教学运行、教师能力、教研教改、产教融合、质量保证；制度体系则指明了教学管理路径，在制度建设过程中严格遵循"政策引领""全面覆盖""动态调整""规范—监督—考核—评价"的建设要素；从工作体系到制度体系实现了管理路径的建构。组织体系明确了校院两级教学管理侧重点，校级管理层面由教务处、产教办、教发中心、督导室组成，以"目标管理"为导向，通过建立管理制度及工作机制

统筹推进职责落实；院级管理层面由城市轨道交通学院等七个教学单位组成，以"过程管理"为重点，共同完成"人才培养"教学工作目标；运行体系创新"一引领、二融合、三联动、四保障"教学运行模式，实现向管理要产能。

（二）以《通则》和职教新政策为引领，深入推进教学管理制度体系改革

围绕教学管理六大领域，在原有制度体系基础上精准对接学校"交通产教融合体"办学模式、职教政策新要求，建立教学管理制度动态调整机制，定期进行校院两级教学管理制度的"存、废、改、并、立"梳理与更新，校院两层面均形成涵盖六大教学管理领域的系统化教学管理制度体系。校级制度共计64项，其中近3年新修制度27项，涉及教学基本建设领域7项、产教融合校企合作领域2项、教师能力领域4项、教学运行领域14项；新定制度25项，涉及产教融合校企合作领域4项、教学基本建设领域9项、教学运行领域4项、教学教师能力领域6项、质量保证领域2项。院级制度共计51项，均为近3年新修订制度。通过深化教学管理制度体系改革促进教学管理工作向规范化、科学化、实效化迈进。

三、建工程、再创新、促提升

在教学管理及制度体系的引领和规范下，学校以"产教融合、校企合作"为主线，设计并实施"专业建设质量提升工程""教师素质提升工程""1241教学高质量发展工程"三大工程，将教学高质量发展与规范化管理相结合，促进教学质量的稳步提升。

（一）专业建设质量提升工程

以专业契合度调研为起点，以产教融合、校企合作为主线，一体化设计打造四层专业建设工程，基于专业建设工作实践，结合《通则》的指导，制（修）订形成两类专业建设制度体系，一类是指导意见，用于从技术层面指导二级院系开展工作，另一类是管理办法，用于规范管理工作全过程。使制度源于实践，高于并指导实践，一体化设计，促进专业建设工作质量提升。

专业调整布局层——聚焦首都交通与经济发展，深化开展专业契合度调研，制订《契合度调研指导意见》《专业设置与动态调整管理办法》，提升专业布局的合理性与前瞻性。

标准建设引领层——运用PGSD能力分析模型，重构课程体系、创新制订新版人才培养方案，修订专业人才培养方案与课程标准，制订两个指导意见；新制订《职业分析工作指导意见》，从职业分析到会议的策划、组织、主持等，全方位指导；确保制订的标准100%对接岗位需求。

课程建设核心层——以赛促建，借助国家级大赛标准，修订《课程建设管理办法》，形成"统筹规划、重点建设、分批推进，以局部带动整体"的课程建设管理模式，构建岗课赛证融通的课程体系。

资源建设保障层——借助专业教室改造与拓展校外实训基地，修订《实训基地建设管理办法》，营造产教融合、双元育人的实训环境；深入推进校级教学资源库建设，新制订

《专业群教学资源库建设管理办法》，促进优质资源共享。

（二）教师素质提升工程

依据《全面深化新时代教师队伍建设改革的实施意见》，以师德师风建设为基础，构建教师能力发展平台，加大领军人才培养力度，发挥骨干教师示范带头作用，全面提升教师能力水平。

1. 建立健全师德师风建设长效机制，推进师德师风建设常态化

分级制订《师德师风建设年度工作方案》，创新师德教育方式，通过"榜样引领、实践教育、师生互动"等形式，激发教师涵养的内生动力。

2. 依托超星平台搭建"教师能力发展平台"，多维度提升教师能力水平

系统化设计不同类别、不同主题的教师研修及培训实施方案，分批、分期组织不同群体教师参加各类研修及培训活动，有效促进教师教学能力提升。

3. 加大领军人才培养力度，带动师资队伍整体水平提升

制订《2021—2022年"五类职业教师人才培养"计划》；以教学名师、专业带头人、青年骨干教师、教学创新团队、特聘专家培育为突破口，充分发挥企业专家、骨干教师的示范带头作用，带动教师队伍整体素质提升。

4. 建立"校赛—市赛—国赛"三级赛制，全面提升教师教学能力水平

通过制订《教师参赛奖励办法》、聘请大赛专家指导与培训、建立校内课程指导师等一系列举措，鼓励教师积极参与各类教学能力比赛，在比赛过程中潜移默化地提升教学能力水平。

（三）"1241"教学高质量发展工程

为进一步全面提升人才培养质量，学校以《通则》学习为抓手，聚焦"双特高建设""提质培优行动计划"任务落实，提出"全面深化改革创新，推进教学高质量发展工程"，即"1241"工程。

一个核心：以加强"思想政治建设"为核心，构建了思政课、公共基础课、专业课三位一体的"大思政教育格局"，将价值引领贯穿到一切教育活动之中，积极探索了产教融合环境下的思政教育"新阵地"，实现了思想政治教育水平的全面提升。

两条主线、四个方面：一是以"师德师风建设"和"文明课堂建设"为抓手，加强精神文明主线建设，对标"全国文明课堂创建标准"，建立健全精神文明建设组织体系和工作机制，制订了"师德标兵"和"文明课堂"评价细则，引导全体师生积极开展、广泛参与各类精神文明建设活动，努力在"新"字上求突破，在"实"字上花力气，在"好"字上见成效，推动精神文明建设守正创新，提升师生社会公德、职业道德、文明修养，营造良好的教风学风；二是以"专业建设"和"教学改革"为突破点，提升教育教学质量，铸就高质量发展实力。

一个保障：加强信息化建设，服务现代职业教育高质量发展需要。

四、见成效,再启程,新发展

近年来,学校不断创新教学管理体制机制,以教学管理规范改革创新模式,以改革创新促进教学管理科学化,实现了教学管理与教学改革的同促进、共发展。教育教学成效显著,在专业建设、教学成果奖、师生能力大赛、"双特高"建设等方面取得了丰硕成果。

未来,学校将以新修订的《职业教育法》为新基点,以"双特高"建设持续高质量为抓手,以新贡献、高认可为目标,聚焦职教发展新要求,对标对表找差距,坚持持续改革创新,实现教育教学新发展!

基于教学综合治理理念的教学管理体系建设

北京信息职业技术学院　张晓蕾

《通则》的发布，系统地解决了职业院校教学管理制度的规范化问题，对职业院校治理体系建设和治理能力提升起到了引领作用。信息职业技术学院高度重视《通则》贯彻落实，以此为契机全面梳理教学管理制度，完善教学管理体系，进一步实现学校内涵发展与质量提升。

一、《通则》贯彻落实情况

为了充分发挥《通则》引领性、指导性、规范性作用，学校开展教学管理人员能力提升培训，学习《通则》管理规范，不断提高教学管理能力。同时，依据《通则》中系统性的教学管理规范，进一步完善学校教学管理制度，先后完善6个制度文件、12项规程规范。

在专业管理和才培养方案管理方面，健全专业建设组织构架，成立专业建设领导小组及专业建设委员会，完善管理制度，制订人才培养方案与实施管理办法，以人才培养为核心推动专业建设改革。

在教材建设与管理方面，完善教材建设与管理组织构架，成立教材工作领导小组及教材建设与选用委员会，制订《教材建设管理办法》《教材选用管理办法》，完善教材建设与选用机制推动教材改革

在教学方法改革与教学资源建设方面，完善《优质课程建设计划》和校本资源库建设，推动课堂革命和教法改革。

在师资队伍建设方面，完善《教师教学创新团队建设管理办法》，围绕教师教学创新团队系统推进"三教"改革。

二、学校教学管理体系建设

学校在多年职业教育教学管理经验基础上，充分贯彻《通则》理念，以教学综合治理为基本宗旨，形成以系统化教学管理制度为体系的制度层，以校企合作管理机制为基础、校院两级教学管理机制为核心、教学工作委员会议事沟通机制为支撑的机制层，以标准化教学工作程序系统为实现手段、教学质量保障系统为保障基础的系统层，以信息化教学管理服务平台为技术支撑的技术层，构建了系统化教学管理体系并探索其信息化智能化实现的路径。

1. 综合构建系统化教学管理制度体系

依据《通则》科学识别与人才培养紧密相关的主要教学管理功能，围绕学校专业设置

与管理、人才培养方案编制与实施管理、课程标准编制与实施管理、教学运行管理、教学方法改革与教学资源建设、教材建设与管理、师资队伍建设、实践性教学管理、产教融合与校企合作管理、教学质量保障等教学管理要素综合设计制度，完善系统化的教学管理制度体系。

2. 建立符合多方参与、民主管理、教授治学、校企合作理念的教学管理机制

学校发挥行业办学优势，与合作企业共同建立校企合作理事会，实现多方参与的产教融合校企合作管理机制；通过二级学院（部）管理体制改革推进建立校院两级教学管理机制，实现教学分层管理；通过建立以教学工作委员会为核心的教学管理议事机制、沟通机制，在专业建设、教材建设、教材选用、教学团队建设、课程建设、教学改革等教学管理方面提升决策能力，实现民主管理、教授治学。

3. 建立以工作规程为标准的教学工作程序系统

在操作层面上，建立以工作规程为标准的教学工作程序系统，规范各业务活动的工作流程、质量标准，内容包括目的、工作范围、职责、工作流程、质量标准、支持性文件及记录等，对学校、部门、个人明确各方职责，规范工作程序，提升管理效能。

4. 建立以持续改进为目标的教学质量保障系统

以内部审核、督导评价和第三方评价为机制构建教学质量保障系统，实现教学质量持续改进。内部审核是教学部门对本部门内部各项教学工作质量进行检查与考核的一种制度安排。教学部门借助内审制度实施部门层面的自我管理，对本部门的日常教学工作质量进行管控，以满足学校教学质量的统一要求；督导评价是督导室代表学校对各教学部门内审工作的可靠性与有效性进行评价的一种制度，借助督导评价实施学校层面的质量监督，对各教学部门的内审工作质量进行监管；第三方评价是通过行业、企业、政府、用人单位、毕业生以及独立的第三方评价机构共同构成的评价主体对学校人才培养质量进行评价，来判断学校人才培养的科学性及与社会经济发展的契合度，为教学质量的持续改进提供支撑。

5. 搭建信息化教学管理服务平台

信息化教学服务平台的建设是支撑教学管理能力提升的重要手段，是提升管理效能的重要途径，需要与教学管理体系同步设计、整体规划、分步实施，其核心是统一数据标准。首先，构建共享智能交换平台，打通各系统间的数据链路，形成校本数据中心，破解信息孤岛问题；其次，建设办事大厅，结合各项事务的办事流程，实时采集各业务系统的运行过程数据；最后，建设分角色、分模块，具备数据管理、数据呈现、数据分析、实时状态数据的监测与预警等功能的常态化质量保障信息化平台，充分发挥信息化手段在教学质量监控体系建设中的作用，自动汇总统计各个业务系统的关键数据，充分发挥信息化手段在教学质量监控体系建设中的作用，实现教学管理水平和人才培养质量持续改进，为学校治理决策提供事实依据。

全面提高教育教学质量既是时代的要求，也是学校内在发展的需要，其任重而道远，我们将认真落实《通则》精神，不断完善各项管理制度和细则，使各项工作再上新台阶。

分层推进、落实《通则》，构建教学管理制度体系

北京市信息管理学校　王琦

一、落实《通则》，多措并举，分层推进

北京市颁布了《通则》，成为学校教学管理者的福音。面对这本教学管理的"大法典"，学校采用理论内化、实践落实的分层推进策略。

1. 对标《通则》，完善旧制度

学校将《通则》以及相关上级文件、优秀的职校教学管理案例纳入了教学管理干部培训的必修内容中，并在持续学习的基础上，将原有的教学管理制度，用《通则》作为标尺，逐一对照，找到不足与差距。学校依照工作的难易程度和重要性，为逐步创设新制度、完善旧制度设定了进程表，逐步制订颁布了《北京市信息管理学校教材选用委员会组织机构及职责》《北京市信息管理学校专业教师下企业实践规定》等近二十个新制度，完善了《北京市信息管理学校学生岗位实习实施细则》《北京市信息管理学校教学进度表》等三十多个旧制度。在教学管理制度不断完善的过程中，教学管理干部对《通则》都有了高屋建瓴的深刻认知，自觉成为学校推进《通则》的坚定执行者。

2. 项目引领，解决真问题

包括教研组长在内的学校骨干教师团队是教学管理的中坚力量，他们在工作中锐意改革，不断进取，但他们也是遇到实际困难和问题最多的一群人。学校利用立项科研课题、承担改革项目的方式，引领这些人围绕着《通则》不断探索工作的深度和宽度，企业调研、教材管理、校企合作、师资培养、技能比赛、课堂革命、课程思政等一个个实际工作中的痛点都在不断翻阅《通则》中，不停的反思中，持续的研讨中，勇敢的尝试中，被一个一个击破、解决，创造出了智慧的火花，骨干教师最终成为学校全面推进《通则》的最大受益者。

3. 同伴互助，落实全研修

全体教师对于《通则》的学习和理解，只能依托教研组、备课组形成的研修团队，在各周四下午的固定时间里，充分发挥每个团队内"种子教师"的力量，基于同伴互助的职后研修策略，利用修订人才培养方案、完善课程体系等实际的工作任务契机，推动全员、全过程参与《通则》学习，从而指导自己的实际工作，理解学校教学管理的改革。深度学习之后的全体教师，才是学校落实《通则》的最终推动者。

二、构建教学管理制度体系，精准施策，内涵发展

作为一所多校合并，多校区管理的职业学校，在区教委和校党委领导下的学校理事会制

订了教务管理、考务管理、教材管理等八大类近一百项教学管理制度，形成了学校—校区—专业系三级管理，统一标准、多项交叉、动态互联的管理体系。

1. 横纵结合，提升活治理

学校针对多校区管理的特点，为了提升教学治理能力，在教学管理的组织结构上大胆创新，实行统分结合的模式：

一方面在严格落实学校统一要求、统一标准的教学管理制度原则下，各教学干部分项目牵头协调全校各校区的学籍管理、考务工作、教师教研等教学工作，强调学校纵向教学管理的标准性。《通则》中对于教学管理分项目提出了明确的程序和要求，还提供了大量的参考模板，成为学校教学管理应用性极强的管理标准。

另一方面充分激活各校区、专业系教学管理活力，结合专业特点、校区特点，在权限范围内灵活、自主地实施教学管理。将原本上传下达的中层管理干部，改造成集咨询、指导、决策、协调为一体的综合管理者，考虑各学科、各专业、教学与组织多重运行等特征，建构学科、专业、教学及组织效能提升矩阵结构，保障横向管理工作协作高效，服务教学改革，人才培养全过程。

最后，学校除了教学管理部门，还在校长的直接指导下，加强与招生就业、学生教育、督导科研、培训中心、信息中心等多部门合作与交流，实现学校组织横向和纵向各部门、机构之间的交叉互联、协调衔接，共享各部门的管理数据，为学校提供更精准的教学管理服务，构建学校的现代化管理体系。

2. 刚柔并济，创新精管理

学校坚持"以人为本"，充分发挥教师的主导作用和学生的主体作用，强调个性化发展、创新性改革，营造学校教学管理的人文文化氛围，充分发挥出制度的最理想效果。

同时学校通过目标管理、绩效管理、奖惩机制等多种方式严格规范师生"教"与"学"的行为，把管理的质量标准落实到教学各环节，为师生所接受和执行，并逐步形成新的质量文化，确保教学资源的优化配置。

学校严格落实《通则》的要求，注重细节、抓精细，特别是在疫情线上教学期间，以《通则》为基础，逐步凝练了"三度"的教学管理模式，刚柔并济，不断促进教学管理制度的创新发展。

3. 动态调整，适应快发展

借鉴《通则》的管理理念，学校完善了多元的评价，充分发挥学校、合作企业、对口高校、研究院所等各方优势资源，采用内外部的督导评价，构建学校教学管理制度的动态调整体系。学校除了多维度的调研，更注重在先进理念指导下，运用科学的方法，适用成熟的模型，引入专家的指导，取得了较好的改革效果。

教学在不断创新，教学管理也在不断发展，教学管理制度体系更要与时俱进，发展创新，为学校内涵发展提供强大的支撑。

加速教学管理体系建设，抢占职教发展新赛道

北京市电气工程学校　吕彦辉

"提升质量，树立形象"，制度是保障，落实是关键。

步入"十四五"，站在职业教育高质量发展新起点，如何进一步提升学校治理水平、规范教学管理行为、发挥示范引领作用，《通则》提供了基本依据。

一、对标《通则》，"学研训用评"助力教学管理与运行

一是目标导向学习，健全教学管理体系。校长带头、班子成员分工负责，自学与集中学习结合、导读引领与心得分享结合、专题学习与深入研讨结合，统一思想、统一认识、形成共识；对标《通则》，健全层次分明、内容完整、关系清晰、修订及时的教学管理制度体系，优化决策、执行、监督、运行的教学治理结构。

二是问题导向研讨，优化教学管理制度。班子成员牵头，骨干力量参与，分章节、分模块专题研讨，结合教学管理实际，补充完善教学管理制度，理顺制度关系，形成工作流程，建立评估机制，推动制度治理与文化治理的融合。

三是行动导向落实，确保制度有效实施。各校区、各部门、各学科通过各种形式，宣讲《通则》核心要义及学校教学管理要求，规范教育教学行为。

二、优化教学管理方式，完善新型教学管理体系

基于学校"十四五"及"双优"发展目标，以内涵发展、质量提升为主线，在认真梳理原有制度基础上，完善了专业建设、校企合作、教学运行、师资队伍、自主招生、教材管理、质量保障等38项管理制度，构建起一套系统有效的教学管理体系。

一是适应新目录，规划建设专业群。紧紧围绕首都超大城市运行管理和高品质民生需求，合理规划引导专业设置，建立退出机制。以基于产业链、岗位链、技术链的专业集群建设为目标，健全涵盖专业设置、新专业开发、人才培养方案、课程标准等的专业建设管理制度。

二是适应新形势，创新产教融合、校企合作新机制。组建电气育训联盟，在学校理事会统筹下，搭建技术服务创新平台，整体构建多元培训服务供给体系和"岗课证赛"一体化课程培训体系，助力学校高质量发展；针对学校师生共同形成的28项专利及软著权，构建知识产权管理体系，有效促进技术技能积累。

三是适应新特点，抓"三常"促"三成"。把控"三常"（常态、常规、长效）教学运行关键节点，目标导向促进"三成"（成效、成绩、成果）。适应招生考试政策新变化，构建全流程自主招生管理体系；适应线上教学管理新变化，构建涵盖德育管理、教学行为、质

量保障等线上教学质量管理体系。

四是适应新时代，加强教材管理制度建设。教材分层规划，健全分类审核、抽查、退出制度，形成"三统一管理原则""四层级审核把关""五维度评价反馈"教材管理机制，增强教材的育人作用。

五是适应新要求，完善教学质量保障体系。贯彻落实督导规程，全员参与、全方位覆盖、全过程控制、全要素管理，健全内部督导工作机制；引入质量管理体系、督导室督导等第三方评价，促进教学质量改进与提升。

三、面向学校"十四五"，构建高质量发展保障体系

面向"十四五"，学校坚持"为每一个人创造成功的可能"新思维，更加关注现代信息技术的有效应用，更加关注学校与社会的关系，更加关注师生每个个体的可持续发展。在不断优化完善学校教学管理过程中，构建形成了以"创、赛、融、精、优"为特色的高质量发展保障体系。

一是以"创"为导向的目标管理体系。以职业教育两大职能为依据，按照新的职业标准、教学标准、新时代育人标准，重构学校总体目标，校区、部门、个人据此编制创造性目标，构成学校高质量发展的目标矩阵。

二是以"赛"为路径的能力递进体系。聚焦人才队伍建设，完善"赛事引领，能力递进"培养机制，打造阶梯式能力递进的师生团队，为高素质人才培养、高水平双师型教师能力进阶提供实践路径。

三是以"融"为特点的多元合作体系。创新共建、共治、共享机制，形成多元主体治理格局。构建"政、企、产、学、研、媒"六位一体的产教融合共同体，提供政策指导、智力支持、媒体创新、产业扶植、企业合作。

四是以"精"为标准的质量评价体系。聚焦教育教学及岗位职责，以质量认证、项目管理为基础，建立"师—部—校—管"四级质量监控体系，精准把握发展脉络，精细管理学校人财物、时空信，精确修正教育教学及管理偏差，提供全时空保障。

五是以"优"为目标的制度保障体系。聚焦人事、分配、考评等制度改革，完善制度体系，修订制度内容，优化制度结构，强化制度落实，为"提质培优"、高质量发展提供制度保障。

《通则》的落地实施，有效促进了教学管理制度建设的科学化、规范化、体系化，为高素质技能人才的培养提供了制度和机制保障。

强化内涵、凝聚共识，全面提升教育教学质量

北京戏曲艺术职业学院　吴蕾

一、统一思想、提高认识，提升教学管理能力

《通则》是由北京市教委组织职教校企多领域专家集体开发而成的，总结了北京市职业教育"十三五"时期教育教学管理经验做法，凝练了职业教育类型特色，体现了职业教育教学管理规律，规范了制度体系。

学院高度重视《通则》的学习和培训，将《通则》落实作为全面提升教学管理能力的重要举措，引导全体教师进一步提高对教学管理规范重要性和必要性的认识，着力推进《通则》落实走深走实。学院派专人参加北京市教委组织的线上线下学习，同时邀请多位专家对全体教师多次进行《通则》编制思路、撰写过程、内容框架及要点的全面解读。

对标《通则》，结合学校现有的制度和实际情况，教务处、各专业系部分别从专业设置与管理、人才培养方案与课程标准的研制、产教融合校企合作、教师队伍建设及科研能力提升、教材建设与管理、教学方法与教学资源、实践性教学、教学运行管理、教学质量保障等板块展开了学习、交流和讨论，提出了改进管理和制度修订的意见建议，初步形成了学院教育教学管理的制度体系。

二、落实《通则》、完善制度，保障教学管理运行

对标《通则》，学院重点聚焦制度体系建设、人才培养方案修订、师资队伍建设、综合实践服务平台建设。

在制度体系建设方面，学院以国家、北京市教育法律法规及《通则》为依据，对现有教学管理制度进行了全方位、系统化的梳理，逐一评估可行性及适用性，根据实际需要对25项制度进行了完善和修订，并形成了制度汇编。新修订的制度中，主要涉及教务系统管理、教学文件管理、教学运行管理、实习实训管理、教材管理、学籍管理、课程管理、学生管理、教师管理等方面。

在人才培养方案修订方面，学院在专业调研的基础上，引入 PGSD 能力分析模型，采用科学的方法分析毕业生职业生涯发展路径、确定各岗位职业能力，并将职业能力分析转化为课程内容，进一步实现了专业与企业、课程与岗位的有效对接。2022 年上半年，对照《通则》关于人才培养方案的体例要求，完成了 26 个专业方向的人才培养方案修订工作，并于 2022 年秋季学期正式实施。

在师资队伍建设方面，学院把师德师风作为评价教师队伍素质的第一标准，通过开展各种评比活动，引导教师模范践行"四有"好老师标准，努力当好"四个引路人"，始终坚守"四个相统一"，做学生为学、为事、为人的示范。2021年成立教师发展中心，全面规划学院师资队伍建设目标和路径，修订和完善了双师队伍建设相关制度，着力加强教师创新团队建设，完善教师职务的聘任办法，组织开展企业交流、大师课、艺术实践、学习培训和专家讲座等各类培训活动，为全面提升教师的能力建设和整体素质起到积极作用。

在综合实践服务平台建设方面，一是打造校企合作双主体育人平台，与高水平院团及文化企事业单位开展合作，定向培养戏曲表演专业学生。选派优秀教师前往一流院团交流学习，企业参与人才培养全过程，提高人才供给与社会需求的契合度。二是打造校内生产性实习实训平台，优化实训环境，完善实训功能，以艺术实践创作为载体，提升高素质艺术技能人才培养水平。三是构建服务首都文化建设的平台，利用专业群资源优势，积极开展文艺演出实践，努力完成好上级部门安排的公益性演出及国家重大战略演出任务。

三、加强监管、强化职责，完善内部质量保障

对标《通则》，学院建立了内部质量保障相关制度，加强监管、强化职责，在学校、专业、课程、教师、学生各层面建立自我质量保证机制，通过质量年报的编制，分析各类调研数据、反馈问题并进行自我诊断、及时改进，完善学校、行业（企业）和社会机构共同参与的多元评价机制。

学院还将进一步完善制度建设的考核标准，将制度落实情况纳入部门考核指标体系，完善制度建设及实施全过程的总结反馈机制，畅通沟通渠道，及时收集意见建议。树立质量意识，严格执行各教学环节的标准和规范，对教学运行过程质量进行动态数据采集和分析，稳步推进学院内涵发展和质量提升。

学院将围绕全面提升教学管理能力的总体目标，结合特高校建设任务，调动全体教职员工的积极性和主动性，定期开展建设汇报、组织研讨交流、形成典型案例，把《通则》落实作为日常工作的重中之重，抓实抓紧、抓出成效。

坚持规律、适应改革、规范教学、提升质量

北京经济管理职业学院　魏中龙

教学管理是学校教学正常有序运行的基础，是教学质量提高的有效途径，直接影响着学生培养质量和育人目标实现。

学校践行"厚德强技、知行合一"的办学理念，以"做对学生最好、最负责任的高职学院"为价值追求，以适应首都区域经济发展、适应学生个性发展为根本，认真学习贯彻落实《通则》，狠抓管理制度规范优化和改革创新。学校以《通则》为遵循，紧紧围绕治理体系和治理能力现代化目标，以适应"四个中心"和"两区"建设、适应学生个性发展为根本，坚持以人才培养为核心，以立德树人为主线，聚焦一二三课堂，优化教学管理制度体系建设，强化教学管理运行机制创新，推进协调综合发展，不断提高教学管理水平，实现学校内涵发展和质量提升。

一、以《通则》为遵循，全面优化教学管理体系

（一）严抓制度体系建设，提升教学管理能力

学校党委高度重视《通则》学习，召开3次专题会统筹《通则》学习落实，做到全员、全方位、全时段、多路径的学习，确保规范和标准入脑入心入行。

学校对标《通则》，坚持规范引领，传承北京职业教育管理文化，把握职业教育规律，加强适应类型教育的改革。优化了目标管理、专业发展、人才培养、运行管理、教学创新、教师发展、产教融合、质量保障"八维合一"的制度体系，搭建技术技能人才成长的"立交桥"。

集众智、聚众力、强治理、促内涵、提质量，不断改革创新，科学规范教学管理。开展教育管理制度"废改立"工作，修改41项制度，新立39项制度，制订了16套教学管理与建设规范指南。

（二）实施专业动态调整，优化学校专业布局

遵循"四链融合"原则，聚焦数字经济新业态衍生出来的新职业、新岗位，推动以群建院工作，二级学院从6个调整为5个，专业从35个调整为21个专业，形成了与产业链同频共振的"五面向五对接"专业群布局。

（三）优化人才培养方案，适应人才市场需求

创新实践"三覆盖、两融通"的人才培养方案改革，实现"课程思政全覆盖、中国特色学徒制全覆盖、数字经济素养全覆盖"（三全覆盖），"岗课赛证融通、一二三课堂融通"（两融通），构建底层可共享、中层可融合、上层可互选的有机组合的专业群课程体系结构。同时一二三课堂一体化设计，实现互补、互促、互融，确保"五育"不断线。依托学分银行实现学分积累、认定和转换，拓宽学生成长成才通道。

（四）完善教学运行体系，科学规范教学管理

建立"一条主线、校企主体、三全育人、四级组织、五支队伍、六元协同"的服务型教学运行管理模式，服务与管理融合、质量与安全并重；校企四级组织管理架构，政行企校研家多元参与，内外一体上下一心，同向发力，依托智慧大脑数字赋能，确保教学运行管理科学、规范、有序、有力、精准、智能、高效。

按照专业教学标准、教师标准、学生标准、服务标准，注重全过程、全员、全方位和全新管理，拓展管理空间，开展校内校外、课上课下、线上线下管理，形成教学管理闭环系统。实现教学管理的规范化、制度化、程序化、正常化、精准化、智能化，全面提升服务和管理水平。

（五）校企推进"三教"改革，提升人才培养质量

以教师为主导、学生为中心、课程为载体、课堂教学为主阵地、产教融合为根本，校企协同一体化推进"三教"改革，全面提升教育教学水平和人才培养质量。

1. 加强师资队伍建设，提升双师素质

积极探索"一线、双元、多维"的师资队伍培养模式，坚持"师德师风第一标准"这条主线，以校企"双元"共育为抓手，建立"双向流动、相互认证"的交流机制，"多维度"打造高质量双师型教师队伍。

2. 完善教材管理制度，深化教材改革

规范教材的编写、审核、选用、使用、更新、评价监管机制。不断深化教材改革，加强新形态立体化教材建设，结合岗位实际需求，结合1+X证书内容，校企共建活页式、工作手册式等优质教材。实现教材资源的立体化和多样化，有效支撑精品在线开放课程。

3. 创新教学模式方法，提升教学效果

完善"国家—北京市—学校"三级教学资源库建设，丰富线上教学资源；推进"互联网+混合教学"智慧课堂教学模式改革，创新课堂教学手段，实践线上线下混合式教学，提高课堂教学质量。

（六）优化实践教学管理，做实实践实训育人

基于教学实训、生产性实践、社会服务三个维度立体布局，形成教学、业务、人员、数据的四级闭环，从智能化工作平台的模拟教学、真实项目教学到开展社会服务，增强职业教

育的适应性。

（七）深化产教深度融合，实行多元协同育人

学校依托数字经济职业教育集团、北京永定河文化研究院，以5个特高专业群、7个工程师学院、大师工作室和3个产业学院为载体，实行全教育周期的"招生招工一体化"、标准体系建设、双导师团队建设、教学资源建设、培养模式改革、教学和管理等机制建设改革。建立"以成果为导向、以学生为中心、持续改进质量"的产教深度融合、校企实质合作的人才培养体系，优化了创新创业与实践育人机制。

（八）实行多维质量管理，提升教育教学质量

1. 建立"一页纸"目标管理质量机制

学校建立"一页纸"目标管理机制，借助"一页纸"目标管理质量工具平台，对实施过程进行时时、处处和针对人人的检查、记录并发布预警，实施精准管控，形成教学、学习、管理、质量、改革、建设全链条记录与反馈机制，实施月度沟通、季度考核。年末绩效考核指标之中，在全校形成"实、稳、新、严"的良好工作局面，确保工作的科学性、系统性和延续性。

2. 完善"三闭环"质量评价管理体系

实行课程建设质量环、教学质量评价环、人才培养质量环"三闭环"质量评价管理，实行学生、教师、领导、督导、同行、教学检查六个维度对教学质量进行综合评价，并建立第三方评价反馈机制。

二、加强教学管理创新，优化教学管理育人体系

（一）建立"四融通、四融合"综合育人体系

托数字经济职教集团、工程师学院、大师工作室和产业学院，以世、国、市、校四级学生技能竞赛体系为抓手，基于学校40个1+X证书试点和84个职业证书，实现"岗课赛证"综合育人；以幸福学园为载体，打通教、培、学、创四个环节，将证书、培训纳入教学框架中；构建创新创业启蒙—模拟—实践—实战—大赛的双创教育体系，将双创教育融入全流程职业教育中，形成了"岗课赛证"四融通、"教培学创"四融合综合育人体系。

（二）创新"246"中国特色学徒制培养模式

创新"双主体、四交替、六经历"（"246"）中国特色学徒制培养模式（双主体：校企双育人主体；四交替：认岗、跟岗、轮岗、定岗实习的校企工学交替；六经历：学习经历、企业实习经历、社会实践历、创新创业经历、培训经历、参加比赛经历），培养具有可持续发展能力和工匠精神的技术技能人才。

（三）构建"三合三环"双线融合运行管理机制

校企协同一体化推进"运行"和"督导"双线交叉融合管理，沿人才培养全生命周期，按照计划、执行、督导、监控、考核、整改的路径科学实施教学运行管理。学校以教务处和质量监控评价中心为主，由校企、专兼、师生组成质量监控团队，点线结合、纵横集合，实现全覆盖监控管理；针对课堂教学质量、课程建设质量和人才培养质量形成"三闭环"质量监控诊断评价机制，形成运行管理和质量监控的协同高效。

（四）创建"五位一体"产教融合基地共建模式

构建"政校企行研会"协同促进、并驾运行保障机制，形成"政府出政策、行业出标准、研究机构出成果、企业出做法、学校出模式、现代学徒制专家委员会检查监督"六方协同，资源共用、经验共享、优势互补、体系相互支撑、制度相互保障的良好生态。

三、教学管理水平不断提升，教学管理育人成效显著

在《通则》的引领、规范与指导下，学校形成了技术技能人才成长的高效能教学管理体系，实现了人才培养质量、专业建设成就、产教融合效率、创新创业教育水平、学生幸福指数、社会及国际认可度的"六个提升"，近几年获得了20多个国家级标志性成果；北京市教育教学成果一等奖3项，二等奖7项；教育部产教融合案例3个，入选教育部课程思政示范课程、课程思政教学名师和团队2个，国家级优秀创新团队1个；北京市教学能力比赛获奖10项；教育部生产性实训基地2个，获得了一个20强，三个50强；北京市5个特高专业群和7个工程师学院和大师工作室，获得北京市"三全育人"典型学校和优秀案例。

今后，学校将继续深入学习贯彻落实《通则》，不断提升教学管理的科学性、规范性、时代性、适应性和有效性，按照类型教育的特点，切实提高教育教学管理水平，不断推进学校的教育教学改革，提升人才培养质量。

规范引领促提升，改革创新谋发展

北京国际职业教育学校　韩琼

为加强北京市职业教育教学管理工作，推动北京市职业院校建立健全教学管理制度，保障教育教学质量，推动北京市职业教育可持续、高质量发展，北京市教委发布了《通则》，首次在北京市职业教育体系中明确了教学管理的规范和标准。

一、加强学习培训，落实全员熟知《通则》全部内容

《通则》涉及的所有内容，都是我们在日常教学管理中的相关工作，说起来大家都有些经验和认知，但概念是否准确、标准是否清晰、程序是否规范、要求是否明确，往往是我们工作中存在的问题。教学干部因资历、岗位不同造成经验和认知上的差异，需要纠偏矫正的内容也有所不同。

为此，学校给每一位教学干部配备《通则》一书，在各级干部开展"集中重点学习+自主全面学习+逐级宣讲传播"的学习培训活动，以最有效的方式撬动教学干部的学习内驱力，用工作的实际需求引导大家快速深入地开展学习和培训。教学副校长负责组织教学干部会，向教学教务主任、专业主任宣讲；教务主任负责组织教研组长会，向教研组长和备课组长宣讲；专业主任负责组织专业处室会，向专业处室的教师进行宣讲；教研组长组织教研组活动，负责向本组教师宣讲。

通过逐级宣讲，教学管理人员对《通则》内容进行了深入学习和掌握，全体教师和教务处工作人员也对《通则》有了深入的认知和了解。

二、整改修订，落实《通则》的规范引领和标准建立

全员培训之后，学校组织开展了《通则》学习专题研讨会，邀请各位宣讲人进行学习宣讲的总结和反馈交流，大家就自己在《通则》的个人学习中印象最深刻的内容、在组织宣讲中感受启发最大的内容进行了交流研讨、自查梳理出了学校在教学管理中的薄弱环节和需要修订完善的管理制度。

在教材建设和管理方面，明确了教材工作委员会由学校党总支负总责，将教材工作委员会的总责任人移交给党总支书记，着重强化教材在意识形态方面的审核和把关；同时，参考《通则》附件5，修订《学校选用教材申请表》，细化教材申请和审批的工作流程和要求；此外，结合学校开设的中外合作办学项目的实际情况，加强对外版教材的征订、使用的审核和管理，在制度中增加了中外合作办学项目外版教材使用的特殊要求和审核管理规定；按照

"凡编必审"的要求，在制度修订中加强对校本教材、校本讲义、习题集等校本研发教学资源的审核和管理。

在教师队伍建设方面，细化双师型教师下企业实践的管理规定，结合学校目前教师队伍建设的实际情况，明确了双师型教师的内涵、下企业实践的时长要求、下企业实践的内容要求、下企业实践的工作纪律要求和经费使用要求，以及实践后所需要提交的过程性资料和教学运用、成果转化的要求，加强对教师下企业实践的前期申报审批、过程监管以及后期教学运用成果转化的系统化管理，有效提升了教师下企业实践的规范性和实效性。

随着疫情防控常态化背景下线上教学的持续，学校根据实际工作需要制订了《线上教学管理规定》，对线上教学组织、课堂实施、学生管理、教师言行等方面提出了具体要求；同时，制订了《线上考试管理规定》，对考务要求、监考教师职责、学生线上考试行为规范等做了具体规定，确保线上教学的规范和有序，确保线上教学质量的高效。

三、总结提炼，落实《通则》引领下的高质量教学管理

学校对外主动适应社会经济发展，适应学生个性发展两个变化着的"市场"，努力拓展发展空间，增强职业教育适应性；对内发挥《通则》的规范与引领作用，扎实推进教学管理运行的规范化、科学化，经过多年的探索和实践，构建了"一核心两级管六维度"的教学管理体系，形成了"制度引领、质量监控、持续改进"的典型做法。

（一）系统推进，构建"一核心两级管六维度"的教学管理体系

"一核心"即以提升人才培养质量为核心，服务学生全面可持续发展，以更好地实现"为党育人，为国育才"。

"两级管"即建立健全党委领导、校长负总责、分管教学的副校长具体负责，教务处专职负责、教学督导监督评价、职能部门支持保障，专业和学科教研组具体教学实施的结构合理、责权清晰、分工协作、运行高效的二级教学管理机构。

"六维度"即以学生学籍管理为依据，以教研活动管理为途径，以教学日常管理为基础，以考试与成绩管理为检验，以教学质量管理为重点，以教学档案管理为标志，形成对提升人才培养质量的有力支撑。

（二）制度引领，建立"1+6+N"教学管理制度体系

学校全面落实国家和北京市在教育教学方面的方针政策和法律法规，建立了完备的"1+6+N"的教学管理制度体系，将教学过程与教学管理各环节的流程、标准上升为学校教学管理制度，制度建设与教学改革同步动态更新，确保了学校教学运行管理制度的严肃性、权威性和实效性，形成了事事有章法、人人必遵循的规范化教学管理氛围。

（三）质量监控，形成"三个全面"教学质量管理体系

教学质量管理由学校主管教学工作的副校长牵头，教务部门、教学督导部门、教学实施

的专业及学科教研组等共同组织教学质量监控，从学期初的教学秩序与教学规范检查，到学期中的教学任务与质量分析反馈，再到学期末的教学目标达成与总结评价，日常教学常规检查贯穿始终，确保了学校教学运行的稳定，形成了覆盖全过程、全师生、全课堂"三个全面"的教学运行质量管理体系。

（四）持续改进，推行"八步一环"教学质量诊断改进体系

学校建立了学校、专业、班级三级立体监控，学校督导员、教务巡视员、专业视导员、班级信息员、第三方人员五员联动，以及学校、专业、课程、教师、学生五个层面全程参与的教学质量监控体系，实施了"目标分级、标准细化、设计方案、组织实施、及时预警、多元诊断、检查纠正、监督改进"的"八步一环"教学质量诊断改进体系，从而实现了常规诊改、阶段诊改、专题诊改等三种类型诊改，及时发现问题、改进问题。

总之，学校在《通则》的引领下，以北京市特高项目建设为抓手，组织团队开展了各专业人才培养方案的再修订、课程体系的再调整、专业核心课程标准的再升级、教学方法的再优化、教学评价的再细化、教学管理制度的再完善，不断推动学校教学管理能力的提升。

未来，学校将继续深入学习贯彻党的二十大精神，以"技能强国"为己任，落实立德树人根本任务，不断深化"三教"改革，提高教学管理水平和学校育人质量，为社会进步和经济发展提供高素质技术技能人才，推动新时代职业教育的高质量发展。

"四有三促"构建贸校特色的教学管理体系

北京市对外贸易学校　徐明

为推进职业教育高质量发展，提高教学管理水平和能力，北京市对外贸易学校对照《通则》构建适应职教发展的教学管理制度体系，保障了学校教学管理质量，实现了教学管理水平、育人质量的显著提升。

一、建设什么样的教学管理制度体系

（一）目中有人：贯彻"以人为本"管理理念

教育的本质就是"目中有人"，这个人包括学生和教师，学校坚持"以人为本"理念，强调对教师的信任、对学生人格的尊重，挖掘师生潜能，释放师生光芒，促进师生成长。在教师管理上，通过新教师岗前培训增强职业认同，通过"以老带新"师徒结对助推青年教师快速成长，通过实施TSPD教师教学能力提升模式明确教师发展路径，落实教师企业实践、社会服务，增强教师专业实践能力，通过考核奖励制度促进教师专业成长。在学生管理上，秉承"以仁爱包容之心助每一个孩子成长"的理念，关注学生行为表现和心理健康，实施具有亲和力的教学管理方法；落实立德树人，推进思政课程和课程思政同向同行；通过PGSD能力分析定位专业人才培养目标与培养规格，行校企深度合作推进"岗课赛证"融通；专业学习社团、兴趣社团并驾齐驱，引导学生自主学习、自觉成长，提升学生职业能力与综合素质；实施学分认定，利用职业素养护照平台记录学生素养成长轨迹，增强学生可持续发展能力。

（二）行动有纲：建设科学合理制度体系

学校顺应职业教育高质量发展要求，深化内涵建设，加强配套制度和实施方案与学校顶层设计相衔接，构建良好教学生态。目前已修订完善教学管理制度50多项，涉及专业设置与管理、人才培养方案、课程标准、教学运行管理、教学方法与教学资源、教材建设与管理、教师队伍、实践性教学、产教融合校企合作、教学质量保障十大方面；同合作企业协同修订工作标准30多项，包括工程师学院和大师工作室制度建设标准、现代学徒制专业教学标准、企业标准、师傅导师标准等。同时强化制度和标准的落实与执行，采取的办法如下：一是做好制度的解读与宣讲。由起草拟订部门，采取集中宣讲方式，对制度的制订目的、主要内容和执行要求等项目逐一进行解读。二是做好制度的运行与监督。建立督察组，学校党委书记、校长为督察组组长，相关副校长为督察组副组长，成员为各部门负责人。每学期对执行情况进行一次梳理，每年进行一次全面检查，对制度的执行情况作出评价。

（三）协同有力：构建"六共三会"管理模式

学校顺应产教融合教育教学变革需要，保持开放包容姿态，营造合作企业、社会机构和政府参与的教学管理环境，积极构建"队伍共建、标准共研、课程共设、资源共创、人才共育、效果共评"的校企协同工作机制，成立校企合作专委会协调校企育人工作，校企共建工程师学院（京东跨境电商工程师学院、首都会展服务管理学院、阿里巴巴直播电商学院）共同开发课程、编写教材、开发资源等。组织开展好每周教学例会、每月教学联席会、每学期教学总结会，研究、讨论、部署教学重点工作，形成决策有民主、问题有对策、工作有预案、部署有落实的工作局面，推进教育教学工作有序开展。

（四）保障有质：构建"五层三维"保障机制

确立党委领导、校长负总责、分管副校长具体负责的教学管理体系，细化为教务处专职负责、督导室监督评价、教学部系分解优化、教研组组织落实的责任分工制度。同时，教学工作委员会、专业建设指导委员会、学术委员会等专家组织深入参与教学质量评价。目前已形成"五层级三维度"的教学质量评价与管理体系，"学生、教研组、部系—督导—教务、专家—校领导、合作企业—对接高职"五个层级评价主体对教师教学准备、过程、能力、态度、效果等开展全方位多元化评价；"制订教学规范、监控教学实施、落实评价激励"三个维度，将质量诊断和改进覆盖课程教学设计、教学方法选择、教学内容准备、教学过程实施、教学效果评价、教学反思改进等环节，实现教学管理的标准化、规范化，形成质量保障闭环，全面保障和提升教学质量。

二、怎样建设科学有效的教学管理制度体系

（一）以学习促认知

坚持学习导向。自《通则》颁布以来，把准学习培训的精度、广度、深度，将《通则》学习培训纳入学校培训计划、支部学习计划、教师学习计划，采用个人自学与集体研学、专家讲座与校内分享、线上与线下"三结合"方式，让大家结合岗位谈理解、说认识、提建议、讲行动，不断提升对《通则》的认识和理解。

（二）以调研促改进

坚持问题导向。成立由教学主管副校长牵头，教务处、督导研究室、各部系共同组成的调研小组，调研学校教学管理制度运行情况、与《通则》要求的差距等，摸清存在问题，找准短板，有针对性地行动。

（三）以整改促落实

坚持质量导向，以提升教学质量、育人成效为目标，以"特高项目"、精品课等重点项目建设为契机，对照"职教 20 条"、"新京十条"、新《职业教育法》、《通则》等要求，请专家指导、请企业参与、请政府支持，循序渐进完善校内制度建设。

学校在《通则》指导下，以"四有三促"为思路构建有本校特色的教学管理制度体系，有效促进教育教学工作平稳运行、人才培养质量稳步提升，切实推动《通则》落地生根。道阻且长、行则将至，学校将继续深耕探索，不断完善教学管理制度体系，向着建设高水平、高品质的中职学校迈进！

创新"3442"教学管理能力提升模式，持续推进学校内涵发展与质量提升

北京劳动保障职业学院　张耀嵩

北京劳动保障职业学院作为"国家双高""北京特高"建设院校，以《通则》及开展《通则》培训为契机，制订了《北京劳动保障职业学院教学管理能力提升实施方案》，成立了教学管理能力提升领导小组和专项工作组，明确了教学管理能力提升的实施范围，开展了培训、讲座、案例分享等问题导向的相关活动，形成了分段式教学管理能力提升的优化闭环，抓实了各类教学活动对教学管理制度运行情况的检验反馈环节，创新了"三全""四讲""四阶段""两检验"教学管理能力提升新模式，持续推进学校内涵发展与质量提升。

一、明确教学管理能力提升的"三全"范围，持续实施教学管理的全员全链条全覆盖

一是将全体教学管理者、督导员和教师纳入教学质量管理制度培训范围，确保教学管理人员能够精准制订、严格执行和持续完善各项教学管理制度，确保督导员高效地依据教学管理制度明确监督和检查各项教学管理活动，确保广大教师根据教学管理制度高质量开展各项教学工作。

二是将全部教学管理、质量保障的诸环节纳入教学管理制度予以规范，确保从专业设置到人才培养方案、从课程标准到教学运行管理、从教学方法到教学资源与教材建设、从教师队伍到实践教学、从产教融合到质量保障等方面全链条进行管理和规范。

三是将日常教学运行的常规管理与重点教改项目的创新管理予以全覆盖，将两者相结合，常规管理稳定教学秩序，创新管理形成试验区，成熟后纳入常规管理。例如，通过教改项目实施，完善《北京劳动保障职业学院教育教学改革项目建设与管理办法》。

二、开展教学管理能力提升的"四讲"活动，持续推动教学管理理论与实践

一是校长带头讲，以《牢记初心使命 勇担时代重任 努力建设首善融通卓越的现代高职学院》为题，结合学校"十四五"发展规划，明确学校的办学定位、办学模式、服务面向、育人体系和支撑保障，为教学管理指明方向。

二是教学副校长跟进讲，以《新发展阶段、新发展理念、新发展格局 如何增强我校职业教育适应性》为题，结合学校教学管理制度体系，谋划教学管理能力提升的实施范围、相关活动、阶段机制、检验环节，为教学管理制度落地实施设计方案。

三是教务处长、督导主任专题讲,以《深化职业教育教学改革 提高技术技能人才培养质量》为题,结合教学管理和质量监控的各环节、各领域如何精准实施、有效检查、合理监控,确保教学管理见成效。

四是二级学院落实讲,结合各二级学院的实际情况,对教学管理制度如何促进专业建设、人才培养、师资队伍等应用场景深入研讨,确保教学管理落实落地。

三、运用教学管理能力提升的"四阶段"机制,持续推进学校内涵发展与质量提升

一是《通则》的学习研论阶段:领会精神、把握方向。全校教职工人手一册《通则》,作为案头工具书,在整体培训的基础上以各部门为单位进行学习研讨,领会《通则》的精神,把握《通则》确定的管理方向。

二是《通则》的对照自省阶段:发现问题、自我革新。在吃透《通则》涉及的十大教学管理领域后,结合各部门及教职工本人在制订、执行和遵守教学管理制度方面的实际情况,积极发现学校需要对标对表《通则》之处,用于自我完善、自我跟新,提出制度修订的意见和建议。

三是《通则》的梳理完善阶段:查缺补漏、建章立制。全体教职工都有权对学校教学管理制度体系中欠缺、薄弱、落后的制度提出意见和建议,相关部门要逐一完善、增补、更新。目前,拟修订《北京劳动保障职业学院教学运行管理办法》等制度13项,拟新增《北京劳动保障职业学院网上自主学习管理办法(试行)》等制度9项,确保教学管理制度高效支撑教学质量提升。

四是《通则》的对标检验阶段:实施检验、持续优化。依据《通则》制订和完善的制度,要经过实施和检验,要符合学校的实际,形成"我为学校定制度、制度促我谋发展"的持续检验和优化机制,持续完善学校教学管理制度体系。

四、抓实教学管理能力提升的"两检验"环节,持续优化教学管理规范与制度

一是抓实教学管理制度在各类常规的教学活动中实施情况的反馈,找到教学管理制度的问题和不足,发现阻碍教学质量提升的关键点,并加以改进。例如,根据线上线下教学模式、人才培养需求、"三教"改革等方面的变化,参考《通则》完善《北京劳动保障职业学院专业人才培养方案制订(修订)指导意见》。二是抓实教学管理制度在各类重点的教学改革活动中实施情况的反馈,主动对标职教改革领域对教学管理制度提出的创新方向,更好地促进教学改革项目,助推提升教学管理制度完善。例如,在国家"双高"北京"特高"建设中,参考《通则》完善《北京劳动保障职业学院人才培养方案管理办法》。

学校在教学管理制度体系建设中,还有诸多不完善之处,"3442"教学管理能力提升模式还处于实施阶段,需要不断借鉴和吸收兄弟院校的先进经验和措施,共同促进北京职业教育内涵发展与质量提升。

落实《通则》，完善教学管理制度体系，促进教学工作优质化发展

北京金隅科技学校　张玉荣

教学管理是学校管理中的重要工作，是通过一定的管理手段，使教学活动达到既定的人才培养目标，保证正常的教学秩序。北京金隅科技学校依据《通则》，查找存在的问题，梳理完善教学管理制度体系，提升教学质量。

一、学习《通则》，筑牢思想理论基础

《通则》在学校教学管理工作中发挥着引领、指导和规范的作用，学校高度重视《通则》的落实工作，党委会研究决定在全校范围内开展《通则》培训，主要通过"专家导学—团队研学—个人精学—考核评价"四个环节稳步推进学习《通则》。专家导学采取专家报告形式解读《通则》背景、内涵、框架；团队研学采取以教研室、专业系（部）或处室为单位，利用周五下午教研活动时间组织专题研讨交流，查找工作差距；个人精学采取自学形式查找个人不足；考核评价是以试卷问答的形式检验学习效果落实制度，最终达到人人知道《通则》、事事执行制度的目的，增强教学工作规范性。

二、对标《通则》，梳理完善教学管理制度

学校通过依据教育部与市教委的政策文件、教师座谈会、落实为师生办实事、教学运行中发现问题等四种形式，梳理管理中缺少的、需要更新调整的、不能适应现阶段管理的制度，认真反思，提升思想观念和教学管理思想与时俱进。经过梳理，需更新调整7个制度（常规教学考核细则，教学异动管理规定与课堂教学异动管理办法合并更新，专任教师、实习指导教师和实验员岗位管理办法，教学工作量计算与计酬办法，校外技能大赛管理办法，新教师管理办法与新教师培训管理办法合并更新，学生顶岗实习工作管理办法），废弃了5个制度（联合办学管理规定、联合办学点教务管理规定、田径运动场管理规定、篮球场地管理规定、文印工作管理办法），需新建7个制度（专业群建设管理办法、课程标准制订与实施管理办法、教学运行组织管理规定、教学平台运行与维护管理办法、教学档案管理制度、在线精品课与专业教学资源库建设管理办法、课堂教学评价管理办法），最终完善形成专业建设篇、人才培养篇、师资队伍建设篇、教学运行管理篇、教学质量监控篇五个方面66个制度，使教学工作做到"有章可循、奖惩分明、措施到位、管理有序"，为提高教学质

量提供制度保证。

三、贯彻《通则》，坚持传承发展创新思想构建教学管理制度体系

学校坚持德育为首，秉承"人人是材，人人成才"的育人理念，以"共荣、共行、共享"核心价值观为引领，认真贯彻党的教育方针，树立以教学工作为中心、以教学管理为核心、以提高质量为生命、以育人为本的教学管理思想，坚持传承发展创新构建教学管理制度体系。

（一）教学管理机构与组织架构

学校的教学管理与教学改革工作，由校长全面负责，主管教学的副校长协助校长主持教学工作。教务处是在校长和主管教学副校长领导下的教学业务主管部门，统管全校的教学工作。

（二）教学管理实施校系两级管理模式

教务处统一管理学校教学进程，统一协调各种教学资源，设有教务处长、副处长、教务组长等8个常规教学管理岗位且人员齐备。教学系（部）负责本部门的教学、科研和行政管理。

（三）工作落实采取教务会与系（部）科务会统筹推进方式

学校教务会成员由主管教学工作的副校长、督导室主任、教研中心主任、教务处长与副处长、教学系（部）主任与主管教学工作的副主任14位教师组成，系（部）科务会成员由系（部）班子成员、教研室主任、骨干教师与带头人等组成，按照章程研究、审议教学管理中的重要改革事项及遇到的问题，统筹推进教学工作开展。

（四）教学管理制度体系的设计与建设

以《国家职业教育改革实施方案》（职教20条）、《职业教育提质培优行动计划（2020—2023年）》、《关于推动现代职业教育高质量发展的意见》、"新京十条"、新《职业教育法》等文件为指导，坚持以学生为中心、以教师为主体，突出职业教育类型特征，德技并修，"五育"并举，校企深度融合，以学校"十四五"规划为依据，以完善制度提高教学质量和效率为目标，坚持以教学工作为中心、系统化设计、分级管理、多元参与制订的原则，建设一个设计科学、规范有序、分级实施、运行高效的教学管理制度体系。

四、落实教学管理制度体系，促进教学工作优质化发展

坚持以人为本的教学管理思想，逐渐完善教学管理制度，以问题导向成果引领，促进教学工作优质化发展。

（一）规范管理提高执行力，保证教学秩序

以《通则》为依据，强化教师工作中的自觉规范意识。严格教师日常教学行为规范，注重教学常规制度化、标准化、规范化，更为有效地做好教学工作，将自上而下的监督转为上下互动的合作，使大家在管理过程中得以共同发展，保证了正常的教学秩序。

（二）课题研究创建学术风，引领教学工作开展

立足学校教学工作现状，加强课题研究管理。校内课题立项有一般课题、重点课题和青年课题三种类型，以研究的思维和态度引领思想理念转化为具体的教学问题，将教科研与教师的教学工作紧密结合，充分发挥课题对教研、教学工作的引领作用，真正让先进的教科研理念和成果应用于教学并在教学中得到进一步的验证和发展，从而形成课题、教研、教学的联动体系，促进教师专业化发展。

（三）团队建设铺设发展路，促进教学工作开展

学校将教师的专业成长作为教学工作发展的着力点，根据新教师、年轻教师、骨干教师、带头人不同层次教师的需求，通过学历提升、校内外专题培训、专业调研、企业实践、课题研究、参加大赛等多种途径培养教师，使教师的理论素养与实践能力不断提高，学校的专业教师双师型比例达到86%。学校以参加教师教学能力比赛、课程建设、课题研究为载体，培育教学骨干，帮助他们提炼并形成自己的教学特色，充分发挥这些骨干教师、带头人的辐射带动作用，创新教师团队建设，形成上下带动、同伴互助、专业引领的教师培训机制，为学校发展奠定人力基础。

（四）强化课堂教学评价，促进教学质量提升

加强课堂监管与评价，完善学校课堂评价体系。通过教师自评、互评与学生评价的形式，反思课堂教学，使教师严格要求自己，加强与学生的互动，促进教学改革，提高教学质量。学校从教师的教学设计、教学组织形式、教学目标、课堂教学内容、学生学习成果等方面切入，多方面、多维度开展教学质量监管与评价，让优秀的教师脱颖而出，并给予其更好的发展平台和荣誉，从根本上保障学校教学的良性循环，全面提高教育教学质量。

（五）打造特色课堂展示职教风采，激发教学工作活力

以"三教"改革为引领，以课程建设为核心，以课堂教学为阵地，打造教有特色的课堂，是教学管理实现学校教育优质化的有效策略。以"语文""BIM初级建模技术应用"等优质课程建设为引领，以课题研究为载体，打造更多的优秀课程与示范课堂，如"打造语文润课堂"是学校教学改革中的一个亮点，"BIM初级建模技术应用"课程获市级课程思政示范课、校级"数学"精研课、多门在线精品课建设、信息技术数字化课题研究稳步推进。

学校历经67年的文化积淀，发展的教学管理体系以德育为首的理念为引领、以和谐的校园环境做保障、以扎实的规划落实做动力，促进了教学工作优质化发展。

建机制、提品质，促进学校高质量发展

北京市劲松职业高中　范春玥

北京市劲松职业高中对照《通则》，构建适应职业教育发展的教学管理制度体系，逐步实现学校内涵发展与质量提升。

一、学通则，列清单，抓好落地实施

学校非常重视《通则》学习落实工作，成立了由校长担任组长、教学副校长担任副组长的工作推进小组，制订总体工作方案，按照分层次、分部门、分阶段推进要求，通过学习培训、梳理现状、查找问题、建立机制、落地实施、总结评价等几个环节落实相关工作。

（一）分层次推进

学校召开校级干部、中层干部、专业主任/教研组长、教务管理人员等不同层面相关人员会议，制订方案，明确责任，层层推进。

（二）分部门推进

按照学校分工要求，各部门组织学习培训、梳理现状、查找问题。通过学习培训，对照《通则》要求，梳理相关制度，列出问题清单，针对查找的问题制订实施计划，确保问题得到解决。

（三）分阶段推进

学校制订了时间推进表，要求各部门 4 月份组织学习培训、查找问题，5 月份修改完善相关制度，列出问题清单，6 月份汇报学习成果。

截止到 6 月底，学校各部门共梳理与《通则》相关制度 100 个，修订完善了《专业人才培养方案修订管理办法》《教材建设与管理制度》《校企合作管理制度》等 14 个制度，新增《校外实践性教学管理制度》《合作企业筛选及退出管理办法》等 30 个制度，进一步凸显了职教类型特色，更加强调产教融合、校企合作制度机制建设。

二、建机制，提品质，促高质量发展

（一）构建教学管理制度体系

学校构建规范化、制度化、信息化的教学管理体系，完善科学高效的教学管理机制，建立了教学文件制度资料管理系统、教学运行管理系统、教学质量保证与监控管理系统、教师与管理队伍建设管理系统、教学成果管理系统等。健全的制度体系、规范的教学管理稳定了教学秩序，保证了教学质量。

（二）以制度建设促进学校高质量发展

1. 深化产教融合，校企合作，着力强化制度机制建设

为保障学校6个市级"特高"项目建设质量，根据项目建设要求，学校制订了《大董餐饮工程师学院章程》《大董餐饮工程师学院运行与管理制度》《北京市劲松职业高中校企人员互兼互聘管理办法》等制度，校企共同推进，协同育人，成效显著。第二批4个"特高"项目共梳理任务点394个，阶段汇报实际完成369个，完成率94%，共形成4个自评报告和26个典型案例，极大提升了专业内涵建设质量。

2. 坚持需求调研，动态调整，持续优化人才培养顶层设计

学校认真学习贯彻《通则》要求，重视专业调研论证，完善专业建设及人才培养动态调整机制。如依据《通则》制订了《专业人才培养方案修订管理办法》，各专业（群）在调研基础上，修订专业（群）人才培养方案，实施"岗课赛证"综合培养，11个专业将12个1+X证书写进人才培养方案，融入人才培养全过程。构建专业群模块化课程体系，按《通则》所给定的模板，修订课程标准，创新教学模式，研制评价标准，全面优化了人才培养体系。

3. 坚决贯彻落实，自主创新，深入推进"三教"改革

加强教材管理制度建设，严格规范流程，强化公示环节。按照《通则》及市区检查要求，重新修订和完善教材管理相关制度文件，成立教材管理委员会作为教材研究、决策和建设的机构，明确委员会的工作职能，加强学校内部督导检查。按照专业课须选用国家规划教材要求，大力推进学校规划教材建设，继2019年美容美发专业6本教材被评为"十三五"国家规划教材之后，2021年，中餐烹饪、西餐烹饪、数字影像技术专业共10本教材被北京市教委推荐参评"十四五"国家规划教材。

加强评价标准建设，深入推进以学习者为中心的教学改革和评价改革。以科研课题为引领，构建"四三四"混合式教学模式，研制出《专业实训课混合式教学评价标准》和《学生学业评价方案》，推进考试评价改革。创新实施"教学述评"，制订《教师教学述评制度》及《教师教学述评实施办法》，按照"周述评—月述评—期中述评—期末述评"四阶段层层推进，深切关注学生发展，全面提升课堂教学质量。依托学校智慧校园，建立基于大数据的教学管理机制，确保改革持续推进。

加强教师企业实践管理。积极推进专业教师下企业实践，学校组织重新修订了《北京市劲松职业高中教师企业实践实施方案》，编制了《教师企业实践工作手册》，进一步明确了过程管理要求及监督考核验收办法，学校从绩效工资中拨专项资金用于保障教师企业实践工作的实施，确保专业教师定期、定企、定岗进行实践。2021年，全校专业教师以人均20天达标完成年度企业实践任务，并将企业新标准、新技术、新方法引入课堂，全面提升了育人质量。

加强内部治理体系建设。学校构建了"五横五纵一平台"全面质量监控体系，配套实施全面绩效管理考核，尤其建立健全了内部督导制度，形成了督导、评估、诊断、反馈闭环管理，形成了绩效文化正向激励、制度机制保驾护航、重点工作创新实施的良好态势。

学校依据《通则》要求构建起适应职业教育新发展的教学管理制度体系，使学校内部治理能力显著增强，激发了办学活力。2022年，有3项成果获得北京市职业教育教学成果二等奖。今后，学校将继续完善制度体系建设，持续促进学校高质量发展。

对标《通则》促提升，精准施策谋发展

北京商贸学校　张茹

一、对标《通则》，整体推进

近年来，特别是以 2018 年为谷底，出现了因生源减少造成的北京市中等职业学校出现的招生难、教学难、学生管理难的"三难"局面。面对"三难"局面，教学管理工作从规范性到执行力度都出现了疲软的状况。2021 年北京市教委发布《通则》，恰逢其时。

《通则》落地，学校党委、领导班子高度重视《通则》学习、贯彻和落实工作，并提出明确要求：党政领导带头学，中层干部全面学，全体教师共同学，将《通则》与实际工作紧密结合。

（一）"三对照"促学习

（1）对照实际工作学：实际工作与《通则》匹配的有 271 条，不完全匹配 19 条。

（2）对照岗位职责学：学校岗位职责与《通则》匹配的有 258 条，不完全匹配 32 条。

（3）对照学校现行教学管理制度学：通过对照，学校现行教学管理制度与《通则》匹配的有 252 条，不完全匹配 38 条。

不匹配的主要原因：

第一，《通则》标准更高。学校现行制度在管理范围和执行强度上未完全匹配《通则》要求。

第二，《通则》时效更强。学校尚未完善新领域的制度建设，如专业群建设的精细化管理。

第三，《通则》覆盖更广。学校个别领域尚未开展有效工作，如弹性学制。

通过对标，学校工作得到全面梳理，为促进《通则》落地和提升教学管理效率找到路径。

（二）"三箭头"抓落实

（1）以部门调整为"箭头"，整合资源，更新职责，优化结构，落实《通则》要求。

第一，商学系调整为食品商务专业部，以适应服务首农食品集团发展对人才培养的需要，重点建设食品安全与流通专业群和杨银喜传统酱菜技艺工作室。

第二，金财系调整为财经事务专业部，以适应服务首农食品集团及大兴区小微企业对人才培养的需要，重点建设财经事务专业群和中联数字商贸学院。

第三，信息旅游系调整为传媒服务专业部，用以适应首都功能定位和服务区域发展对人才培养的需要，重点建设数字媒体技术应用专业、幼儿保育专业、航空服务专业。

（2）以跨专业为"箭头"组建课程思政、创新创业教育和劳动教育三个教研室。

（3）以对标为"箭头"修订完善现有教学管理制度。

"箭头"指路，措施到位，为教学管理工作提质赋能。

二、科学构建制度体系，全面提升内驱动力

（一）科学构建制度体系

1. 顶层设计引领

学校深入学习北京市《关于推动职业教育高质量发展的实施方案》，坚决贯彻"以习近平新时代中国特色社会主义思想为指导，深入贯彻习近平总书记对职业教育工作的重要指示精神，加强党对职业教育的全面领导，坚持社会主义办学方向，落实立德树人根本任务，推动思想政治教育与技术技能培养融合统一"的职业教育高质量发展理念，以"为国家发展与民族复兴提供有力人才与技能支撑"为目标，形成"党建引领、以人为本、规范高效"的教学管理理念，对接国家—学校—专业—课程四级教学和管理标准，构建"四根基八支撑一核心"的教学管理体系。

2. 制度建设支撑

学校结合教学改革建设需要，健全"四级一督七层面"的教学管理组织体系，形成纵横衔接的教学管理制度体系。严格做到责任主体明确、管理职责清晰、规则流程完备、跟踪运转流畅、问题修正及时。

（二）全面提升内驱动力

学校教学管理紧密依据"通则十度一体化"的科学发展路径，适时对现行制度精简优化，实现内驱动力提升。

1. 立德树人，师德为先

学校精准落实《职业教育法》关于"职业学校应当加强校风学风、师德师风建设，营造良好学习环境，保证教育教学质量"的要求，将立德树人作为根本任务全面融入教学管理工作，着力培养"四有"好老师。由党委负责顶层统筹，通过教学将思政目标融入教材、课堂和头脑，完善教师"课程思政"责任制。

坚持评奖评优中师德师风一票否决制。成立师德考核领导小组，完善制度，建立师德台账，科学奖惩，树立正气。

2. 以赛促建，技能培优

学校搭建竞赛管理平台，完善竞赛管理体系，实现"以赛促教，以赛促建"管理模式实践创新。

学校通过组织学生参与各级技能大赛，激发学习兴趣，提升学习效果，实现"竞赛进

校园，赛项进课堂"。

3. 三层保障，四维诊改

第一层，教务、督导全面管理；第二层，系部精准管理；第三层，教研室精细管理；形成校—系—室三层教学质量保障机制，有序开展质量监控与评价。

利用教学质量综合测评，激活多元评价内核，培养教学品控意识，提升品控效能，形成"7+4"多维评价体系，提质增效。

学校将继续坚持党建引领，按照"以《通则》落实引导建设新规范，以内涵建设树立中职新品牌"的工作思路，以特高专业群建设，大师工作室、工程师学院创建为契机，以"立德树人系统化、教学工作中心化、管理体系标准化、质量监控全程化"为举措，逐步实现教学管理工作的制度化、规范化、科学化，最终实现全面提质培优。

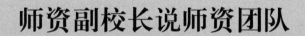

师资副校长说师资团队

培根铸魂育双师，创新改革激活力

北京电子科技职业学院　王玮

一、让师德师风建设第一标准在新时代发挥引领作用

1. 机制先行，组织保障

切实加强党的领导，成立党委教师工作委员会，明晰二级单位主体责任，强化对教师思想政治工作和师德师风建设的组织领导、协同推动和责任落实。成立党委教师工作部，选优配强专职工作人员。健全制度和机制，制订《教师职业行为十项准则》《教师师德考核办法》等制度文件，引导广大教师坚持"四个相统一"，争做"四有"好老师，当好"四个引路人"。

2. 师德教育，常训常新

通过集中学习研讨、专题培训等方式开展师德师风教育活动，推动师德教育融入日常、抓在经常。坚持高位引领与底线要求相结合，将师德教育纳入月度理论学习、教职工岗前培训中。抓好课程思政与思政课建设，将师德专题教育与学生思想政治教育深度融合，引导广大教师守好讲台主阵地。

3. 示范引领，考核警示

建立教师荣誉和表彰制度，定期开展师德师风主题宣传活动，讲好身边故事，发挥优秀典型的引领示范和辐射带动作用。增强党对青年人才的政治引领和团结凝聚，成立"匠心"青年人才领航工作站，着力培养又红又专、德才兼备的青年人才队伍。落实"师德师风第一标准"，将师德表现作为首要评价标准，建立师德考核负面清单和违规通报制度，加强警示教育。

二、内挖潜能，外引人才，多措并举打造高素质教师队伍

1. 教发培训，搭台赋能

成立教师发展中心，完善教师继续教育与培训制度，制订系统培训计划，搭建多方参与的培训平台，丰富培训资源。有针对性地制订"会—能—善"教师培训目标，"量身定制"教师发展路径，达到教育教学、实践动手和社会服务等多重能力提升的实效。学校每年投入培训经费180万元，组织专题培训不少于15项，培训人员达1 600人次。鼓励支持教师学历提升，出台制度给予充分保障，选派教师参加国内外大学深造。

2. 校企联动，共建双师

一是采用"一二三四五"模式加强教师企业实践工作，即"一个目标、二级管理、三方协助、四方实施、五个平台"。"一个目标"为探索双师型教师队伍建设模式；"二级管理"为校院两层管理；"三方协助"为学校、二级学院、实践企业共同制订实践方案；"四方实施"为学校、二级学院、实践企业、实践教师共同推动落实；"五个平台"指校外企业平台、校内中试基地平台、培训基地平台、大师工作室平台、工程师学院平台联动发挥作用。二是协助企业建立教师企业实践流动站，发挥北京市校企合作双师型教师培养培训基地、北京职业院校教师企业实践基地、国培基地作用，实现校企合作研究、共建流动站、共享教育资源，共同育人目的。三是树立企业实践先进典型，凝练实践工作特色案例，为提升教师专业技能拓展实践路线。

3. 软硬结合，引聘人才

制订实施《高层次人才引进管理办法》《客座教授管理办法》等，拓宽学校引才航道。引聘行业企业领军人才、大国工匠和教学名师来校参与教学科研工作，建设大师工作室，借助专家学者所在领域的影响力和工作平台，指导教师开展工作，有效提升教师队伍的教学科研水平。近年来，引聘行业企业领军人才、大国工匠等10人，聘请教学名师、长城学者等3人，建设大师工作室4个，建立千人规模企业兼职教师库，拓展教师选用渠道，实现人才资源共享。

三、健全教师队伍管理制度，激发教师队伍创新活力

1. 评价改革，突出实绩

修订《专业技术职务评聘管理办法》《教职工考核管理办法》，实行分层分类评审、全面评价和"代表性成果评价"，建立重能力、重实绩、重贡献的评价体系，切实克服"五唯"的顽瘴痼疾。打通优秀教师职务晋升绿色通道，建立破格晋升制度，激发教师干事创业积极性。将教师发展与职务晋升有效关联，构建系统发展体系，推动师德师风、教学能力、科研能力、管理能力、社会服务能力同步提升。

2. 岗位管理，完善聘用

强化岗位管理，完善以岗位为核心、聘用合同管理为基础的聘用制度，不断推进教师职务评聘和岗位分级制度改革，最大限度实现学校人力资源的优化配置。实施岗位聘期制管理，做好聘后管理，严格聘期考核，建立能上能下、能进能出的聘用机制。

3. 改革分配机制，强化激励

制订实施《工作人员奖励实施办法》《技能竞赛管理办法》等制度，加大对业绩、能力突出的单位和个人的激励力度。制订实施《科技成果转化管理办法》，加大对教师技术创新与服务的激励力度。加强对考核结果的运用，绩效分配向考核优秀单位和个人倾斜，充分发挥考核与收入分配政策的激励导向作用。加大与开发区的协同培育人才力度，用好基金会等各方资源，给予优秀教师奖励，有力促进了学校事业高质量发展。

建设师德师风高尚、有梯度、高质量的双师型教师队伍

北京财贸职业学院　辛红光

一、基本情况

学校现有专任教师355人，其中具有博士学位教师49人，占13.80%；具有硕士学位教师216人，占60.85%；具有教授、副教授等高级职称教师141人，占39.72%；双师型教师187人，占比89.47%。

二、建设思路

深入贯彻《国家职业教育改革实施方案》《职业教育法》对于职业教育教师及队伍的要求，按照《通则》规范和引领学校教师队伍建设工作，为学校2035年建设完成"中国服务，精品商学院"的目标培育师德师风高尚、梯度结构合理、双能质量优化的双师型教师队伍。

三、具体做法

对于双师型师资队伍的打造，我们主要从师德师风和专业能力的提升两个方面入手。

（一）弘扬高尚师德师风

坚持社会主义办学方向，扎根中国大地办教育，是党和人民的重托。

1. 旗帜鲜明讲政治

在队伍建设中，始终把师德师风建设放在首位，持续开展党的创新理论、现代职教理论、国家法律法规等理论学习，创新建立与新入职教职工师德教育"一对一"谈话制度，指导二级学院党组织加强对教师的思想引导，开展主题鲜明的师德主题党日活动，确保队伍建设的政治方向。

2. 立足专业讲师德

立足专业讲师德是学校一贯的主张。学校党委结合学校财经商贸类院校的定位，精心选题，举办契合学校专业特点的"中国红色财经人物展"。该展览以三个革命历史时期为单元，按照人物所处历史时期为展览流线，展示了从土改时期到解放战争时期的财经战线16位代表人物的事迹和历史贡献。学校艺术专业教师充分发挥专业优势，巧妙设计，以表现重

大历史题材的博物馆展览设计风格为基调，打破了常用的大平面的设计方法，采用立体展板的形式，很多图片使用软件制作立体效果的技术，加上射灯的重点照明，提升了展览的总体展示效果和观众的体验感。师德教育助力专业发展，去"两张皮"成"一股劲儿"。

3. 动态考核严把关

2021年学校党委修订《北京财贸职业学院教师师德考核办法》，进一步明细考核操作办法，将师德考核纳入个人年终考核体系，与年度考核同部署、同考核。在人才引进、评优选先、科研项目申报、全员岗位聘任中，实行师德"一票否决制"。

4. 身边人讲身边事

身边的人我们更熟悉，身边的人讲身边的事儿，听起来更亲切。

2021年学校评选出师德标兵（财贸好老师）、教学名师、优秀教师、优秀教育工作者和优秀辅导员，并在教师节庆祝暨表彰大会进行表彰。在融媒体平台持续推出"最美财贸人"人物故事，用身边人的身边事来弘扬尊师重教的良好风尚。

（二）细分梯度分类指导

一流的师资创造一流的业绩，提升师资队伍专业化水平一直是学校工作的另一个着力点。对于师资队伍的培育，学校一向秉承细分梯度、分类指导。

1. 折子工程育团队

对于"初出茅庐型"教师，采取必选的方式，师德师风、教学基本能力、课程思政、企业实地实践等培训内容全覆盖。对于骨干教师，采取必选和自选相结合的方式，提供职教理论和教科研能力、校内外进修等高阶培养；对于团队领军人物如教学名师、职教名师、专业带头人、专业创新团队等，采取定制工程，聚焦标志性成果、团队建设和示范引领作用的强化培育。

2. 专项工程育名师

（1）专业带头人培育：实行两级梯度培育与管理。被培育者要设定个人成长目标及任务书，学校积极为其搭建平台，提供优质资源，创造调研考察、学历提升机会，共培育市级和校级专业带头人15名。

（2）名师培育：学校制订了"名师计划"，量身定制培训计划。培训分公共模块和专业特色模块，以导师制、项目制培育方式为主，过程考核和结果考核相结合，共培育校级名师31人。

入选市级名师的教师要根据市考核指标体系制订计划，教发中心和名师所在学院定期组织沟通交流和指导，充分发挥名师的示范和引领作用。

四、建设成效

成效体现在人才培养质量的提升上，也体现在师资队伍本身质量的提升上。

（一）双师聚力育英才

扬师德、铸师魂，争做既为"经师"、更为"人师"的"大先生"蔚然成风。全院教师积极承担学生班主任、学生暑期社会实践和扶贫支教等指导工作，很多专任教师连续多年指导学生参加学生创新创业大赛、专业技能大赛，获得国际、国家级和省部级多项大奖。

（二）赋能双师结硕果

个人方面：享受国务院政府特殊津贴教师1人，拥有北京市优秀教师、北京高校学术创新人才、长城学者、青年拔尖人才、市教学名师等共27人。

团队方面：现有国家级职业教育教师教学创新团队1个，市级学术创新、管理创新和优秀教学团队等14个。获职业技能竞赛国家级奖项4个，市级奖项23个。

2021年申报成功市社会科学基金决策咨询项目、市社会科学基金规划项目、市教育科学规划等课题共5项。

五、建设特色

学校深刻理解制度的根本性、稳定性、长期性，工作中坚持制度先行。

（一）坚持制度先行

《教师党支部书记"双带头人"培育提升计划实施方案（修订）》《北京财贸职业学院教师师德考核办法》《北京财贸职业学院"教师教学能力提升计划"》《北京财贸职业学院教师企业实践管理办法》等22项制度的实施，使教师培养工作"有法可依"，有效解决了文科类院校师资队伍培养培育问题。

（二）坚持质量取胜

坚持高标准、坚持质量取胜是学校一贯的办学理念。学校的工作在行业、国家、国际上有一席之地。

1. 行业引领

商业研究所为行业、企业提供智力服务，连续多年主持商业规划课题发布年度研究报告。

2. 国家水平

在2020年首批全国高等职业学校双师型教师和双师型教师队伍建设典型案例评选中，旅游与艺术学院贾宁老师入选教师个人成长典型案例，建筑工程管理学院入选双师型教师队伍建设典型案例，成为全国双师队伍建设的"排头兵"。

3. 国际先进

6月17日世界职业院校与应用技术大学联盟2022世界职业教育大会在西班牙圣塞巴斯蒂安召开，学校"企业课堂项目——建筑专业教育可持续发展的协作之路"获大会卓越奖建筑类别唯一金奖。"会计"和"金融管理"两个专业双双获得UK NARIC 国际专业标准评估认证，成为全国首家获此认证的学校，给世界高等职业教育发展提供了中国方案。

为学校2035年建设完成"中国服务，精品商学院"的目标，培育师德师风高尚、梯度结构合理、双能质量优化的双师型教师队伍，我们一直在努力！

创新体系、深耕内涵，打造卓越教师队伍方阵

北京市商业学校　陈蔚

教师是教育发展的第一资源，是国家富强、民族振兴、人民幸福的重要基石。党和国家历来高度重视教师工作，国家密集出台《关于全面深化新时代教师队伍建设改革的意见》等重要文件，对"加强师德师风建设""提升师资队伍水平"和"加强队伍能力建设"提出明确任务；党的二十大报告中，也对"加强师德师风建设，培养高素质教师队伍""推进教育数字化"等提出了明确要求。北京市商业学校始终把师资队伍建设作为一项战略工作，系统推进实施。

一、坚持师德建设"三结合"，锻造师德高尚教师队伍

1. 坚持师德建设与推进全面从严治党相结合，把牢政治方向，打造坚强核心

将党支部建在系部，坚持"一岗双责"，实施支部书记"双带头人"计划，统管党建、青团及师德督学工作，党员成为"四有"好老师的表率。

2. 坚持师德建设与深化学校文化建设相结合，突出价值引领，践行文化自觉

用先进文化引领人、凝聚人、感召人、鼓舞人，形成了师生广泛认同和自觉践行的"追求卓越、和谐共生"的学校精神，学校成为师生事业、利益和理想、价值、文化的共同体。

3. 坚持师德建设与完善学校治理体系相结合，健全管理制度，形成长效机制

学校从战略和全局的高度把师德建设融入学校治理体系建设中，成立"师德师风建设工作委员会"，师德建设纳入学校中长期发展规划和党政年度重点任务，在建章立制上下力气，在常态化和长效性上下功夫，实行"一票否决制"，建立健全师德教育管理等制度，形成了党委统一领导、党政齐抓共管、系部具体落实、教师自我约束的长效工作机制。

二、构建职业教育"树形"师资队伍生态化培育模式，建设高质量教师队伍

1. 构建"三师六力"教师能力框架体系，精准化定位师资队伍培育之"根"

学校主动契合新时代职业教育教师岗位要求，明确教师角色的三重身份定位，即人生导师、专业教师和实战匠师；明确教师必须具备的六种核心能力，即师德践行能力、专业教学能力、综合育人能力、职业实践能力、培训指导能力、研究开发能力，为有针对性地开展师资队伍的建设厘清了基础根系。

契合推进教育数字化发展的要求，在"三师六力"教师能力框架体系中，融入对教师数字素养的要求，提升教师利用数字技术优化、创新和变革教育活动的意识、能力和责任。

2. 完善"三段五向"教师成长培育路径，结构化设计师资队伍培育之"脉"

基于职业教育教师成长发展规律、新时代职业教育类型特点和适应性要求，纵向设计师资队伍培育三阶段，即从生手—熟手—强手，明确各阶段教师能力培养的侧重点，建立教师分段培育框架。

横向设计师资队伍培育五方向，即"教育+教学"型、"教学+研究"型、"教学+管理"型、"教学+培训"型、"教学+服务"型，以五个向上生长的"分枝"为具有不同能力优势的教师提供不同向上发展的机会和通道，分类施策，定向发力，在各项工作中成为独当一面的业务骨干。

确立教师发展六标杆，即育人型能手、教学型能手、教研型能手、治校型能手、培训型能手、研发型能手，引导激励教师在提高人才培养质量、参与继续教育与职业培训、服务区域和行业等方面担当主力，作出贡献，并成为终身学习、持续发展的示范者。

3. 统筹"政行企校"教师发展培育资源，开放式构建师资队伍生态化培育之"境"

统筹政府、行业、企业、学校四方的教师培育资源，营造"四位一体、四方联动"的教师发展培育生态圈，使学校不断强化的师资力量与外部环境形成共生互利、有效契合的良性互动。整合内外部资源，为教师搭建集常态化不间断的学习培训、竞赛练兵、督导诊改、特色项目工程于一体的师资队伍培育平台，实现教师个体成长与队伍培育的同向同行。

三、成果成效及示范引领作用发挥

1. 成果成效

打造一支思想政治素质突出、品德高尚、育人能力过硬、服务实力强大的教师团队。51名教师分别获评北京市师德模范、职教名师、学科带头人、骨干教师等，形成一个由全国模范教师、黄炎培奖、北京市劳动模范、北京市优秀教师等为代表的老、中、青三代结合的优秀教师领军方阵。

双师型教师占比90%。2020年《统筹规划，产教融合，构建卓越双师队伍》入选教育部首批双师型教师队伍建设典型案例。会计专业、学前专业等4个团队入选省级创新团队，电商专业入选国家级创新团队。

近三年，教师取得省级以上各类教科研成果355项；教师参加各类竞赛屡获殊荣，荣获国家级教学成果奖一等奖2项；牵头主持研制全国中等职业院校教学标准、实训基地建设标准11项；"税费核算与缴纳"等2门课程荣获教育部课程思政示范课程；"幼儿园游戏"等2门课程入选职业教育国家在线精品课程，8门课程入选北京市在线精品课程。

2. 辐射引领作用

"史晓鹤工作室"荣获教育部首批课程思政教学研究示范中心，多次指导各地职业学校开展课程思政工作；学校是北京市"十三五""十四五"职业院校教师"国培"基地，承担师德、会计等5个国培项目和4个市培项目。近年来为北京市50余所职业院校培训教师3 000余人，为打造首都职业教育教师发展共同体贡献力量。

经过多年实践探索，学校形成尊重教师、成就教师、向上向善、和谐共生的师资队伍文化生态，实现教师个人成长、团队建设与学校事业发展同向同行、同频共振的良好态势，学校的办学实力、发展活力和育人魅力进一步彰显，成为深受学生、企业、社会、家长等社会各界广泛认可的首都职业教育优秀品牌。

践行《通则》标准，促进师资团队建设，为培育未来工匠筑牢师资基础

北京市昌平职业学校　贾光宏

一、深入学习，领悟《通则》要领，统一认识

学校主管教学副校长牵头，组织了两轮《通则》学习：第一轮为领学，由教学管理部门主任、副主任进行"拆书法"逐章解读，深入学习《通则》11章所有内容要点以及各部分内容之间逻辑关系、相互联系，听众为学校全体教学管理人员；第二轮为对标学习，教学管理部门与各专业部门捆绑学习，以《通则》为标准，对照自查学校及专业系部师资团队建设中的优势与不足，听众为全体任兼课教师。

通过两轮学习，全体人员全面了解了职业院校师资团队建设要求，充分认识到师德师风建设、师资配置管理、教师培养培训等工作的重要性。

二、对照《通则》标准，对标学校师资团队建设

以《通则》为标准，管理部门逐项比对学校师资团队建设情况，具体如下：

（一）党委副书记牵头，高度重视师德师风建设

近三年形成《师德师风建设方案及失范行为处理办法》《师德师风建设长效机制实施办法》《教师行为"十提倡十不准"》等制度，对师德考核、各级师德标兵评选、违反师德规范处理等做了标准界定，并以年度为单位进行考核和评选。每月组织一次师德主题学习活动，或请专家讲座引导教师提升师德修养，或分享师德失范案例以警示教师守住底线。

（二）形成思政同心圆，着力提升教师思政育人水平

党委书记总负责，指派德育副校长牵头建立学生思政研究中心，教学副校长牵头建立课程思政教学研究中心，统筹推进"思政课程""课程思政""思政活动"，全校一盘棋开展思政工作；建立了周教研机制，每周进行半天教研，组织教师集体备课、主题培训、研究课展示、资源开发、思政教育专题等活动，共画立德树人的同心圆，促进教师思政育人能力逐步提升。

（三）遵循"113290"队伍建设标准，为各专业培养配置师资

2013年，学校提出专业师资"113290"建设标准，即每个专业至少要有1名行业大师、1名专业带头人、3名骨干教师、2名企业技师、90%教师为双师型。经过多年实践和培养，除了近几年新设置的专业，其他中老专业的师资结构均已达成该标准。全校24个招生专业，专任教师260人，双师型教师占比94%，引进行业大师25人、企业技师56人，公共基础课教师110人，师资结构配置合理。40岁以下教师173人，占比66.5%，教师队伍整体年轻化，有一定的创新精神和发展活力。

（四）构建出"五维五阶"师资培养模式，为不同层次教师指明成长路径

依据教师队伍实际，将教师分为五个层次，包括新教师、合格教师、骨干教师、专业带头人、职教名师；五个维度，指认知职业教育、捕捉行业动态意识、将行业标准转化为教学行动、主持项目、主持课题。从新教师引进之日起，先后进行岗前培训、"三有"课堂、班级管理、市场调研、课程开发、人培方案撰写、课题立项、项目主持等培训、实践，全方面展开培养培训。

在此基础上，成立"三教"改革百人培优班。通过个人申报、系部推荐、校级答辩选拔，确定潜力教师人选，每年30~35人，三年100人。优先搭建平台，支持经费培养。以"七个一"为导向，每名成员要"立一项课题、建一门课程、开发一套资源、开发一本教材、上一节研究课、参加一次教学能力比赛或指导一项学生技能大赛、发表一篇论文"，一年一考核，全面提升教师课程建设能力、数字化教学能力、实践能力、科研能力。

（五）着力培养师资团队，取得丰硕成果

学校高度重视队伍建设，从新教师引进开始，指明发展路径，为不同层次教师提供不同培养策略，成效显著，成果丰硕。2020—2022年，培养出国家级创新团队1个、北京市创新团队5个，市区级职教名师6名、骨干教师52名、双师型教师占比94%、"三师型"教师占比35%、"三有"课堂通过率85%，获得市级国家级教学能力比赛一等奖31个、二等奖7个、三等奖2个，2门课程获评市级课程思政示范课程、6门课程获评北京市在线精品课程、10门课程输出国际、5个专业资源库获评北京市资源库。仅2022年教师指导学生参加行业技能比赛、双创比赛、专业技能大赛等获奖56项，43篇论文获奖，7篇论文在《北京教育》发表。在2021北京市职业教育教学成果奖评审中，学校作为第一完成人申报的11项成果全部获奖，其中特等奖1项、一等奖5项、二等奖5项，另作为参与完成人获特等奖1项、一等奖3项，获奖数量、等次均位列全市中职学校前茅，教师队伍建设取得显著成效。

三、不足与思考

虽然学校师资团队建设近几年取得不少成绩，青年骨干教师逐渐成长起来，但学校内培的行业大师、职教名师、精品课程数量与学校高质量发展匹配性不足，需要今后下大力度培养，进而为培育未来工匠筑牢师资基础。

"角色四级定位、能力四阶递进"，提升双师型教师队伍能力

北京市丰台区职业教育中心学校　张瑶

一、建设背景

教师是立教之本、兴教之源。职业教育教师是实现学校高质量发展、专业特色形成、高素质人才培养的关键。《中共中央国务院关于全面深化新时代教师队伍建设改革的意见》提出，职业教育要"建设一支高素质双师型的教师队伍"。《国家职业教育改革实施方案》界定双师型教师为"同时具备理论教学和实践教学能力的教师"，并要求多措并举打造双师型教师队伍。

围绕首都职业教育现代化和高质量发展目标，依据《通则》教师队伍建设规范，学校将合理配置师资，强化师资队伍建设，打造党和人民满意的高素质专业化创新型职业教育教师队伍。

学校协同企业和市职教所，围绕专业课教师从站上讲台、站稳讲台、"占领"讲台到超越讲台四阶段的能力要求，构建了专业课教师"角色四级定位、能力四阶递进"建设模式，探索了目标明、路径清、成长快的双师型教师队伍培养新路径。

二、建设举措

（一）问题导向准确定位教师角色与能力要求

针对学校专业课教师数量不足、专业化水平偏低和发展动力不足等问题，依据学校师资队伍年龄、业务水平等情况，将教师按新入职教师、青年教师、骨干教师、专家型教师进行四级角色定位。与企业和教科研机构合作，确立了内培外引、体系化、阶段性、全域全程支持教师双师发展的队伍建设思路。

依据教师专业发展阶段理论和职业教育类型特点，将专业课教师从"站上"到"超越"讲台不同阶段的能力建设，置于教师职业生涯适应期、能力形成与成长期、发展期、创造期四个阶段中，研究教师职业生涯、企业实践能力和教师技术职称三体系之间的关系，构建了以双师教师能力发展为主线的专业课教师"四层级能力标准体系"。该体系明确了专业课教师双师型发展路径和各层级能力标准。

（二）建章立制三元合作保障教师能力成长

学校成立教师发展中心，明确校企研三方职能，制订教师双师能力培养相关制度。围绕双师教师专业发展，对相关制度开展修订、完善和补充，形成支持教师发展的教育教学常规管理、专业技术职称晋级、教师成长及荣誉评选、企业实践管理制度等60余项政策。与合作企业建立校企人员双向流动、相互兼职常态运行机制，构建"四阶递进"能力培养体系促教师能力提升。

1. 建"四阶递进"能力培养课程库

基于教师岗位职业能力模型，聚焦专业课教师工作岗位，构建专业课教师教育教学和企业工作"两核心七维度"能力模型。分析教育、教学和企业工作三个典型职业活动领域的典型工作任务，对接行业企业新标准，更新知识技能，构建专业课教师"能力四阶递进"模块课程库，依据培训目标组合课程模块形成培训包。

2. 实施四级定位培养

突出双师型教师个体成长和教学团队建设相结合，精准分析培训需求，科学制订教师"四级定位"培养方案，形成"新手上路""三新讲坛""精工研习""名师成长苑"四个培训品牌，促进"三教"改革落实。

3. 建培训质量监控机制

通过训前调研需求，训中跟进学习成果与管理，训后问卷反馈、工作复盘、听课检查、调整课程与培训方案等工作，建立了培训质量闭环监控机制，形成了各类培训标准化工作流程、运行规范和评价标准，保障各级培训质量。

通过几年探索，围绕能力培养目标，学校立足教师、班主任和企业工作三个岗位，以教师职业四阶段能力标准为依据，开发学校专业课教师成长必需的师德师风、教育教学、企业工作和身心健康四个领域的系统化、品牌化、个性化的模块化课程，以研修班、教师工坊、企业实践、项目研发等方式，采取线上线下、校内校外、培训研修和访学多种形式有序开展培养培训，形成"四阶递进能力成长"教师培养体系。

三、成果推广与应用

（一）校内应用效果

通过几年持续培养，学校双师型教师占比由85%升至93.7%，市区级骨干教师由40人增至62人，市级专业创新团队2个，区级创新班组6个，市级教学成果奖比上一届增加了10个。近三年16人次获国家中职教师教学能力大赛一、二等奖，64人次获市赛奖；国家中职班主任能力大赛二、三等奖2个，市赛奖5个；学生获市级以上职业院校技能大赛奖108项，企业满意度98%以上。学校办学特色鲜明，成为北京市有特色高水平职业院校建设单位。

（二）校外推广效果

依托"全国职业院校校长骨干教师培训基地",输出"三新"培训品牌,高水平定制化服务校外师资培训。培训 8 省市校长、干部 100 余人次,培训 11 省市职业院校 53 个专业的骨干教师、首席教师、专业带头人、骨干班主任共计 530 人。定制化服务新疆和田职业院校骨干教师培训,两批次共 200 余人;三批次对雄安新区三所职业学校骨干教师开展"三新"培训 120 余人次;组织专家 9 人连续两为雄安新区职业学校精准诊断教学,撰写《雄安新区中职学校课堂教学诊断报告》。

学校"角色四级定位、能力四阶递进"的双师型教师发展策略,以提升教师核心素养和专业能力为核心,以提高人才培养质量为目标,充分发挥学校、企业与研究机构在师资培养上的优势和作用,在促进京冀师资协同发展方面产生了深刻影响,在全国职业教育领域产生辐射带动作用。

四、下一步工作计划

结合当前教师能力的难点和痛点问题,配合市职教所拟开展的研究项目试点,组织学校教师将开展以下培训:跟进课程思政教学实施相关教师教学与研究能力培训;跟进学生职业行动能力评价与相关教师评价;开展学校教师人文素养提升的相关培训。

师德为先、多维赋能，建设面向未来的高水平教师队伍

北京市信息管理学校　杨宁

北京市信息管理学校通过建设高水平教师队伍，落实立德树人根本任务，提升人才培养质量。学校现有专任教师339人，高级职称教师（含正高级教师2人）占比49.26%，双师型教师在专任专业教师中占比91.03%。企业兼职教师在专任教师中占比24.02%。近5年培养了北京市学科带头人和骨干教师7人，北京市职教名师和专业带头人、职业院校优秀青年骨干教师10人。现任海淀区学科带头人、骨干教师75人，班主任带头人4人，管理类带头人4人（教学管理、教育管理、科研管理、教师教育带头人各1人）。

一、党建引领，建设师德师风高尚的"信管匠心好教师"队伍

（一）搭建师德涵养平台，弘扬"信管匠心"为重要内涵的师德文化

党政齐抓共管，形成树德正风常态化、长效化机制。在党委领导下，切实把师德师风建设作为评价教师队伍素质的第一标准，将师德考核融入教师聘任、年度考核、职称评聘、岗位聘任、推优评先等教师个人职业发展全过程，增强教师立德树人、教书育人的责任感和荣誉感。

持续开展"不忘初心修师德，砥砺前行铸师魂""不忘教育初心，牢记育人使命""传承烈士精神、永担时代使命""百年辉煌、师心向党"等主题实践活动，评选"感动信管人物""优秀四有教师"，弘扬好学笃信、自强不息的"信管匠心"文化，为学生的发展做好引路人。

（二）警示教育活动筑牢师德底线意识

建立党委负责下的学校、校区、专业系三级警示的常态化全覆盖机制，引导教师汲取反面典型案例的深刻教训，牢固树立师德底线意识。

二、多维赋能，助力教师职业发展，培养学科带头人和职教名师

（一）培养方式上注重分类分层培养，赋能教师的专业能力、科研能力、社会服务能力提升

依据"专任教师和兼职教师、整体发展和重点培养、引导激励和规范制约"相结合的

原则，对教师分类（双师型教师、教练型教师、兼职教师、公共基础课教师、首席教师等）分层（名师、骨干和普通教师）培养。面向全体教师进行多样化培训，开展面向青年教师、骨干教师和全体教师的分层培训；面向公共基础课、专业课教师的分类培训，开展课程标准、教法学法、信息技术应用、科研课题、企业实践等分项培训。利用首席教师的专业和学科上的优势，在师德、教学实践、专业技能、科研教研等方面发挥示范、引领和辐射的作用；培养骨干教师，打造职教名师；以竞赛（教师大赛、学生技能大赛）为契机，组建竞赛团队，培养教练型教师；通过参加企业实践提升教师专业化水平。

（二）培养内容上注重菜单式个性化培养，赋能教师专业成长，打造学科带头人和职教名师

学校完善校本培训课程体系，形成"4个功能包12个培养途径"，即能力包（包括考证书、提学历、参培训3个培养途径）、科研包（包括研课题、写论文、编教材3个培养途径）、指导包（包括带徒弟、打比赛、出示范3个培养途径）、企业包（包括下企业、做项目、搞开发3个培养途径），教师根据自身情况，从菜单中自主选课，实行个性化培养，逐步实现"专带教师专家化、骨干教师成熟化、专业教师企业化、兼职教师规范化"的目标，形成一支具有鲜明职教特色的高水平专兼职教师队伍。

学校培养了胡志齐和王浩2位获得"黄炎培优秀教师奖"和"北京市优秀教师"的市职教名师、姜玉声等2位市级职教专业带头人、丁沫等6位市青年骨干、吴民和贾艳光等75位市区级学科带头人和骨干教师；建设了以网站建设与管理专业骨干教师、英语学科骨干教师为主体的2个市级课程思政建设教师团队；学校专业骨干教师组建团队分别负责北京市首批职业教育示范虚拟仿真实训基地建设、市级"基于双方协同、四位一体的设计师学院建设与实践"产教融合校企合作典型案例建设等；在"十三五"期间专业教师全部完成下企业实践，考取1+X证书和考评员；在"十三五"期间，由学校教师担任主编并正式出版教材20余本，贾艳光老师主编的教材《信息安全素养——移动终端安全》获首届全国优秀教材二等奖。骨干教师的培养和教师队伍素质的整体提升，推进了学校各项工作的提质培优。

（三）"四个激励包"，突出绩效，助力教师职业发展

在教师培养激励上，学校在"学期奖励、年度考核、岗位晋级、职称评定"中，将"四个激励包"中的各项工作进行了分解量化，有明确清晰、可评价的标准，突出教师绩效，助力教师职业发展。

（四）教师素质提升成效较为突出，在自主聘任兼职教师、推进双师型教师队伍建设、职教名师培养、教师教学创新团队建设方面取得较好成绩

学校制订自主聘任兼职教师管理办法，自主聘任兼职教师78人，其中技能大师2人、劳动模范1人、首席技师1人、企业管理人员23人、企业专技人员61人，很好支撑了专业课教学。校企深度融合培养教师队伍的长效机制，也促进了校企深度合作。

学校成立以校长为组长、教学副校长、主管人事副校长、人事干部及系主任为组员的双师型教师培养专项工作小组，定期开展双师型教师认定，积极支持教师自主选择合适途径获得双师型教师资格，大力推进专业教师下企业实践。同时，学校与完美世界教育科技（北京）有限公司共建北京市职业院校教师企业实践基地，培养培训教师。与天融信科技集团、新大陆科技集团、远禾科技有限公司共建校级教师企业实践流动站，依托学校高水准实训基地接收教师企业实践等。学校教师和专业同步发展，教师素质整体提升，目前有正高级教师2人，市职教名师2人、学带骨干2人，网络安全专业技师团队被北京市教委推荐参评国家级教师教学创新团队。

胸有凌云壮志，心向星辰大海。面向"十四五"，学校将结合教育部办公厅《关于开展职业教育教师队伍能力提升行动的通知》，在标准框架下，提高教师培养质量、健全教师培养体系、创新教师培养模式、畅通校企教师双向流动、建立健全职教特色教师培养的长效机制，建设面向未来的高质量双师型教师队伍，在市教委领导下，为北京职业教育的发展贡献力量。

基于教师成长路径的北信师资队伍建设实践

北京信息职业技术学院 张晓蕾

学校紧紧围绕立德树人根本任务和"十四五"发展目标，贯彻尊重劳动、尊重知识、尊重人才、尊重创造的方针，坚持人才强校战略，以师德建设为引领，以深化人事制度改革为动力，以优化人才队伍结构、提升人才队伍质量为主线，全面推进师德师风建设、高端领军人才队伍建设、高水平教学创新团队建设、双师型教师队伍建设。目前现有教职工748人，其中教师360人。教师中高级职称169人，占比46.9%；拥有硕士及以上学历学位283人，占比78.6%；专业教师204人，双师型专业教师186人，占比91.2%。近五年，共培养国家级职业教育教师教学创新团队2个、北京市高等学校教学名师2人、青年教学名师1人、北京市优秀教师1人、北京市特聘专家1人、职教名师2人、市级专业带头人4人、优秀青年骨干教师培养8人、市级专业创新团队3个，北京电控首席技师2人，北京市政府技师特殊津贴1人，教师队伍素质稳步提升。

近年来，学校以师德建设为引领，持续推动实施师德建设工程、优秀人才成长计划、创新团队建设工程、领军人才建设工程、教师能力提升工程等，努力打造一支师德高尚、业务精湛、结构合理、充满活力的高水平专业化教师队伍。

1. 师德建设工程

学校坚持把师德建设放在首位，制订了《教师师德考核实施细则》《教师师德失范行为负面清单及处理办法》，实行"师德一票否决"。学校建立师德建设长效机制，每年开展师德考核，将考核结果用于教师聘任、晋升、考核、评优、培养等各环节。组织开展"做新时代'四有'好老师和'四个引路人'"学习实践活动，建立"师德标兵"评选制度和激励机制，每届评选10名左右"师德标兵"，通过先进典型的示范带动，加快推动形成"三全育人"工作格局。

2. 优秀人才成长计划

一是优化梯次培养体系。学校形成了"新教师培养—双师教师—骨干教师—专业带头人—教学名师"较为完整的梯次培养体系，为优秀青年教师快速成长和脱颖而出创造条件。

二是制订和完善双师型教师管理制度。学校研究双师型教师标准，制订双师型教师遴选和管理办法，从遴选、聘任、考核等方面进行规范管理，对入选教师国内外培训、科研立项、职称晋升给予政策支持。

三是制订和完善专业带头人、骨干教师管理制度。学校出台专业带头人和骨干教师评选与管理办法，分批分期持续推动专业带头人和骨干教师的成长计划，安排专门经费（专业带头人每年3万元，骨干教师每年1万元）支持专业带头人和骨干教师的业务培训、实践进修和学术交流等。

3. 教学创新团队建设

伴随教育部国家级教师教学创新团队工程的启动，学校也围绕六大专业群建设，启动校级教师教学创新团队建设工程，分批分期遴选了 15 个校级教学创新团队，按照国家级团队建设标准和管理方式，全面推动专业建设、课程建设、教材建设、教学改革，提高骨干教师教学水平、科研水平和社会服务能力。

4. 领军人才建设工程

学校先后与北京兆维集团、北京燕东微电子、北京北广科技等企业共同创建协同创新中心，校企双方开展协同创新，有效推动了高素质创新型领军人才的培养。学校陈强老师就是这样成长起来的，现为享受北京市政府技师特殊津贴人员。

5. 教师能力提升工程

一是落实"双基地"合作培养计划。北京市高度重视职业教育改革发展，建立了一批高标准职业教育师资培训基地，探索师资培训基地与教师企业实践基地"双基地"合作培养双师型教师的新模式。学校是北京市职业院校信息技术类专业教师培训基地，获得北京市财政年平均 200 万元经费支持。2020 年，学校获批成为北京市级计算机类双师型教师培养培训基地，年培训量达到 7 600 人次。

二是实施教师企业锻炼计划。学校出台激励政策，鼓励教师通过挂职锻炼、顶岗实践、合作研发等方式到企业开展工程实践和科研活动，提高教师的专业水平、实践能力和社会服务能力。学校制订《专业教师企业实践管理办法》，持续推动教师企业锻炼计划，达到了教育部关于每位教师每五年应开展半年企业实践的量化要求。

三是加强教师发展中心建设。"十三五"期间，学校建成了装备优良、功能完善的教师培训基地——北信教师发展中心，系统开展教师能力提升内训工程，每学期组织开设 600 课时的长训班和 380 课时的短训班。教师发展中心自主研发"职业院校教师职业能力模型"，构建国内领先的"职业院校教师职业能力培训课程体系"，开发 60 余门系列培训课程，开设从专业建设、课程开发、质量保障、学生管理到教育信息化等系列化的培训项目。在满足内训需求的同时，每年都给全国各地职业院校提供定制化培训服务。目前，依托教师发展中心组建的国培基地，面向全国承接"校长培训班""专业带头人培训班"等，逐渐树立起高端培训的北信品牌。

梅贻琦老先生说得好：大学者，非有大楼之谓也，有大师之谓也。教师队伍建设是"双高计划"实施的关键，学校将全面贯彻中央、北京市决策部署，落实《通则》精神，实施"十四五"发展规划，多措并举，为造就一支政治素质过硬、业务能力精湛、育人水平高超、双师特色鲜明的师资队伍而努力。

立足育人、师德引领、德技双馨，创新"两翼融合、双师一体"师资培养模式

北京交通运输职业学院　贾东清

党的二十大报告在实施科教兴国战略、强化现代化建设人才支撑的描述中，明确提出要"加强师德师风建设，培养高素质教师队伍"。中办、国办印发的《关于深化现代职业教育体系建设改革的意见》指出，要进一步加强双师型教师队伍建设，依托龙头企业等开展定制化、个性化培养培训。

在学校党委领导下，贯彻落实职业院校教师素质提高计划等文件精神，北京交通运输职业学院始终把落实立德树人根本任务，培养一支高素质、有梯度的结构化队伍作为师资建设的重要工作，加强双师型教师培养培训基地规划建设，不断坚持师德引领、"锤炼筑梦匠心之师、成就德技双馨名匠"的使命担当，依托产教融合、校企合作，创新师资队伍培养模式改革，以首善标准着力培养高素质"工匠之师"，主动适应国家职业教育发展战略、服务区域经济社会发展。

一、内涵：坚持产教融合，立足双师建设，创新形成"两翼融合、双师一体"师资培养模式

学校坚持产教融合、校企合作办学，充分发挥行业办学优势，不断深化产教融合、校企合作，创新形成了"交通产教融合体"办学模式。受其启发，把握职业教育类型定位特征，学校在师资队伍建设上也坚持从产业和教育两个维度进行融合培养，在教师队伍建设和培养过程中注重凝聚校、企两方的合力，在探索中创新形成了"两翼融合、双师一体"的师资培养模式。

一是构建了两翼融合体系，通过两翼融合体系促进结构化双师团队构建。通过校企之间人力资源、产学研用、课程建设、课堂育人等渠道融合，实现岗课赛证、培养标准、评价体系、资讯体系和两翼互用之间的融通，构建高质量结构化的双师队伍。

二是规划了双师一体成长路径，打造名师与学科带头人。通过师德师风领航建设、"引育训赛奖"计划、能力提升五个一工程、五层次培育计划、"国—省—校"三梯队能力赛机制、精品课程建设，实现教师基本素养、协调发展、成长路径和发展输出的多维品质打造，重点锻造培育专业（学科）名师和带头人。

三是深化评价激励机制改革，激发人才创新创造活力。通过创新教师考核聘任、职称聘任和评价体系建设，强化顶层设计，做好制度保障，构建多元发展评价机制，多措并举激发

教师内生动力。

二、特色：坚持政策导向，立足办学特色，以实践研修项目为载体促进教师队伍建设

1. 对标国家政策要求，做好学院教师队伍建设顶层设计

学校发展规划处和教师发展中心牵头，通过政策研究明确国家对职业教育师资发展的要求，制订实施方案和规划，探索多元教师能力标准体系，突出双师型教师个体成长和教学团队建设，不断丰富教师学知、学识，在教师培训和人才培养方面开展应用并得到有效实施。以"平台+项目+成效"的形式，组织全体教师学习和参与，有序开展学校的教师队伍和能力提升建设。

2. 实施"五个一工程"，促进教师队伍快速成长

依托工程师学院、大师工作室等两师平台，精选"双特高"等42项建设任务，锚定14项国字号师资建设成果，设立15个教师研修领域。采用做中用、用中做"实践研修载体"，以"上好一堂课，建好一门精品课、完成一个项目、参加一次比赛、获得一次行业认证"五个一工程为核心内容，创新设计研修项目，并以成果导向为检验标准，促进全体教师能力提升。

3. 打造"金师锻造工程"，纳入学校"十四五"发展规划

将"金师锻造"工程写入学校"十四五"发展规划，从锻造师德师风"含金量"、运行引育训赛"金链条"、打磨双师队伍"金品牌"、打造机制保障"金钥匙"四个方面全面赋能师资队伍建设，推进卓越双师型创新团队和优秀双师型教师建设，实现师资队伍的可持续发展。

4. 依托校企合作搭建两翼融通机制，双师结构不断优化

依托中外合作和校企合作基础，发挥北京市两师基地（4+4）和国培基地（汽车和轨道）作用，搭建两翼融通机制。以重点项目为载体，组织专业教师在企业一线跟岗实践、调研学习，将学习成果运用于课堂，进行成果转换。聘请行业技能大师、劳动模范、非遗传承人等兼职任教，实现岗位互通、双元育人。双师型教师占比89%，2021年度共计157位专业教师入企实践，企业兼职教师专业课时占比为31%。

三、成效：学校教师能力建设整体提升，"两翼融合、双师一体"师资培养模式成果初显

1. 高尚师德引领，师德师风建设长效机制逐步健全

将师德师风作为评价教师队伍素质的第一标准，纳入教学改革三年行动计划的"1241建设工程"，以加强思想政治建设为核心、党建引领为主线，以学校、部门、支部为单位，开展专题教育培训、优秀典型案例学习教育，实行师德失范"一票否决"制，强化身体力行，教师基本素养不断提升。

2. 多方协同，结构化创新团队建设稳步推进

以"层层推进，分级创建，全面建设，择优培育"为原则推进创新团队建设，成果显著。"城市轨道交通运营管理团队"获批国家级职业教育教师教学创新团队立项，"新能源汽车技术""道路与桥梁工程技术"两个团队获批北京市教师素质提高计划教学创新团队建设立项。

3. 以赛促建、成果导向，教师教学能力显著提升

依托教师发展中心，搭建"国—省—校"三级人才培养梯队，以名师和学科带头人为培育重点，通过教学成果、重点教材、精品开放课程等，构建"引育训赛奖"双师成长提升路径，锤炼教师教育教学能力。近三年先后选拔出34个教师团队108人次参加北京市和全国教学能力比赛，获奖率100%。其中市赛一等奖23项、二等奖9项、三等奖2项，国赛一等奖1项、二等奖2项、三等奖2项，连续三年获市教委颁发的最佳组织奖。形成"院系—学校—市赛"三级选拔体系，有效促进了教师师德师风、综合素质、专业化水平、创新能力、教学方法和手段的全面提升。

教师能力大赛市级以上获奖教师作为"课程指导师"带领一线教师深度推进课堂革命，教师从被动传授向自主探究转变，主动开展课程建设与开发，教师持续输出优质教科研成果，服务行业发展，为学生"赋能"，实现教师自身"增值"。

4. 名师引领、重点培育，双师一体成长效果显著

依托常态化教师培养培训机制，实施"五层人员"培育计划。以教学名师、专业带头人、青年骨干教师、创新团队培养和特聘专家培育为突破口，进一步完善人才选聘、跟踪培养和管理机制，实行校、院两级培育和监督。织密"全程多维"的教师培训体系，以国家、省部级教科研项目为抓手，定期开展脱岗培训，探索形成了"成果导向、跨界培养、项目化驱动"的能力研修体系，聚焦打造复合型教学团队目标。培训研修内容与时俱进，涵盖师德师风、课程思政、教学方法、信息技术等多方面。

在2022年北京市职业院校教师素质提升计划中，学校共有1名名师、1名专业带头人、2个创新团队、5名青年骨干教师入选。

5. 教师激励制度更加完善，教师职业发展通道进一步畅通

以教师考核聘任和职称聘任为"指挥棒"，把岗位和工资挂钩，建立向一线教师倾斜的绩效工资分配和动态调整机制。以品德、能力、业绩和贡献为评价导向，实施"发展性评价"标准，增加专业技术职务聘任委员会贡献评议组，引领和激励教师深耕专业，着力在提高人才培养质量和社会服务能力上作出突出贡献。

教育大计，教师为本。学校党委将从党管人才的政治高度、人才强国的战略高度、立德树人的使命高度，继续完善"两翼融合、双师一体"师资培养模式，加快推进新时代教师队伍建设改革，激活师资队伍雁阵效应，激发教师队伍内生动力，着力打造政治过硬、业务精湛、结构合理、育人水平高超、具有首都交通高等职业教育特色的高素质专业化创新型师资队伍。

践行 TSPD 教师教学能力提升模式，打造高质量教师队伍

北京市对外贸易学校　张丽君

为贯彻落实国家和北京市加快发展职业教育的相关要求，进一步加强双师型教师队伍建设，学校构建了 TSPD 教师教学能力提升模式，兼顾双师型教师个体成长和团队建设，努力提升教师思想政治素质和师德素养，提高教师教学能力，打造了一支敢打敢拼的师资队伍。

一、重视教师队伍高质量发展

学校高度重视教师队伍高质量发展工作，成立了教师队伍建设领导小组，党委书记、校长担任组长。立足国家和北京市职业院校教师队伍要求，进行顶层设计，创新模式，统筹加强教师培养，推进教师个人与团队建设，保障教师个人成长有方向、上升有阶梯、培养有资源，整体提高教师教学能力，建设高质量的双师型教师队伍。

学校依据国家和市教委相关政策相继修订完善了《北京市对外贸易学校 双师型教师队伍建设方案》《北京市对外贸易学校教学质量保障制度》等 10 多项制度，强化师德师风建设，加强成长诊断评价，健全双师型教师队伍梯度发展体系。

学校通过引入企业师资、培养学校教师和招聘合格师资三条渠道不断优化教师队伍，积极推进教师职称改革，完善评价考核机制，保障教师队伍建设可持续发展。

二、创新教师教学能力提升模式

学校经过探索实践形成了 TSPD 教师教学能力提升模式，包括目标导向、路径规划、平台创新、诊断评价四个模块。该模式以"校企一体化"为核心理念，在实践中有效推进双师型高质量教师队伍建设。

T：Target 目标导向。对照建设"四有"好老师"四个引路人""四个相统一"要求，对标国家职业院校高素质教师队伍建设相关标准，以高标准激励引领教师提升教学能力。坚持立德树人根本任务，在教师师德师风建设、教学理念更新，信息化教学应用，教学内容、方法等方面提出明确要求；坚持学生主体，以岗位需要为导向，将国际视野培养与专业结合进行教学设计和教学实施；更多采用互动、启发、合作式教学，采用多元评价，综合评价学生学习效果。

S：Scheme 路径规划。为入职教师规划职业发展，参照世界 500 强企业人力资源管理模式，建立网格化教师发展路径和分类成长指标。坚持理想引领，师德为先，教科研同步培养。针对青年教师构建一年合格、三年成长、五年骨干、八年带头的培养体系；针对骨干教师、专业带头人挖掘培养教学名师；更加注重教学名师科研能力、标准研发能力、服务政府

行业企业等方面培养；培养教学团队，不断增强教师教育教学能力、社会服务能力。

P：Platform 平台创新。根据教师成长需求，借助行业企业资源，政行企校共建教师培养基地，创新构建多元化多类型成长平台，设置企业实践、各类大赛、科研课题等诸多项目，教师和企业人员同台竞技，赋能教师全面发展。通过开展企业实践、企业培训等加强双师型教师培养。

D：Diagnosis 诊断评价。根据国家教学标准和诊断相关要求，结合职业院校教师教学能力比赛要求，构建教师多元化持续诊断特色指标体系，涵盖职业素养、国际视野、创新能力等特色指标。实践中引入政行企校生多元评价主体、引入大数据技术手段，全面精准诊断教师教学能力增值状况和存在问题，不断提升教师能力与素养。

三、打造高水平双师型教师队伍

多年来学校持续加强教师队伍建设工作，取得丰硕成果，高水平双师型教师队伍形成，人才培养质量日益提高。

1. 成果不断涌现，教师能力全面提升

近 3 年来，学校三个团队获得北京市教育教学成果奖一等奖 2 个、二等奖 1 个；团队荣获教学能力比赛全国一等奖 1 个、二等奖 2 个，全市一等奖 9 个；荣获班主任技能大赛全国一等奖 1 个、二等奖 1 个，北京市一等奖 5 个。成功申报立项市级、国家级教科研课题 10 余项；成功申报国际商务服务专业群等北京市级特高项目 6 个；两个课程思政示范项目成功立项北京市级项目。100%团队在市级各项比赛中获过奖，50 多名教师取得职业素养讲师证，10 多名教师成为企业培训师。

2. 师资整体水平提升明显，梯度发展格局形成

目前学校共有专任教师 85 人，其中，专业课教师 63 人，本硕学历教师占比 98.8%，40 岁及以下中青年教师占比 69.4%，高级职称占比 17.6%，双师数量占专业教师数量 87.3%，稳定的企业兼职教师 20 人左右。教师队伍呈现阶梯发展：2 名市级专业带头人，3 个市级教学创新团队，7 名市级青年骨干教师，2 名校级名师，11 名校级专业带头人，29 名校级骨干教师。1 名教师连续三年当选北京市党代表。50 多名教师获得市级、市商务局以及所在区域表彰。校级教学名师开展了行业标准研发、市教育科学规划课题研究、各区商务局会展业发展规划研究、企业课题研究等工作，建立了校级教学名师工作室、名班主任工作室，开展培训、交流、教研等活动，引领带动校内外 30 多名教师、企业人员共同成长。

3. 人才培养质量凸显，社会服务能力提升

近 3 年来，学校培养了 1 500 多名学生，其中 7 名学生获国家奖学金，400 多名学生获北京市政府奖学金，各级各类技能竞赛中获奖 500 余人次，参与服贸会等各项社会服务、志愿服务 2 000 余次。学生教学满意度达 98%以上，升学率达 98%，对接高职学校满意度达 97.5%，工学交替单位和毕业生用人单位满意度达 98%以上。

未来，学校将继续践行 TSPD 模式，持续提升教师教学能力，不忘教育初心使命，努力为新时代首都培养有理想、有情怀、有责任、有担当的技术技能人才！

全面实施教师动态管理，整体推进师资队伍建设

北京金隅科技学校 张玉荣

随着北京市经济结构调整与人才需求的变化，学校从面向建材行业逐步发展到服务高端智造、智能控制以及城市高品质民生的综合性职业学校。学校坚持内涵发展，秉承"德育为首、艰苦奋斗、理实结合"的优良传统，打造"德高、艺精、技湛"的师资队伍，为学校的快速发展提供了有力的支撑和保障。

一、加强师德师风建设，全面提升师德素养

1. 强化理论学习，筑牢信念堤坝

学校坚持以习近平新时代中国特色社会主义思想为指导，筑牢意识形态阵地。通过全校大会、党课、教研室活动的形式开展师德建设座谈研讨，以宣誓的形式强化思想意识，不断强化理论学习，树立职业理想，筑牢信念堤坝。

2. 压实主体责任，增强使命担当

落实学校三全育人实施方案，强化全员育人职责，形成全员育人新格局，夯实学校高质量发展的基础，构建全员协同、全程覆盖、全方位渗透、"责育匠心"特色突出的育人体系，强化"为党育人、为国育才"的使命担当，增强育人的主动性、针对性和实效性。

3. 加强师德考核，严防师德失范

坚决落实教师负面清单，召开师德警示教育大会，规范教师行为。在年度考核、创先争优、岗位管理考核等评价中，实施师德失范"一票否决制"，严防师德失范风险。

二、坚持动态管理机制，激发教师工作热情

1. 实践动态岗位管理，激发教师活力

打破教师的职称与身份，实施分级考核、管理与聘任，建立按照教师岗位职级确定收入的分配机制，对接教师职称实行五级岗位职级评定，将职级评定、工作业绩、待遇收入直接挂钩，激发教师奋发有为的干事热情。

2. 注重能力评价，促进教师全面发展

对标职业学校教师十大综合能力，学校制订了教师岗位管理考核办法，按照教学常规、课堂教学、教研室工作、班主任工作、教育科研工作、技能大赛以及重大项目开展全面系统评价，促进教师全面成长。

3. 聚焦课堂教学效果，提高教师教学水平

课堂教学是教师教学的主阵地，是教育教学实践的主渠道。学校关注课堂效果，建立了学校评价、教师自评、系部评价以及学生评价的综合评价机制，以课堂革命为引领，制订课堂教学评价标准、学生课堂测评体系，建立教师反馈反思机制，促进教师在评价与自我反思中成长。

4. 关注教师企业实践，提升双师能力建设

建设高素质双师型教师队伍是学校师资队伍建设的基础性工作，教师企业实践考核纳入教师岗位考核中。学校制订教师企业实践管理办法，实施教师企业实践汇报和考核机制，提高教师企业实践的效果，推广先进经验与技术，学校双师型教师达86%。

三、聚焦教师能力建设，实施教师评价活动

建立教师成长、考核和聘任保障机制，开展助力教师成长的评价活动，以教师成长诉求为引领，注重过程培养，既为教师发展也为学校培养选拔优秀干部提供平台。

1. 多元途径培养，满足教师分层成长

通过学历提升、教育理论学习、技能大赛、企业实践、专业培训、课题研究、老带新等多种途径，满足新教师、年轻教师、骨干教师、带头人等不同教师的成长需求，形成培养梯队，以校内校外、学习研讨、汇报交流等方式进行学习。教师们在各自的生涯规划中有了不同方面的提升，更新了教育教学理念；坚持立德树人根本任务，加强"三教"改革，提升了教育教学能力。

2. 强化骨干教师管理，发挥示范引领作用

充分发挥骨干教师的引领示范辐射作用，修订《北京金隅科技学校骨干教师、专业/学科带头人管理考核办法》，实施动态考核评价机制，明确职责，坚持成果导向，以示范课、工作汇报、承接教学重大项目、成果验收的形式进行考核评价，发挥以点成线、以线带面的作用，全面提升师资队伍建设水平。

3. 实施教研室评价，促进团队建设

教研室是教学管理的基层组织，学校实施教研室评价考核机制，制订教研室评价标准，发挥评价作用，规范教研室工作的内容与效果，注重团队建设、室风建设，促进教研室建成学习共同体、学习型研究团队，打造专业创新团队建设。

4. 开展课题研究，提升教科研能力

学校注重教育科研工作，以课题研究为抓手，作为促进学校教育教学工作开展、教师业务水平提升的有效措施，制订学校课题管理办法，从教育教学工作的实际出发，问题导向，将学校课题按照市级课题、校级重点课题、一般课题以及青年课题分类立项，特别是在青年教师课题方面给予政策性的倾斜与指导，提高课题研究的效果与作用。

四、前沿技术引领以研促建，打造一流教师团队

学校坚持规划引领，深化校企融合，培养"工匠之师"，打造国家"万人计划"名师，

全面提高学校的影响力。学校通过引进北京机科国创轻量化科学研究院驻校共建工程师学院，实施"以研带校"教育理念，探索中职校和研究院共建产教融合新模式，聚焦首都制造业发展和前沿技术，发挥研究院研究团队优势，校企构建技术推广验证及专业教学改革双轨融合型师资培养机制。教师通过参加研究院的课题研究、项目合作、产品实验，学生将通过参与研究院的项目加工、教学实践，不断提高专业技能。围绕工程师学院建设，明确专业带头人、骨干教师、青年教师的任务，打造了一支教研、科研能力突出的融合型师资队伍，形成了北京名师1位、市级专业带头人1位和骨干教师3位。团队开发5本校企融合教材及资源、开发7套生产案例集、建设1个生产实训基地、研发2项团体标准、发表论文7篇，取得市教学能力大赛一等奖1项，国赛三等奖1项。

总之，学校师资队伍建设坚持以师德建设为引领、动态管理标准为依据，在专业建设、课程开发、课堂实践、企业实践、科研合作、示范引领等方面，全面提升教师的教学、教育科研及教书育人水平，为学校长远发展奠定了坚实基础。

赛事引领数字赋能强队伍，师徒传承使命担当育新人

北京市电气工程学校 冯佳

百年大计，教育为本；教育大计，教师为本。北京市电气工程学校以建成"百年优质中职学校"为发展目标，围绕"学用研训评"五位一体的设计理念，学《通则》、用《通则》，建设一支结构合理、治学严谨、教育有方、锐意改革的师资队伍，着力在全国职业院校教师教学创新团队、北京职教领军人物培育上下功夫，校企携手团队合力，全面提高教师跨专业、跨类型、跨学段的教育教学能力，促进学校高质量可持续发展。

一、立足时代、传承精神，加强师德师风建设

师德师风建设是教师队伍建设的核心，学校以新时代"四有好老师、四个引路人"为目标，持续开展岗位建功、奋斗立业实践教育活动，唤醒广大教师的自觉，提高教师思想道德素质。

始终将师德师风作为评价教师队伍素质的第一标准，通过组织政策法规学习，强化"四史"教育，开展"四个一"师德专题工作，使全体教师时刻自重、自省、自警、自励，坚守师德底线。

建立和完善了"四个常态化"机制，切实提升教师师德水平、育人方法、教学能力和教育理念，使全体教师有收获、有提升、有感悟、有反思。

在多年办学中形成了"有奖必争、唯旗誓夺"的电气精神，鼓舞着电气人自信自强、勇于拼搏。从这里走出了一批全国劳模、全国十佳班主任、"紫禁杯"班主任特等奖获得者。

教师是教育的第一资源，是职业教育发展的关键要素，更是推动"三全育人"与"三教"改革的中坚力量。目前，学校在职在岗教职工178人，专任教师、双师型教师、各级各类骨干教师、硕士及以上教师占比结构均衡，质量稳步提升，教师职业认同感、荣誉感、幸福感全面增强。

二、赛事引领、能力递进，深化教师能力建设

学校借鉴教师教学能力大赛和班主任基本功大赛标准，引领教师改革传统教育教学方法。聚焦竞赛内容，紧密对接社会和产业最新发展动态，全面推动"三教"改革。

根据任课教师和班主任成长规律，将教育教学能力划分为五个层次，对应五个培养阶段，通过五种培养途径，达到全员全程参与，全面提升教育教学能力。

按照"校赛培训普通教师、市赛培养骨干教师、国赛培育领军人物"的路径，打造阶梯式师资队伍。新增市级职教名师、特级教师、正高级教师、专业创新团队，在职业院校教学能力比赛中，荣获多项大奖。

三、师徒传承、学研训用，强化教师培养培训

传承品德、帮教指引、带动示范，学校深化"师徒传承"培养模式，配套成立非遗大师工作室、特级教师工作室和名班主任工作室，通过跟岗、轮岗、定岗，突出教师培养的针对性和专业性，实现师徒传帮带，传承精气神，青蓝共成长，匠心永相传。

学校基于教师专业发展视角，创新"学研训用"培训模式，结合校情和培训现实需要，针对教师岗位能力，打破原有培训框架，以学习者为中心、参训者为主体、培训者为引领、管理者为支撑，构建全新研修共同体。学校成为中国教育科学研究院全国职业教育学校骨干校长、骨干教师培训基地。

四、工学交替、数字赋能，助力教师尽展其才

学校支持教师采取"工学交替"的形式开展企业实践，强调将教师理论素养、思维能力、实践能力有机统一，达到学以致用、知行并进。鼓励教师追踪前沿技术发展，重视提高教师专业升级与数字化改造能力、人才培养方案研制能力、课程开发与实施能力。坚持专任教师队伍与企业兼职教师队伍建设并重，齐抓共管。

面向"十四五"，学校聚焦新一轮科技革命和产业变革，推进教师队伍数字化建设，为教师队伍建设赋能。一方面，利用学校在"云大物智"等方面的专业优势，完善智慧校园教育平台的教师专业发展功能；另一方面，实施人工智能助推教师队伍建设试点行动，提升教师数字素养，推动专业升级，全方位改造专业教育生态。

学校严格履行法定责任，坚持学历教育与培训并重，加大服务小微企业、民营企业技术人才的供给，联合开展设备改造、技术升级与产品研发，在技术服务与创新中彰显成效。"十三五"以来各专业累计取得专利、软著权28项。

习近平总书记指出："教师是教育工作的中坚力量。有高质量的教师，才会有高质量的教育。"目前，学校"赛事引领、能力递进"模式的有效应用，营造了教师团队"外部生态"的良性氛围。"师徒传承、学研训用"模式的持续落实，推动了教师团队"内生状态"的正向转变。

学校将继续学《通则》提高教师队伍素质，研《通则》助推教师队伍发展，用《通则》提升队伍建设质量，坚持引培并举、专兼并重，深化高层次人才队伍培育，为学校高质量可持续发展注入源头活水、增值赋能。

实施"卓越人才"教师队伍建设支持计划，构建师资队伍建设新格局

北京工业职业技术学院 冯海明

北京工业职业技术学院深入贯彻落实习近平总书记关于教育和教师工作的重要论述，以"双高"建设为引领，按照建设"师德高尚、结构合理、素质优良的双师型"教师队伍为目标，统筹国家级、市级、校级三级教师队伍建设项目，实施"卓越人才"教师队伍建设支持计划，师资队伍建设取得明显成效。

一、具体做法

1. 坚持师德师风建设为先导，落实立德树人根本任务

学校出台《教师思想政治和师德师风建设实施意见》，坚持把思想政治和师德师风放在师资队伍建设首位。实施思想铸魂、课堂育德、典型树德、管理立德"四位一体"师德建设工程。

一是加强党对教师工作的全面领导，将党的领导贯穿教师队伍建设全过程，以正确的政治方向和价值导向引领教师思想政治素质、师德素养；二是以学习贯彻《新时代高校教师职业行为十项准则》为重点，大力开展师德师风培训；三是广泛开展"课程思政"，实现"课程思政"与"思政课程"同向同行、协同育人；四是开展师德师风典型宣传活动，激励广大教师做到"经师"与"人师"相统一；五是实行师德单独考核，实行师德一票否决；六是落实教师师德承诺和警示制度，对师德失范行为严肃处理。

2. 以国家级教师教学创新团队和国家级课程思政教学团队为引领，建立教师团队三级建设体系

2019 年，学校机电一体化专业教学团队入选首批国家级职业教育教师教学创新团队，在近 3 年的建设过程中，团队通过强化师德引领，深化校际、校企合作，深化教学模式改革创新等方面，深化创新改革，在团队领军人才培育、团队教师能力素质提升、人才培养质量、社会服务等方面取得了突出的建设成效。

2021 年，学校有 3 支团队入选全国课程思政优秀教学团队，为构建学校三全育人格局奠定了扎实基础。

在国家级团队示范引领下，学校制订教师团队建设整体规划，分级打造校级、市级和国家级团队，构建了国家级、市级、校级教师团队三级建设体系。

3. 开展"教师队伍建设支持计划"，夯实师资队伍建设基础

近几年，学校实施"卓越人才教师队伍建设支持计划"，设置校级"专业教学创新团队建设项目""特聘专家项目""拔尖人才培养项目"和"优秀中青年骨干教师培养项目"等

人才项目，常态化支持和管理，培育形成了一批团队、领军拔尖人才和骨干力量。

4. 严把教师入口关，以高层次和双师型教师为导向优化教师队伍结构

推动以高层次人才和双师素质为导向的新教师准入制度。近几年，学校进人主要以教师为主，教师主要招聘优秀博士和3年以上行业企业工作经验的优秀人才。2020—2022年招聘人员中，优秀博士占46%，行业企业工作经历优秀人才47%，具备海外经历者占11%。采用"不为所有，但为所用"的柔性引进办法，引进技术技能大师、工匠大师等。

5. 实施"4-5-3教师培养培训工程"，提升教师整体能力

依托国家级、北京市级、学校三级平台，将教师划分四个层次，重点开展五种类别培训，全方位多途径提升教师的综合素质。

目前学校承担机电类和测绘类2个国家级职业院校师资培训基地，新教师和辅导员两个市级培训基地，机电一体化、建筑测绘、云计算、财务会计四个北京市级双师型教师培养培训基地，并承担了北京市职业院校教师企业锻炼专家组秘书处工作。在市教委的直接领导下，这些教师培训平台圆满完成了各项培训任务，为北京市职业院校教师发展发挥了重要作用。

二、建设成效

1. 形成在全国有影响力的经验做法

2021年1月27日，在教育部2021年首场新闻发布会上，学校高喜军书记作为首批122个国家级职业教育教师教学创新团队的代表，介绍了机电一体化国家级教师教学创新团队建设经验。

2022年4月教育部公布了"职教教师队伍建设经验做法和创新团队建设典型案例"，学校国家级机电一体化技术专业教学创新团队入选30个全国职业教育教师教学创新团队建设典型案例。

2. 教学、科研团队逐步形成，专业领军人才培育成效凸显

近3年学校获得多项国家级和市级团队及带头人称号：

——国家级教师教学创新团队1支，国家级课程思政教学团队3支；

——全国优秀教师1人；

——北京市人民教师提名奖1人（2021年）；

——黄炎培职业教育杰出教师奖1人（2022年）；

——北京市级专业教学团队4支，北京市课程思政优秀教学团队3支；

——全国教指委、行指委主任1人，秘书长、副秘书长、委员多人；

——首都精神文明建设奖、北京市优秀共产党员、北京市先进工作者1人；

——校级专业教学创新团队17支，校级科技创新服务团队18支；

——教师发展指数全国名列前茅。2021版全国普通高校教师教学发展指数显示，学校教师发展指数在全国高职院校中名列第9。

"卓越人才"教师队伍建设支持计划建设成效显著，激励了一批青年骨干教师、拔尖人才、技能人才不断提高教学、科研和社会服务能力，双师型教师队伍能力素质不断提升，为学校高质量发展提供了有力的人才保障。

"一线、双元、多维",打造新时代高质量双师型教师队伍

北京经济管理职业学院　魏中龙

"培养社会主义建设者和接班人,迫切需要我们的教师既精通专业知识、做好'经师',又涵养德行、成为'人师',努力做精于'传道授业解惑'的'经师'和'人师'的统一者。"习近平总书记在中国人民大学考察时,对广大教师提出了殷切期望。

学校深入学习贯彻习近平总书记关于教育的重要论述,将"经师"与"人师"相统一作为新时代教师队伍高质量发展的根本遵循,以贯彻落实《通则》为契机,对标对表规范提升,积极探索"一线、双元、多维"的师资队伍培养模式。坚持将"师德师风第一标准"一线贯穿师资队伍建设全过程;以校企"双元"共育为抓手,"融合性"提升双师能力;坚持平台支撑、重构激励机制、建设人才高地,"多维度"打造高质量双师型教师队伍,为培养首都经济社会发展急需的高素质人才提供有力师资支撑。

一、对标对表,"规范性"建设师资队伍

1. 充分认识《通则》的重要意义

《通则》是深入贯彻习近平总书记重要指示批示精神和党中央、国务院关于职业教育改革发展的决策部署,系统总结北京市职业教育改革发展的政策举措和实践成果,是北京市职业教学系统性教学管理规范,进一步完善了新时代职业教育的规范管理体系。

2. 精心组织《通则》的学习宣传

2021年以来,学校把学习宣传《通则》作为一项重要任务列入工作日程,学校党委高度重视《通则》学习,召开3次专题会统筹《通则》学习落实,做到纵向校、院、室、师四级人员全覆盖,"自主学、讲座学、培训学、研讨学、共创学、路演学"全程覆盖,入脑入心入行,持续深入开展学习培训活动。

3. 扎实做好《通则》的贯彻落实

围绕《通则》中关于"教师队伍"建设的"四十条"规定,紧密结合学校"十四五"师资队伍规划实施,健全校、院、部门"三级联动"的发展体系,设计"年轮式"教师成长模型,形成师资队伍建设质量"改进螺旋",全面推进教师队伍管理要求落地见效。

二、顶层设计,"系统性"塑造师德师风

1. 以机制创新为核心

学校党委树立"大思政"工作理念,完善大教师工作格局,成立了党委教师工作委员

会,建立健全学校党委、二级学院党组织、教师党支部三级联动的教师工作机制。强化基层党组织在教师思想政治工作和师德师风建设工作中的作用,成立了师德建设(考核监督)委员会和师德专题教育领导小组,学校党委书记、院长亲自挂帅,领导全校师德师风建设工作。制订学校《新时代教师职业行为十项准则》《师德一票否决实施细则》《教师师德失范行为处理办法》等系列文件,编制《师德专题教育学习手册》,建立投诉、曝光平台和"部门、平台、大会"三级通报机制,设置举报电话、邮箱,定期召开"以案为鉴、以案促改"警示教育大会,在招聘引进、考核晋升、项目申报、评先评优等各项工作中,建立党组织把关制度,实行师德师风"一票否决制"。

2. 以榜样示范为引领

通过立楷模、树标兵、展风采,营造教师立德树人的良好氛围。积极探索加强师德建设的有效途径,开展师德专项教育活动,定期举办师德论坛、"讲述我们的育人故事大会",将师德教育纳入"党风廉政宣传教育月"和新入职教师培训课程,实施教师思想铸魂。选树宣传教师优秀典型,开展"四有"好老师评选表彰,先后评选出了9名"四有"好老师。学校党委学生工作部(处)荣获北京高校德育工作先进集体,人工智能学院党总支副书记贾颖绚荣获优秀德育工作者,临空经济管理学院辅导员王杰荣获北京市优秀辅导员,陈晓燕教授的育人故事《砥砺奋进 播撒希望》登上了现代教育报。

3. 以师德实践为载体

学校将师德专题教育与教师思想政治工作有机结合,切实提升广大教师政治素养和师德涵养,使教师既能用娴熟的"专业术语"传授知识和文化,又能用"思政语言"传播社会主义核心价值观,用"双语"推动师德师风建设。2020年,学校12个教学团队在全国职业院校"战疫课堂"课程思政典型案例中获奖;2021年5月北京历史文化导览、BIM建模与应用两门课程入选教育部首届课程思政示范项目,团队15人入选课程思政示范教学名师和团队;2022年1月"机械制度""中外财务报表比较分析"两门课程入选北京市首届课程思政示范项目,团队16人入选课程思政示范教学名师和团队;2022年4月,教育部公布第三批新时代高校党建示范创建和质量创优工作培育创建单位名单,学校数字财金学院党总支税务教研室党支部入选"全国党建工作样板支部"培育创建单位,《"五链融合"组群,"345"模式育人》成功入选"高等职业教育改革发展优秀成功案例"。

三、校企共育,"融合性"强化双师能力

1. 校企共育双师型师资队伍

深度开展校企合作,共建教师培养培训基地,以校企共同体为依托,联合建立了数字财金双师型教师培养、人工智能技术与应用双师型教师培养等2个北京市校企合作双师型教师培养培训基地,先后培养了120余位校内外双师型教师。与39个企事业单位签订了"产教融合、校企(地)合作协议",共定专业群规划,共培教学科研团队,联合开展课程研发,实现"身份互认、角色互换",构建"多内容、多形式、多途径"的立体化教师培养体系,全面促进教师与行业企业人才队伍交流融合。落实教师联系企业责任,建构双师型教师培养

模式和质量标准，规范教师企业实践管理，提高教师参与企业实践和岗位对接能力。严格双师型教师认定管理，双师型教师比例达到90.3%。

2. 校企共培"结构化教学团队"

聘请合作企业具有高超技艺的技术技能大师作为领头人，建立专业群技能大师工作室，以"技能大师带徒"为主要形式，创建高水平结构化双师团队，开展模块化教学和技术研发。

3. 校企共建"双向交流共同体"

修订完善学校《教师企业实践管理办法》《双师认定管理办法》，把专职教师走进企业挂职和企业兼职教师走上讲台结合起来，加强与优势企业的科研合作、双向交流，不断完善"双向流动、相互认证"的交流机制。2021年教师企业实践锻炼累计时间5 372天，人均实践天数达到26.99天。通过企业实践加深了教师对企业的认知，提高实践教学能力，2021年学校获评"职业院校教师实践优秀案例"。有序开展企业人才和学校教师的岗位互换，每年互换岗位数达到专业教师数的10%以上。加强与优势企业的科研合作和双向交流，在科大讯飞人工智能工程师学院、西门子智能制造工程师学院、360信息安全工程师学院设立互换岗位，实现企业工程技术人员与科研型教师"兼职兼薪、双向流动"。

四、平台支撑，"全员性"提升专业素质

1. 搭建教师发展"进阶"平台

成立教师发展中心，持续加大人员、资金、场地等资源投入，促进功能发挥。制订实施《教师攻读博士学位管理办法》《青年导师制实施办法》等，助力新教师、青年教师、骨干教师、专业带头人等类型教师进阶式发展。立足长远和教师成长规律，分类分层精准培育，构建可持续的支持发展和培养培训体系。开发并运行人事绩效管理系统，通过业务数据综合分析对教师个体发展进行动态监测、分析和预警。

2. 打造产学研"融合"平台

学校积极打造"一会""两院""三所"产学研平台，先后成立了北京经济管理职业学院科学技术协会，永定河文化研究院、数字经济研究院，数字经济研究所、人工智能研究所、数字财金研究所，定期举办学术论坛、三说比赛、"新目录 新内涵 新模式 新未来"沙龙、学校技术技能节等活动，引导教师聚焦企业技术研发、产品升级，以产教融合助力教师专业发展。

3. 创建校本培训"特色"平台

依托北京经理学院，建立由国内外知名职教专家、行业企业技术能手、校内高水平教师组成的行企校培训师资库。增强教师培训需求与培训内容、培训方式的匹配度，及时将新技术、新工艺、新规范、1+X证书制度试点等纳入培训内容。动态建设教师培训项目库，创新建立"菜单式"自主选学的线上线下混合式校本培训特色平台。落实北京市职业院校教师素质提高计划，按照国家标准实施精准培训。

五、聚力引领,"靶向性"打造人才高地

1. 实施"人才高地"建设计划

学校大力实施人才强校战略,成立人才工作领导小组,将名师名匠培育纳入学校师资队伍建设规划,大力推进"55352"人才高地计划,以"六位一体"培育工程为抓手,开展领军人才、专业带头人、教学创新团队、科研创新团队、技能创新团队、创新创业团队6项培育工程,形成多层次、多维度、多领域的"名师+名匠"人才矩阵。

定期开展教学能力、科研团队、教学团队、专业技能竞赛等各类大赛及遴选,建立荣誉表彰体系,引导教师投身教育教学改革,把职业教育发展与学校发展、个人成长紧密结合起来,争当新时代"四有"好老师。近3年来,共发表高水平论文88篇,出版学术专著38部,知识产权37项,2021年申请发明专利一项;主持编写国家级标准1项,参与教育部教指委标准3项,行业标准2项。开展横向课题研究39项,到账经费达208余万元。近3年来,每年有近200人次教职工在各级各类教育教学科研等大赛中获奖。

2. 建立"三翼齐飞"培养模式

统筹考虑名师培养周期、校企优势互补、校企资源共享等因素,以校内培养、校外引进、校企共享三种方式,打造名师名匠团队。采取编制内引进、合同制引进、柔性引进等多种方式加大人才引进力度,制订高层次人才引进管理办法,创新人才队伍引育机制。2018年以来,共引进教职工134人,均为硕士研究生以上学历,其中具有企业经历的技能人才68人,副高级及以上专业技术职务的13人,高层次人才1人,北京市专业带头人2名,教育部教指委委员1人,博士后10人,持续优化学校师资队伍结构。2020年学校柔性引进的珠宝与艺术设计学院院长奥岩获聘北京市职业院校特聘专家。

3. 健全"系统联动"制度体系

建立培养对象遴选机制。创新培养机制、激励与保障机制、科学评价机制、名师提升机制,先后制订实施了38项相关配套制度,完善"各有侧重、互为补充"的制度体系,充分发挥政策导向作用,激发"名师成长内生动力",促进教师不断实现职业生涯的自我超越,逐步成长为教学名师、大师。

完善"名师遴选培育机制"。制订实施了《专业群带头人、骨干教师的遴选管理办法》,定期开展骨干教师遴选培育,在制度建设、人员配备、资源保障方面搭建校级、市级、国家级教学名师(团队)发展通道。学校积极营造拔尖人才快速成长、优秀人才充分发挥所长的良好氛围,制订实施《专业(群)带头人遴选与管理办法》,加强专业(群)专业带头人的培育管理,实施人才培养"攀峰"计划。以学术、专业带头人为核心,打造科技创新优秀团队,以技术研发、技术转让、技术咨询、技术服务项目为纽带,着力培养能够解决企业生产难题、改进企业生产工艺的科研骨干教师,培育有较大影响力的科技创新团队。

构建"三维考核"机制。将师德师风作为评价教师素质的第一标准,推动师德师风建设常态化、长效化。从品德、业绩、能力三方面精准考核,提高考核评价的针对性和实效性。根据高职特点和教师特质,合理设置教学型岗位、教学科研型及科研型岗位,实行分类

设岗、评聘，引导教师找准自身优势和发展方向。制订实施了《专业技术岗位人员量化考核办法》《教学工作量计分办法》《科研工作量计分办法》等，坚持定性与定量、过程与效果、线上与线下相结合，建立全方位、多形式质量综合评价模式，激发教师工作动力，全面提升教育教学质量。实施"三重一特"倾斜政策，对于在"双高"计划、优质校建设以及技能大赛、社会服务等重大工程、重点项目、重要工作中作出特殊贡献的人员，实行"绿色通道"制度。

完善"差异激励"机制。制订实施《科研奖励实施办法》《教学奖励实施办法》等，加大对高质量教学科研成果的奖励力度，每年奖励人员达到200余人次、奖励金额达300余万元，进一步完善"优绩优酬"的激励机制，调动高水平人才的工作积极性和创造性。

发挥"名师人才示范引领效应"。坚持以教学名师为核心，发挥"传、帮、带"作用，打造职业教育教学优秀团队。以专业建设为纽带，以科研推动教学改革，以创新推动专业发展，搭建起教学名师自我提升和中青年教师专业成长的发展平台，在教师队伍中形成"蝴蝶效应"，提高学校师资队伍的整体素质。2021年，学校北京市拔尖人才刘文龙教授带领人工智能教学团队成功入选第二批国家级职业教育教师教学创新团队，学校冯秀娟教授牵头的智能财税专业创新团队获批北京市教师教学创新团队，并在北京市职业院校中进行经验交流和推广。2022年学校共获得10项北京市优秀教育成果奖。构建创新创业导师队伍，近两年指导学生参加创新创业类大赛获奖143项，毕业生自主创业率稳定在5%以上，总体就业率持续保持在99%以上，学院入选全国普通高校毕业生就业创业工作典型案例100名单。以技能大师为核心，打造技能传承优秀团队，先后选聘了33名技能大师，发挥技能大师在技能攻关和绝技绝艺传承中的积极作用，打造技能技艺高、实践能力强的专业实训高端技能人才优秀团队。学校先后被授予首批中国工艺美术大师传承创新基地、全国传统技艺示范传承基地，肖永亮数字视效技能大师工作室、李浩国际餐饮艺术设计大师成功获批北京市级实训基地，珠宝与艺术设计学院张晓晖教师被授予"全国技术能手"称号，临空经济管理学院学生赵希赛被授予"北京市技术能手"称号。

经过学校系统规划培养，现有北京市长城学者1人，北京市高层次创新创业人才支持计划领军人才1人，北京市高等学校教学名师3人，北京市职教名师2人，北京市青年拔尖人才2人，北京市青年教学名师1人，北京市职业院校专业带头人3人，北京市优秀青年骨干教师29人。

突出特色、多措并举，培养锻造戏曲专业名师和学科带头人

北京戏曲艺术职业学院　许翠

北京戏曲艺术职业学院认真学习和贯彻落实《通则》，学校"十四五"规划办学定位坚持以京剧专业为龙头、以戏曲为特色。

戏曲师资团队 2020 年 5 名教师获文旅部"全国优秀百名教师"表彰，现有北京市"四个一批"人才 1 名，名师 5 名，专业带头人 1 名，优秀青年骨干教师 6 名，精品课程 2 门，花旦优秀教学团队一个，创新团队一个。戏曲专业入选北京市职业院校特色高水平骨干专业群，评剧表演专业是民族文化传承与创新示范专业。

一、促进教师不断提升教学能力

一是提升教学设计能力。京剧系教师根据职业岗位要求和培养目标选择教学载体，进行课程内容重构，开发编写高职京剧教材《京剧剧目教学九分册》。以京剧表演专业分九个行当的剧目教学规律为基础，编写适合职业岗位要求的教材。能够分析学情，以京剧系高职花旦行当剧目教学为例，学生虽有一定的专业基础，但基本功仍不扎实。选择文武兼备具有爱国思想的传统剧目《荀灌娘》，以提升学生的专业能力和精益求精的职业精神。根据教学内容和学生合理设定教学目标，确定教学重难点：流派特色和女扮男装的表演技巧；基于职业岗位要求设计教学过程和进度并选择恰当、有效的口传心授教学方法，运用设备、资源和平台等，有效解决重难点问题。因材施教引导和帮助学生个性化学习，加强排练环节的团队合作学习。2021 年该剧目教学获得北京市教学能力比赛一等奖，学生获"国戏杯"专业比赛一等奖，教师获"优秀指导教师奖"。

二是提高教学实施能力。教师能够根据课堂教学需要，创设学习情境。以二胡教学为例，教师运用恰当的教学方法和手段，调控教学过程，探索线上线下相结合教学模式，实施有效的教学。二胡教学《江南春色》在 2018 年获北京市职业院校教学能力比赛高职组课堂教学比赛项目中荣获一等奖。

三是有效开展多元化教学评价。教师在教学全过程对学生的学习基础作出诊断性评价、形成性评价、终结性评价，学院聘请督导进课堂对教学进行指导性评价，期末考试和彩排聘请专家开展总结性评价，及时调节和完善教学活动、保证教学目标的实现，利用信息化手段对学生的学习行为、学习成果、学习成效等进行全流程信息采集，及时调整教学策略。

二、促进教师不断提升实践能力

一是具有舞台表演能力。教师能够精准熟练地完成示范演出，并对学生的舞台表演进行要点讲解，纠正错误，指导学生顺利完成舞台实践。以京剧系原创剧目《少年马连良》为例，师生同台，打造舞台艺术精品，口传心授，示范引领。实现舞台与课堂零距离，体现"学演合一"的教学模式。

二是具有院团舞台实践经历。名家教师是学校京剧专业的优势，目前在国内同类院校中处于领先地位。教师具有丰富的舞台实践工作经历，京剧系从中国国家京剧院、北京京剧院等院团引进一批具有高级职称、多年舞台经验的艺术家，以精湛的艺术水平带领学生参加国际交流和国内重大活动，例如北京的国际品牌活动"欢乐春节"，传播中华传统优秀文化，举办中美元首会晤故宫畅音阁演出、中非论坛、中国戏曲文化周等活动。

三是能够对出现的舞台艺术实践问题进行分析，分层次剖析问题的影响因素及其原理，设计解决方案，使学生尽快掌握舞台实践的表演规律和要素。

三、促进教师加强专业建设能力

一是专业教师及时掌握专业发展动态和艺术发展应用水平，了解职业岗位要求，定期开展人才需求调研、专家讲座、教学培训。针对岗位工作任务以及应具备的能力，通过排演挖掘传统剧目加强教师的专业能力，成立了孙毓敏荀派艺术、李玉芙梅派艺术、张德福张派艺术大师工作室，创作排演了京剧《玉堂春》《杜十娘》《哑女告状》《芦荡火种》《雏凤凌空》《刘巧儿》《金沙江畔》等经典传统和现代剧目。在长安大戏院进行教学成果展演，中央电视台"空中剧院"播出，受到了一致好评和赞誉，提升了学校品牌的影响力。

二是组织职业分析会。根据调研和职业分析结论制订适应专业群人才培养模式的人才培养方案和课程标准，加强信息化教学环节，规划教学实施保障条件。

四、高度重视提升教师的教科研能力

一是开展教学研究。学校每年组织教师开展教学研究课题立项与实施，对现代职业教育发展理念、人才培养模式、教学方法、课程教学、教材、教育教学管理、教学诊断和改进、质量监控和评价、产教融合、校企合作、实习实训、技能比赛、思政教育、师资队伍建设等方面开展理论和实践研究及调研，并在一定范围内共享推广。

二是开展专业学术研究。学校为提升教师教学创新能力，把握专业领域核心技术及方向，组织具有高级职称的青年教师积极申报北京市科研计划项目、基金项目等，组织教师在核心期刊发表论文，出版专著、专辑。结合文化艺术发展需要，与龙头院团北京京剧院合作开展戏曲舞台美术技师人才培养研究和应用技术研究，促进成果转化。

多举措齐发力，建设高水平双师型教师队伍

北京市劲松职业高中　杨辉

北京市劲松职业高中深入贯彻《中共中央关于全面深化新时代教师队伍建设改革意见》《深化新时代职业教育"双师型"教师队伍建设改革实施方案》等文件精神，落实《通则》要求，始终将师资队伍建设放在优先发展的战略地位，通过一系列符合校情、行之有效的举措，不断优化教师成长机制，搭建多样化的教师发展平台，努力建设党和人民满意的高素质一流教师队伍。

一、搭平台建机制，营造人才成长良好教育生态

学校始终贯彻"人才是第一资源"理念，高度重视教师队伍建设工作，成立了以校长、书记为组长的教师队伍建设工作领导小组，为进一步完善教师发展支持体系，专门成立了教师发展中心，统筹协调落实教师发展工作。学校坚持问题导向，对全校人才队伍建设情况进行全面深入调研、分析，总结"十三五"教师队伍建设成效，结合《北京市劲松职业高中"十四五"发展规划》要求，形成了"十四五"人才队伍建设规划。

"十四五"期间，切实增强做好队伍建设的紧迫感，完善党管人才工作格局，紧抓师资队伍建设的主要矛盾，针对队伍结构性问题，建立人才队伍"引、聘、转、培"机制；在产教融合背景下，构建"大师+"队伍建设机制；成立专家指导团队，与朝阳区教师发展学院联手构建"学研训用"研修模式，聚焦教师能力建设，持续打造一支师德高尚、素质优良、结构合理、专兼结合的专业化的高水平教师队伍。

二、多层次多举措，打造一支高素质专业化教师队伍

学校以教师学习共同体为载体，在"党建引领、产教融合、区校联动"工作机制下，各校区、多部门配合，建立了"科研引领、项目驱动、绩效管理、协同发展"的管理机制，构建起多层次立体式教师队伍培养模式，围绕师资队伍建设目标，以骨干教师为引领，以青年教师为重点，分层培养，不断健全促进教师发展的保障机制，促进教师全员全面发展。

一是以大师工作室为平台，构筑"大师+"队伍建设模式。成立"市区校"三级四个大师工作室，建立"科研引领，部门合作，专业落实"的管理机制，通过"大师引领大师""大师塑造大师""大师成就团队"，推进实施了大师带徒、大师讲堂、企业实践、技能培训等活动，共建专兼结合的教学团队，促进教师双师素质提升。

二是以名师工作室为引领，带动骨干队伍成长。学校启动两轮名师、名班主任工作室建

设，先后成立8个名师工作室、3个名班主任工作室，在专业建设、教育教学改革等方面卓有成效，充分发挥了优秀教师的凝聚、辐射作用。向军老师是正高级教师、全国餐饮职业教育教学指导委员会委员，王跃辉老师成长为正高级教师、特级教师，范春玥、李百灵两个工作室团队入选北京市课程思政示范课程、教学名师及教学团队。

三是以青年教师工作坊为载体，促进青年教师成长。学校成立4个青年教师工作坊，以校本研修为主，夯实青年教师教育教学基本功，学校26名青年教师在北京市成长杯教学基本功大赛中获奖，在朝阳区"扬帆杯"新任教师技能展示大赛中，连续三届获得一等奖。

四是实施"导师带教"计划，师徒结对共成长。学校制订了"导师带教"计划，开展了"市骨+区优青""区教研员+新教师""区骨干+青年教师"不同发展目标的师徒结对活动，通过"一对一""贴身式"的指导，帮助青年教师快速成长。

三、校企共培，双场融合，打造一支高水平双师型教师队伍

双师型教师队伍建设是职业学校特色发展、高质量发展的关键。针对双师型教师培养仍缺乏系统方案、评价标准及行之有效的保障机制等问题，学校不断拓展双师型教师内涵，深化校企合作，构建了"双场融合、五维一体、九轮驱动"的双师型教师培养模式，实施《专业教师到企业实践》等制度，将"双师素质"评价纳入绩效考核，完善激励机制，有效解决教师企业实践难以落实、培养效果不佳的问题，双师型教师队伍结构、素质整体得到优化，成效显著。

学校双师型教师比例由68%提升到82%，根据评价指标全部达到双师型教师良好级别以上水平。教师思政教育能力有效提升，6门校级课程思政示范课程中，2门课程及教师团队被评为北京市课程思政示范课程、教学名师及团队。在课程建设中，开发并出版专业教材31本，6本教材被评为国家规划教材，开发数字化教学资源3.3TB，3门课程被评为北京市职业教育在线精品课程。郭延峰校长牵头教育部中职西餐烹饪专业教学标准修订制订工作，6位专业带头人参与6个中高职专业教学标准修订工作。专业教师在国家、市区级教学能力比赛中获奖101人次。学校共培养24名公共基础课教师成功转型为专业双师型教师，近40名教师在行业协会兼职，牛京刚老师被评为首届"朝阳工匠"，美容美发专业安磊老师2019年获得OMC美发世界冠军。该模式成果获得2022年北京市职业教育教学成果二等奖。

四、立师德强师能，建设一支教风纯正的教师队伍

学校坚持把师德建设摆在教师队伍建设的突出位置，大力推进师德师风建设，为不断提升学校办学水平提供了坚强的师资保障。

一是以党风带动师德师风。坚持党建引领，把师德师风建设作为"三会一课""主题党日"的重要内容，发挥党员教师示范作用，正面学习，反面警示，提升教师政治思想素质。

二是以文化提振师德师风。学校把培育良好师德作为校园文化建设的核心内容，围绕"真诚真爱，德技双修"的教风，细化教师师德师风行为标准，强化考核，将师德专题讨论

与"教学述评"相结合,开展优秀教师评比与展示活动,通过"松品讲堂",宣传优秀教师典型,讲述劲松育人故事,营造风清气正的师德师风氛围。

三是以评价促进师德师风。学校构建师德教育、宣传、展示、监督、考核与奖惩相结合的长效机制,实行师德考核负面清单管理,师德失范一票否决。完善《教职工师德考核方案》,细化标准,每年评出30%的师德标兵,选树典型。近年来,涌现出一批师德师风典型模范,有"北京市先进工作者"王跃辉老师、2022年首都劳动奖章获得者牛京刚老师,2021年美容美发专业荣获北京市工人先锋号。

四是以服务推动师德师风。按照学校"一校五园"发展愿景,围绕幸福家园建设,以"职工小家"为阵地,精心组织特色活动,发挥教职工的主人翁意识,把凝聚人心工程落到实处,让全校教职工有归属感、幸福感、获得感,以共同的愿景凝聚教师,将师德师风建设推深做实。学校被北京市教育工会授予"先进教职工小家"。

善之本在教,教之本在师。站在新的历史起点上,全体劲职人将不忘立德树人初心,牢记为党育人、为国育才使命,不断提升教书育人本领,以高品质的职业教育绽放生命的精彩。

打造"培训研修+项目实践+团队成长"的骨干、名师团队

北京市外事学校　邓昕雯

教师队伍是发展职业教育的第一资源，学校围绕北京"四个中心"战略定位，主动适应教育现代化对教师队伍的新要求，落实新时代强师计划，努力打造"培训研修+项目实践+团队成长"的骨干、名师培养模式。

一、以师德师风建设为核心，持续提升教师队伍整体素质

学校以强化师德师风建设为首要任务，将师德师风评价作为教师年度考核、评优评先、职称评聘等第一标准，实行师德失范"一票否决"制度。从师德师风建设标准、加强师德师风建设的基本要求出发，梳理出"学习引领—培训巩固—研究发力—实践检验"的师德师风建设路径，在全校教师队伍中开展"树师表、练师能、强师德"等主题教育活动，进一步明确"四有"好老师的标准，明确教师个体加强师德师风建设的四个基本要求，即"四个统一"；增强教师的使命感，坚守师德底线。通过开展"名师工程""青蓝计划""课程思政和思政课程"等学习、培训，进一步提升教师课程思政建设的意识、思政教育能力和专项研究能力，进而充分发挥课堂教学"主渠道"作用。连续3年开展骨干教师"课程思政"研究课、示范课，教师的积极性、主观能动性被激发和调动起来，使命感、责任感普遍增强，2021年语文、前厅两个团队入选北京市课程思政教学团队。

二、构建"双研一体、知行合一"高质量发展有梯度的教师培养体系

（一）强化"培训研修"，提升教师综合素养

学校以构建职教特色的双师型教师队伍为落脚点，以"培训研修"为载体，积极引进培训资源，在师德素养、思政教育能力、教科研能力、干部执行力、信息技术应用能力等方面，基于人员类别和岗位差异，对新入职教师、青年教师、骨干教师、学科带头人、班主任、中层干部等开展有梯度的精准培训，既有通用素养的整体培训，又有量身定制的专题培训。近5年，先后与北京师范大学、华东师范大学、北京大学、北京第二外国语大学、中瑞酒店管理学院、清华大学、国家教育行政学院等单位合作开展高质量的线上+线下培训研修，效果显著，全面提升了教师综合素养。

（二）设计"项目研究"体系，推动团队内涵建设和创新发展

1. 实践项目研究，提升双师型教师专业能力

借助北京市特高两个项目建设平台，边实践边开展团队建设研究。德育通过开展"一校一品""校园文化""班主任工作站"等项目的实践研究，提高班主任思想政治教育能力，强化学生思想品德、礼仪修养，增强对职业的热爱。教学在双师型骨干教师引领下，团队合作进行课程开发，先后开发了收纳、花艺、烘焙、非遗等特色培训课程，广泛服务于区域中小学生职业体验和社区居民；开发了"西餐之旅""跟我学礼仪""中餐热菜制作""花艺漫生活"等20门慕课课程，上线中国大学慕课网，服务于全国的学习爱好者；与此同时骨干教师利用开发的培训课程资源，积极开展线上、线下各类高端企业培训，提升了社会服务能力。

2. 企业项目实践，强化双师型教师实践能力

为了加强产教融合模式下双师型教师队伍建设，学校鼓励青年教师勇于承担企业研究项目。本学年有3名专业骨干教师到北京饭店前厅部、客房部进行跟岗实践，拜师学艺，体验岗位要求，熟悉岗位标准；酒店专业骨干教师，"青蓝计划"成员刘畅老师，参与企业冬奥高端宴会设计任务的策划，在与专家的思想碰撞中，提升创新思维，树立了专业自信；礼仪骨干教师刘雨楠，受聘北京冬奥会庆典仪式礼仪经理，带领团队圆满完成冬奥会和冬残奥会93场颁奖仪式，做到零失误。骨干教师在企业实践项目中，丰富了双师型教师内涵，提升了专业素养、专业技能和岗位实践能力。

3. 名师引领实践，培养双师型教师创新能力

学校有特级教师汪珊珊"名师工作室"，借助"名师工作室"的多学科混合编队的优势，促进双师型教师跨学科知识与文化的交流，拓宽教育教学、科研思路，提升了理解和借鉴不同学科思维的能力。学校引进北京饭店谭家菜非遗传承人烹饪大师刘忠工作室，企业大师引领骨干教师开展企业技术研发，传承非遗技艺，反哺教学。名师、大师带动骨干教师共研共享共进，产生对流效应，增强了创新意识和创新能力。

三、打造教师"鹰雁"团队建设模式，成功培植国家级创新团队

依托项目，学校组建了专兼结合、学科兼顾、校企兼容的跨专业、跨部门的优秀干部、骨干教师组成的"鹰雁"团队，围绕"人才培养模式创新、课程改革实践创新、实训基地改造创新"三个路径，借助"企业跟岗实践、课堂革命实践、课程开发实践"三个实践任务，提升团队"职业理解力、应变控制力、专业实践力和科研创新力"，2021年成功培植出以高星级饭店运营与管理专业骨干教师为主的第二批国家级职业教育教师教学创新团队。

实践证明，培养"像鹰一样强的个人"，组成"像雁一样合作的团队"的"鹰雁"团队建设模式，最大限度地激发了每个个体的能力，激发了教师队伍的活力，保证了教师成长与队伍的稳定。

顺应新时代职业教育发展需要，建设"双师+"师资队伍

北京市求实职业学校　蔡翔英

百年大计，教育为本；教育大计，教师为本。为促进学校高质量发展，学校始终坚持以习近平新时代中国特色社会主义思想为指导，围绕新时代职业教育发展需求建设高水平师资队伍，实施强师工程，开展梯度培养，夯实三种能力，争做"四有"好老师，成为学生的"四个引路人"，让教师的自我发展与学校发展、专业发展同频共振。

一、立足定位，完善师资培养机制

1. 立足发展明目标

学校"十四五"师资队伍建设致力通过"管理体系与机制构建、师德师风建设、能力素质提升、师资结构优化"，打造"师德高尚、技艺精湛、专兼结合、充满活力的高素质教师队伍"。

2. 完善机制促成长

学校坚持党管人才，把人才队伍建设作为基础性、重点工作加以推进，建立和完善了一系列教师队伍建设机制，成立了教师发展中心、课程中心和社会培训中心、劳动课教研组等，设立师资培养专项资金，保障师资培养。

二、涵养师德，营造氛围焕新风

师德师风是评价教师队伍素质的第一标准。

1. 营造氛围强使命

学校师德师风建设有组织领导、有制度机制、有计划总结、有宣传教育、有评价考核。每年通过组织系列师德专题活动引导广大教师进德修业，争做"四有"好老师。

2. 榜样力量焕新风

通过市区"五四"奖章、"紫禁杯"优秀班主任、支教骨干，各类师德标兵、党员先锋岗榜样力量焕发校园师德新风。

三、顶层设计，破解瓶颈有举措

面向新时代职业教育发展，学校教师队伍存在年龄构成、师资结构不合理，骨干优秀教

师数量与需求不匹配，实践和创新动力不足的系列问题，学校采取了以下举措：

1. 分类培养，破解缺口困局

针对学历教育，特别是近年来优化专业建设的实际需求，采取提前布局双向选择方式，进行专项培训，筹备师资，缓解编制紧缺困扰。

针对社会服务、劳动课及社会培训课程开发及师资短缺问题，成立专项工作组。

2. 强化双师，夯实企业实践

学校建立了由校企多部门协同的工作与考核机制，通过引企入校、企业跟岗、项目实战等方式，解决教师在新技术新工艺、动手实践等方面的短板。

3. 科研引领，研究创新策略

针对教师能力培养、课程思政及思政课程实践、课堂革命、"三教"改革开展系列课题研究。

四、"五实计划"，名师发展有路径

为激励教师成长，学校统筹规划教师发展定位，实施分层分类多路径培养。

1. "翔实计划"培植青年新苗

针对青年教师实施"翔实计划"，多路径培训培养助青年教师在教育教学确立规范。

2. "朴实计划"厚实学科核心素养

"朴实计划"针对公共基础课教师，重点强化教师的学科核心素养，强化职普融合和文专融合，通过大组教研模式及项目教学模式等将公共基础课教师有机融入专业人才培养中来。

3. "强实计划"促进骨干成长

"强实计划"通过三级导师带教、项目培养，为校、区、市三级骨干打通成长通道。

4. "博实计划"助力名师成长

"博实计划"针对学校市级以上骨干，多维度助力名师在院校、企业及专业领域确立发展影响力。

5. "精实计划"夯实双师人才

重点落实双师培养计划，通过企业跟岗、项目实战、双师基地取证培训、参与企业科研项目研发、职业资格或等级证书取证等路径强化。

五、成果初显，师资建设有成效

1. 初步改善教师结构

校、区级以上骨干教师140人，正高级2人，双师型教师比例93%。近年来学校获得市区"五四"奖章、专业带头人、"紫禁杯"优秀班主任等各类名师共计20多人；数学组获批北京市课程思政示范团队。

2. 提升教师 IPT 能力

IPT 能力即科研、实践、教学能力。"创新是第一动力",近 3 年来,呈现三方面提升。

教学能力提升:教师在各类教学能力竞赛获奖 67 项,其中教师教学能力大赛市级一、二等奖 10 项。

实践能力提升:学校学前教育专业被批准为校企合作双师型教师培养培训基地,2021年全校专业教师完成企业实践人均 23 天。

教育教学科研能力提升:开发校本、规划教材近 50 本,区级以上课题 40 余项。

在师资保障下,先后两个市级创新团队、十多项科研课改项目立项。"基于混合式教学背景下的项目式学习课堂实践与研究"被评为北京市第二批教育信息化融合创新"双百"项目优秀课题。

3. 提升影响力、挖掘内驱力

教师的提升过程也提升了专业办学的影响力。近两年,学校牵头制订全国文秘及保育专业教学标准,参与金融事务、航空服务等 5 个国家专业教学标准的制订工作。参与了北京市学前教育等三个职教集团建设,学前教育专业是北京市职业教育学会专委会主任校和全市学前职教集团中职牵头校,发挥了积极作用。

同时,不断挖掘教师的内驱力,促进教师学历非学历并举下的能力转型,2021 年学校被评为北京市脱贫攻坚先进集体。

教师是立教之本、兴教之源,是支撑职业院校"深入实施科教兴国战略、人才强国战略、创新驱动发展战略"的关键力量。学校致力实现教师个人发展、专业团队提升、学校专业办学三者同频共振,积极赋能兼责任担当与教育情怀的高水平的"双师+"教师队伍:德、学、技三高,理、实、创一体,讲、做、导三能,教、研、服并进,建一流的教师队伍,办人民满意的职业教育。

教务处长说教学运行

拓格局、建生态、树标杆，创新教学管理模式

北京电子科技职业学院　管小清

一、不断加强制度建设，开拓教学管理新格局

学校以促进内涵发展为主线，注重管理质量的提高，不断加强教学管理制度建设，将教学管理过程各环节的工作落细、抓实，使学校教学管理工作制度化、科学化、规范化。近些年来，学校总结梳理了教学改革、师资队伍建设管理、课程建设管理、教学运行管理、教学质量与评价、实践教学管理和国际合作办学七大方面工作，先后制（修）订了近30个教学管理文件。特别是近3年围绕全国思政工作会要求和全国职业教育大会精神等新的形势要求，结合学校实际情况，先后制订了《加强思想政治理论课建设实施方案》《课程思政工作实施方案》《1+X证书试点实施方案》《课堂教学管理规定》等一系列教学管理制度文件，力求覆盖学校教育教学工作的各个领域、各个环节，从根本上提高了学校的科学化管理水平，打造学校教学运行管理的新格局。

二、充分利用信息技术，创建智慧教学新生态

为加快推进《教育信息化2.0行动计划》落地生效，配合数字校园建设，学校全面推进教学和教育管理信息化。利用现代信息技术，结合需求定制，对应标准开发，实现教学管理规范化、智能化。通过升级或自主研发，建设了"网络在线教学系统""教务管理系统""教学诊改系统""岗位实习管理系统""在线考试系统""在线课程监控平台"等多个教学管理系统，形成集共享、交互、智能于一体的全过程全方位信息化教学管理平台。实现了在线教学、教学文档管理、日常教学巡视、学生考勤考试、教学秩序管理、督导听课、同行互评、学生评教的网上实时运行；实现了岗位实习申请、指导、监控和评价的精准、高效、便捷化管理和服务；实现了依托e-learning、AI、大数据技术开展教学过程监测和学情分析，精准评估教与学绩效，有效提升教学质量。同时为促进信息技术与教育技术的深度融合，建成"北电科智慧教学云平台"，平台累计运行在线课程1 500门，在线授课班级2 414个，有效推动了学校的混合式教学改革，提升了课程建设水平，在2020年和2022年新冠肺炎疫情期间成为学校教学的主战场，圆满地完成了全校的在线教学工作，真正实现了"停课不停学、停课不停教"和线上线下教学同质等效的目标。

三、扎实开展课程思政，打造思政育人新标杆

为深入贯彻全国和北京市高校思想政治工作会议精神，进一步落实立德树人根本任务，全面推进课程思政教育改革，制订了《北京电子科技职业学院课程思政工作方案》《北京电子科技职业学院课程设置与管理办法》等文件，切实强化课程建设管理是"课程思政"建设的根本基础，使"思政课"与专业课之间同向同行、协同育人，形成合力。制订了《北京电子科技职业学院课堂教学管理规定》，把思想政治教育纳入课堂教学评价，要求教师在课堂教学中要注意引导学生树立正确的世界观、人生观和价值观，突出培育工匠精神，深入推进产业文化进教育、企业文化进校园、职业文化进课堂，构建"大思政"一体化育人格局。为加强"课程思政"建设，学校设计实施"三金案例""最美课堂"等项目，引导教师用好课堂教学主渠道。深入开展"三金"（金扣子、金种子、金点子）课程思政教学案例设计和课程思政示范课程评选，整体构建了"点、线、面、体"课程思政工作体系。目前已遴选首批课程思政"三金"优秀教学设计案例150项并分三期公开出版。在"三金"案例基础上，学校进一步评选出"最美课堂"30个，遴选校级课程思政示范课程50门，获评北京市级课程思政示范课程3门、国家级课程思政示范课程2门。

四、全面深化教学改革，实践人才培养新模式

长期以来，学校始终坚持教学工作在学校的中心地位和基础地位不动摇，不断加强教学改革和管理水平。深入贯彻《国家职业教育改革实施方案》，以首善标准为引领，结合教育部"双高"和北京市"特高"建设，创新构建"SCI"（Skills-Complex-Innovation）系统化人才培养体系。将职业技能等级证书融入课程体系，培养具有较高技能水平和就业能力的书证融通型（S型）技术技能人才；依托工程师学院、产业学院和技能大师工作室等新型产教融合载体，培养一专多能的专业复合型（C型）技术技能人才；依托企业现代学徒制教育中心，基于实际生产任务或研发项目，培养适应创新型新业态的创新实践型（I型）技术技能人才；围绕SCI人才培养模式，搭建基于职业能力目标的模块化课程体系和实践教学体系，开展N+2评价、小学期和类型学分制管理等教学管理创新。近5年有一万余名毕业生走上服务首都"三城一区"建设和开发区高端产业的岗位，学生技能大赛成绩位居全国前列，毕业生就业率达到98%，企业用人单位对学校毕业生的总体满意度超96%，毕业生家长对学校的满意度超97%。

"一三三三五"教学运行管理模式的实践探索

北京财贸职业学院　龙洋

北京财贸职业学院落实党的二十大提出的"办好人民满意的教育"总要求，坚持教育质量生命线，适应职业教育进入高质量发展阶段的新趋势，按照《通则》的规定，坚持立德树人根本任务，始终如一"为党育人、为国育才"，实施"一三三三五"的教学运行管理模式。

一、"一三三三五"教学运行管理模式

教学运行管理是指依据人才培养方案，围绕课程与教学活动的实施，对各类教学资源、教学进程等要素进行统一安排的过程。"一三三三五"模式是以"扬长教育"理念为引领，"组织体系、制度体系、工作流体系"三个体系支撑，"专业标准、课程标准、课堂标准"三类标准规范，"教务系统、财贸在线、工学云平台"三种平台嵌入，"智慧课堂、企业课堂、订单班、工作室、学徒制"五种教学形式贯穿的教学运行管理。

（一）一种教育理念引领

学校基于多元智能理论，实施扬长教育，倡导人人是胜者，坚持以优长促发展，树立了高职学生"均有优长"的学生观，促进"差异化成长"的教学观，促进学生"自信、自立、自强"发展的质量观，以及"不求人人是全才、但求人人有优势"的成才观。

以此为引领，学校建了 FVC 三维度全学程的学业支持体系，并在 2015 年率先成立了学业中心，陆续建成现代化的学业中心共享空间，按照 1∶40 的比例，建立以兼职班主任为主体的学业导师队伍。

大一实施 Freshman 计划，重点适应大学学习生活，大二实施 Vocation 计划，重在指导专业学习，大三实施 Career 计划，重在开展就业指导；针对学习困难学生，实施精准学业帮扶，建立学业预警机制，采取一对一、一对多的学习辅导；针对学有余力的学生，校企联合实施培养技能拔尖人才的"运河计划"，开设实验班、特训营、精英班等，为学有余力的学生铺设成长之路。

（二）三个管理体系支撑

一是精益效能、构建校院两级教学组织管理体系：党委会定方针、把方向，院长做决策、揽全局；在教学副院长的带领下，教务处行使运行中枢的职能，激发二级学院在专业建设、教学改革、课程运行中的主体作用，日常运行发挥教学例会的议事功能，重大事项由专

业建设与教学指导委员会、教材选用与建设指导委员会等专委会做决策、指导和咨询。

二是依据《通则》完善教学管理制度体系：以《通则》为指导，近3年学校制订或修订教学管理制度32项，建立并完善了以课程的教学运行为中心，包含招生、专业、学籍、教改、实践教学和项目管理在内的教学管理制度体系，全方位保障人才培养和运行秩序。

三是遵循规律，建立五要素、三过程的教学运行工作流程体系：抓住教学理念与目标、培养主体、教学内容、教学方法与手段、教学效果评价等教学活动的五要素，校级统筹教学运行计划，序化教学任务，抓好资源配置；二级学院落实教学计划，确定教学内容和课程标准，安排教学任务；教师开发课程标准，执行授课计划，实施课堂教学。

（三）三类教学标准规范

一是依据专业教学标准，落实《通则》要求，以学习成果为导向，围绕北京现代服务业升级发展开展企业调研和职业能力分析，建立岗位要求、培养目标与课程体系的映射关系，制订人才培养方案。

修订课程标准，推进岗课赛证一体化育人改革，将学习成果、X证书标准、技能大赛赛点融入课程内容体系、改革考核评价方案。

建立课堂教学标准，发布教师课堂教学规范和学生课堂学习规范，建立期初、期中、期末三阶段教学检查和课堂教学督导等运行管理常规。

（四）三种管理平台嵌入

依托"教务系统"，优化排课运行、考试管理、成绩管理、学籍管理、教材选用等业务流程，提升师生使用体验，构建稳定、统一、高校的教学数据库，为业务共享提供基础数据，为教学决策提供依据。

开发"财贸在线"，支持线上线下混合式教学，动态采集教学过程中的师生行为数据，为在线教学活动的管理提供支持。

使用"工学云平台"，实现对学生岗位实习活动的全过程监控与管理。将学生签到、实习日志、周报、总结等任务完成与实习教师的指导、批阅、评价等活动搬到网络和移动端，提高实习管理效能，杜绝实习管理放羊。

（五）五种教学形式贯穿

一是智慧课堂的混合式教学。2019年以来实施混合式教学双百计划，百名教师、百门课程探索线上线下混合的智慧课堂教学改革。

二是企业课堂的工学交替学习。商贸类、建筑类专业普遍开设企业课堂，学生一天在企业、四天在学校，在企业设置现场教学场所。

三是订单班的校企联合教学。如环球影城人才储备班，实施学校、企业双教学场所，学校教师、企业专家双授课的教学模式。

四是师生工作室的项目教学。文创类专业将企业专家和企业项目引入校园，校企双师打造融合式教学团队，校内开展项目实战，孵化双创项目，研发文旅产品。

五是学徒班的企业实习,物流、金融专业,学徒课程在企业完成,学生经过任岗、跟岗、轮岗、定岗四阶段实习,锤炼岗位技能。

通过实施"一三三三五"的教学运行管理模式,学校教学秩序稳定有序,疫情期间线上线下教学活动安全无事故,"三教"改革深入推进,教学质量得到保障。

二、教学运行管理的成效

(一)育人成效好,人才培养质量显著提高

学生在职业发展上行稳致远。近10年平均就业率达到97%,应届毕业生岗位年薪2017年以来提升6 400元,就业满意度从88%增至96%;升学率显著提升,近两届毕业生升入国内外本科人数占35%。学生在技能大赛中获国家级奖项170个,学生还荣获"互联网+"双创大赛金奖、"挑战杯"金奖,学校捧得"优胜杯"。

获得全国职业院校技能大赛导游讲解赛项一等奖的毕业生张成瑞已成长为颐和园知名讲解员;"3D打印"扬长教育课程支持李隆群创业成功,入选北京高校毕业生就业创业先进典型。环球度假区评价学校毕业生:综合素养高度适应企业运营岗位要求,学生职业发展潜力大,为企业提供了充足的人才资源储备。

(二)教师进步大

教师积极投身课堂教学改革,近年来取得了教学能力比赛国赛一等奖的重大突破,近3年来在市赛中获奖达到30项。教师在北京市高校青年教师基本功大赛中也取得了二等奖和最佳教案奖的成绩突破。有10位教师入选新一届9个行(教)指委。学校主持了财经商贸大类专业目录开发,共31人次主持或参与开发21个国家专业教学标准,并通过中国职业技术教育学会智慧财经专业委员会轮值主任单位等全国性平台,将学校教学管理的经验推广到全国同类兄弟院校。

(三)社会认可度高

学校是教育部、财政部认定的中国特色高水平高职学校和专业群建设单位,人才培养方案和课程标准在中国国际服务贸易交易会上发布,英美等7个国家的12所大学与学校开展了国际学分互认。企业课堂项目获2021年WFCP世界职业教育卓越奖金奖。中国教育电视台《职教中国》首次宣传扬长教育就特邀学校分享改革经验,人民日报、光明日报、中国教育报、新华网等权威媒体先后20次报道学校育人特色,教学成果在全国产生较大影响。

依法循规、领悟《通则》标准，引领学校教学高质量运行

北京市昌平职业学校　贾光宏

今年是职业教育的热点之年，新版《职业教育法》出台，让职业教育有法可依；北京市政府出台的"新京十条"，让北京职业院校办学有章可循；北京市教委出版的《通则》，为职业院校教学管理提供了有力保障。

一、深入学习，领悟《通则》要领，统一教学管理认识

学校主管教学副校长牵头，组织进行了两轮《通则》学习：第一轮为领学，由教学管理部门主任、副主任进行"拆书法"逐章解读，深入学习《通则》11章所有内容要点以及各部分内容之间的逻辑关系、相互联系，听众为学校全体教学管理人员；第二轮为对标学习，教学管理部门与各专业部门捆绑学习，以《通则》为标准，对照自查学校及专业系部教学运行管理中的优势与不足，听众为全体任兼课教师。

通过两轮学习，全体人员全面了解了职业院校教学管理的内涵，提高了健全完善教学管理制度的意识水平。

二、对照《通则》标准，对标学校教学运行管理

以《通则》为标准，管理部门逐项比对学校教学管理制度、运行机制，具体如下：

1. 建有五级管理组织机构，有力保障教学有序运行

第一级是校长，对教学运行负总责；第二级是教学副校长，全面负责教学管理；第三级是教学管理部门，包括教学教师发展中心、项目规划中心和现代教育技术中心，负责专业建设、课程建设、教材建设、教学运行、队伍建设、信息化建设、质量监测等；第四级是教学实施部门，即专业系部，负责本系部专业建设、教学运行、质量监控等；第五级是教研部门，即教研组，是专业、学科教学教研的基层组织，组织教师开展教科研活动。

2. 采取"一历两表五环节一办法"，促进日常教学规范

一历。学校建立《校历编排制度》，每学期放假前，由教学教师发展中心依据北京市中小学校历制订学校下学期校历，向全校发布，为专业系部、教师提供教学计划依据。

两表。建有《教学计划制订与管理制度》《教学规范制度》，对教学计划、备课、上课、作业、考试等做了明确规定。全校课表、班级课表、教师课表均由教学教师发展中心专人负

责,通过教务系统进行排课,放假前发布全校下学期课表,保障了开学教学有序。

五环节:学校建有教材管理委员会、教材管理办法,由集团党委书记担任组长,严格把关教材选用、审核、复核,确保教材无意识形态问题;有统一的"三有"课堂教案模板,教师上课前一周上传教案给教研组长,教研组组长审核合格后方可使用;学校每学期期末前会组织教学质量评价,分别由学生评、教师自评、教研组长评、系主任评、教学中心评,为每名教师课堂教学进行学期总体评价,保障全校教学质量直观可视,发现问题及时解决,持续推进。

一办法:学校建有教学质量监控系统,教学管理人员设有权限,随时随地均能通过手机或电脑监控课堂质量;每节课均有专人通过监控查课,每天均会形成教学公告,发现优秀课堂进行点名表扬,出现教学事故依据《教学事故认定及处理办法》处理,有效保障教学的严肃性。

3. 建有线上线下考试标准,规范学生学业成绩管理

学校建有《学业成绩考核、评定和管理制度》,配套学期考试标准、考务方案;出台了线上双机位考试标准、线上监考细则、问卷星出题标准与答题标准、试卷七级审核机制等线上考试标准,保障了线上考试的严谨规范性。无论线上考试还是线下考试,均对考前准备、考中要求、考后成绩登统等做了明确规定,确保考试严格严肃严密。

4. 拥有信息管理系统,提高教学管理效力

学校建有大数据中心,其中一个模块为教学运行管理,具有专业课程开设、教学计划、课表、教师课时、学生成绩、教师教学评价等信息统计功能,直观呈现各项数据,实现"一键可查"效果,随时为管理者提供一手教学数据。

5. 高度重视教研组,抓实基层教研质量

教研组是学校最基本教学单元,实施教研组长负责制,负责教研活动设计与实施、组内教师教学质量评价。学校每学年组织教研组长述职,考核评比各个教研组工作质量,为"三教"改革提供依据。

6. 建有教学管理委员会,全程监控教学质量

由校长总负责,委员由教学教师发展中心、项目规划发展中心、现代教育技术中心、专业系部、教研组、督导室负责人构成。日常教学运行主体有系主任、教学副主任、教研组长,校长、教学副校长、三个中心、督导室依据学校《教学检查制度》,分别在学期初、学期中、学期末,对备课、上课、实践实习、考核考试等各环节进行监督检查,全程监控教学质量。

7. 建有教学档案管理制度,实施两级管理机制

学校建有《教学档案管理制度》,对档案范围进行了明确界定,如学校教学计划与总结、教师教学计划与总结、教研组计划与总结、记分册、学生成绩等,均列入学校档案;专业系部建有各自教学档案,实施两级管理机制,教学档案完整齐全。

三、不足与思考

教学运行关乎学校高质量发展、关乎育人质量,虽然学校教学运行有序平稳,但系统化管理体系尚未建立,待今后逐步完善。

"全域、全员、全链"数据赋能的教学管理运行

北京市商业学校 陆沁

人才培养是学校的中心任务，教学管理运行是落实任务的重要保障。数据赋能教学管理工作，落实《通则》、健全制度，发挥资源建设、事务管理、教学服务的最大效能，提升精细化管理的满意度和体验感是工作的关键。

一、教学管理运行的科学机制

落实中职就业与升学并重的基础地位，注重学生成长需求，调和规模化教育和个性化发展需要，学校构建了四大领域、六方协同、三全内控、多元外评、四步诊断、技术支撑的教学管理运行质量保障体系。坚持立德树人根本任务，遵循学生中心、全面发展、服务需求、成效导向，保障教学秩序、提高教学质量，加强人才适应性，促进产教深度融合，以管理创新引领学校高质量发展。

1. 六方协同，校企共育

建立政、行、企、校、研、区域六方参与学校内部管理的长效机制。通过专业建设委员会，充分发挥专业群、工程师学院和大师工作室的校企共建优势，协同开展专业动态研究、预警、评估、调整机制，共同探索工学交替、订单班、现代学徒制等人才培养模式，研发一体化课程，联合开发实习实训课程标准、内容和实施方案，完善多元评价标准，加大用人单位和第三方参与学业评价的力度。

2. 三全内控，多元评价

构建"全员、全过程、全方位"的校内质量监控体系。建立以教务处和督导室为主导，系部为主体，教研室为主责，班主任、学生、外请专家评教的常态化校内"七维度"，和聘请行业企业专家，引入家长、社会及第三方评价的校外"三维度"的课堂教学质量监控。学校对招生入学、课堂学习、实训实践、素养提升、实习、升学或就业开展全过程人工智能分析，通过学习成长和典型特质的数字刻画，实现了学生个性化诊断、成绩精准化预警和教学智能化辅导，由内而外促进学生成长。

3. 四步诊断，持续改进

学校坚持党委负责，教学工作委员会统筹，组织教学管理、学生管理、系部、专业建设委员会等部门联合进行人才培养质量论证会。依据对照标准、发现问题、反馈分析、质量调节四步，对人才培养方案的合理性、教学管理制度的科学性、教学管理运行的有效性进行自主诊断，形成利益相关方有效参与、持续改进、良性循环的教学质量保障体系，促进人才培养质量螺旋式上升。

4. 信息平台，数据管理

学校高度重视智慧校园数据深度应用，移动教务、线上督导、融汇学生、人力、财务等系统，与智慧教室、网络学习平台、移动教学平台数据同源共享；统筹各专业系统建设在线开放精品课程和专业教学资源库，开展全面应用，实现教学全方位数字化支撑。

二、教学管理运行的特色创新

1. 以学生为中心，不断推动"互联网+教学"改革走向深入

学校所有学生均参加线上学习活动，学期开设课程400余门，周活跃课程数190余门，日均在线活跃人数1 500余人，周活跃班级数360余个。逐步形成了以学生为中心，线上线下，学校、虚拟、企业三课堂交互的"一核双轨三堂"混合式教学模式，融通岗课赛证，结合行业企业的新技术、新工艺、新规范形成职业教育课程新应用，构建了良性互动学习的新生态。

2. 克服常态疫情管理困境，数字化技术落实线上教学真效果

制订线上教学及考试规范，利用学校"教学资源+教学数据+智能分析"的强大"云脑"，平滑切换线上线下教学，随时开启"教、学、训、做、评"一体的云端课堂，师生网上互动、隔屏交流，学生线上预习、平台打卡，形成线上教学有规范、云端课堂有检查、信息技术有支持、教学设计有研讨的"四有"线上教学新模式。集成智慧考试系统，做到学生考试人脸、行为、环境的智能识别监考、汇聚自动组卷阅卷、智慧成绩分析等功能，数字化技术保障线上教学落实。2022年5、6月疫情期间，教师上传音视频占比75%的教学资源总量3 564个，批阅作业22 309次，测验考试1 830次，师生活动总数达1 682 905次。

三、教学管理运行的显著成效

1. "全方位"在线教务管理，数据实现运行管理高效化

依照国家要求，制订信息标准，从在线学籍管理、编制人培方案入手，结合市教委要求及学校教育教学活动生成校历、制订开课计划、自动排课排考、开展校企"共研、共建、共享、共教、共评"的网络教研活动，实施线上线下双路教学巡查、作业检查、听课评课、多方评教、月考统测、成绩分析等数据统计和精准施策，做到教学档案线上留痕，高效实现业务管理信息化。

2. "一站式"移动教学应用，智能实现教学服务贴心化

每周召开教学会议，将教学安排智能提醒教学实施部门负责人。推出师生课表、教师日志、考试安排、学生评教等13种教学工作移动小程序；实行学生多志愿选修网络学习空间通识的课程管理，寒假选修月活量高达100万余次。

3. "网络教学"大数据平台，智慧实现培养效果显性化

教学质量是课程的生命线，教学数据是把控教学质量的关键指标。学校对教师在线备课、课堂线上互动、学生学习过程中产生的大量数据，进行实时、精准的分析与评价，助力教师调整教学策略，形成教师、学生、课程数据画像，为学业预警、教学诊断、课程建设提供科学依据，形成人才培养效果显性化。

未来，学校将继续完善"全域、全员、全链"数据赋能的教学运行管理机制，在六方"全员"共同努力下，在学校各部门"全域"的协力配合下，形成"数据全链"的人才培养，真正让科学、精细、智能的教学管理运行成为专业提升、教师发展、科技研发、学生成才的高速引擎，回应党的二十大报告提出的"推进职普融通、产教融合、科教融汇，优化职业教育类型定位"，创新驱动学校在北京市职业教育高质量发展中释放出强劲发展的核心动能。

构建"五个一"管理格局,创新"1234"运行模式

北京交通运输职业学院　田阿丽

近年来,职业教育面临深刻变革,党和国家接连出台政策,职业教育发生格局性变化。12月21日,中共中央办公厅、国务院办公厅公布《关于深化现代职业教育体系建设改革的意见》,对职业教育的体系化建设提出了更加清晰的要求。因此建立科学、系统的教学管理运行机制,是提升学院现代化治理水平的重要内容之一。学校教学管理运行紧跟职业教育改革方向,从管理走向治理,既是教育理念提升的标志,更主要的是创新工作运行机制的结果,这也是当前职业院校发展的方向。

一、构建"五个一"教学管理工作格局,向管理要"效能"

1. 一个方法——"五步曲"

2004年学校总结提炼出"五步曲",成为工作的方法和路径:第一步"想出来、想明白",第二步把想明白的"写出来",第三步把写出来的"做出来",第四步把做出来的"评价出来",第五步把评价出来的反思改进并"循环起来"。

"五步曲"中每一步都是关键的一步,而最关键的环节是第一步,把方向。对接教育教学工作新要求,结合学校实际更新内容、明确标准、优化流程,想出来还要想明白。

教学管理工作包含教学管理业务范围(教学计划管理、教学运行管理、教学质量管理与评价等),在此基础上细化内涵,同时提出工作要求,为了能落地,对接了岗位职责,与岗位(人员)也实现了对接。

结合学校实际,细化管理工作内涵。比如"教学计划管理",从调研开始,到专业(群)建设规划,再到教案,也就是学时计划,从宏观到微观,这八个方面都纳入教学计划管理范畴。

2. 一个循环——"PDCA"循环

学校将全面质量管理的思想贯穿于从整体到具体的方方面面的工作,基于"PDCA"大、中、小、微循环,实现闭环管理。

学校工作大循环:学校为适应一校多址办学的特点,实行"条块结合、以条为主"的管理模式;适应市场规律,形成"从市场中来、到市场中去"的组织循环图,也是部门定位图,即学校工作形成PDCA"大"循环。

教学管理工作中循环:学校教学管理范畴包括教学计划管理、运行管理、质量管理与评价、教学基本建设管理、学风建设及教学改革,这个体系形成教学管理工作PDCA"中"循环,确保教学工作稳定运行。

落实人才培养方案工作小循环：学校对接新要求，创新专业人才培养方案制订工作模式，从人才培养方案设计制订，到人才培养方案执行实施，到人才培养方案诊断评价，最后到人才培养方案修订改进，实现具体工作 PDCA "小"循环。

人才培养方案制订工作微循环：启动制订工作给出指导意见，明确工作要求，制订工作计划；按照 PGSD 模式制订方案；专业指导委员会论证方案；修改完善公示方案。

3. 一个系统——"组织系统"

教务处、学工部、人事处、后勤处等职能处室，建立一支专兼结合、素质较高、相对稳定的教学管理队伍，机构有职责范围，人员有岗位责任侧重于"目标管理"；各教学单位、专业系室项目组、教研组，侧重于"过程管理"；两个系列处于协调一致的工作状态，完成共同的教学工作目标——人才培养。

同时，建立科学、完善的教学组织管理系统，形成全面的质量管理体系和运行机制，服务于教学、教师和学生。

4. 一个抓手——"教学四定"

每学期末要完成新学期的"教学四定"工作——"定计划、定教师、定实验实习、定教材"，不断丰富"四定"的内涵与要求，并以"四定"为引领开展教育教学工作和改革创新。

"定计划"重在三张表，校历、课程进程表、课表，反映出模块化教学、双元培养；"定教师"重在三张数据图，教师分布图、教师帮带图和教师职称、资质图，反映出兼职教师数量达标、教师资质达标；"定实验实习"重在三个环境，教师、基地、现场；"定教材"重在一个清单，体现逢用必选、逢选必审、逢审必查的原则，学生用的教材教师选，教师选的教材教学单位审，审过的教材学校查。

以"四定"为引领，规范日常运行的计划性，同时带动教学改革。教学单位和职能部门同向同行。

5. 一个本位——"以人为本"

学校"以人为本"的教育理念具体体现为"办学以教师为本、教学以学生为本"，学校教学管理标准、流程、制度、办法等，充分体现"以人为本"的教育理念，满足"以人为本"的工作要求。

学校通过打造"五个一"构建工作格局，形成"以人为本"有理念、"PDCA"循环有思路、"五步曲"有方法、"组织系统"有保障、"教学四定"有载体的工作格局，实现向管理要"效能"。

二、创新"一引领、二融合、三联动、四保障"教学管理运行模式，向管理要"产能"

1. "1234"教学管理运行模式

"一引领"——价值引领。从教学管理制度制订到实施，坚持"绿色可持续"发展理念，坚持以人为本，致力于服务学生未来发展，找准类型特色发展的道路。

"二融合"——管理与实施双向融合；学校和企业深度融合。教学管理制度的制订采取自上而下与自下而上相结合、从学校到企业与从企业到学校相结合的路径，由相关方职能部门引领，教师、学生、企业兼职人员参与、协商与决策，并组织实施。

"三联动"——学生、教师、教学联动；一课堂、二课堂、三课堂联动；模块化、混合式、双元教学联动。教学管理制度服务于"三教"改革和课堂革命，促进改革创新。

"四保障"——领导管理机制保障；任务落实机制保障；教学诊改机制保障；效果激励机制保障。学校成立教学管理工作专班，主管教学工作副院长、主管学生工作副院长任组长，职能部门、教学单位负责人是成员。学校还设置了教育教学工作绩优者职称晋升"直通车"，建立了教育教学工作绩优者可享受"院长基金"的制度，打开了教育教学工作绩优者获得主管部门的"立功"奖励的通道。

2. 秉承学校"双高工作日常化，日常工作双高化"的工作要求，实现教学管理制度动态调整

基于本次对《通则》的培训学习，院系两级分别对现有制度和业务进行了复盘梳理，学校共完成十大方面64项制度梳理，教学单位共修订制度51项，带动学校教学工作水平和质量不断提升。

3. 联合检查抓管理落实，看学生，重效果，要增量

在学校纪委监督指导、主管校长全面领导下，建立校（由纪委办、党办、工会、招办、学工、团委、督导、教务、人事组成）系（各教学单位支部书记、负责人、教学秘书）两级检查组织体系，明确检查重点和评价标准，强调重点抓课堂教学中"学生关注度"，体现以学生为主体、教师是课堂的第一责任人。

4. 期末"四讲"做总结，教学诊改促提升

"四讲"内容为教学支部书记"讲师德师风建设"、部门负责人"讲文明课堂建设"、专业负责人"讲教改工作"、任课教师"讲课程考核评价改革方案"实施报告。

以教学管理带动全面落实学校三年行动计划（1241）重点八项工作，向管理要"产能"。

三、总结

创新教育教学管理运行机制，旨在提升教育教学质量，通过构建"五个一"工作格局，向管理要"效能"；实现创新"1234"教学管理工作模式，向管理要"产能"。

建立"四线五环"教学运行体系，推动学校科学发展

北京市丰台区职业教育中心学校　赵彦军

教学运行管理是学校组织实施教学最核心的管理，是落实教学中心地位，实现人才培养目标、提高教学质量的重要环节。

教学运行管理的基本内容包括教学运行组织体系、教学日常管理、考试和成绩管理、教学运行质量管理、学籍管理、教研组管理和教学档案管理等。

一、教学运行组织建设

学校建立了体系合理、责权清晰、分工协作、运行高效的教学运行管理机构，实行学校、校区两级管理的领导体制。校长负责学校的教学工作，分管教学的副校长主持日常工作，通过教务处、科研督导室、学生处、外联处、总务处、办公室六个职能部门统一调动各种资源为教学服务，统一管理教学进程，六部联动齐抓共管实现教学运行管理目标。

建立学校、校区两级教学例会制度，通过教学例会贯彻学校人才培养工作总体要求，集中布置、落实、检查、督促、协调教学工作，研究、沟通日常教学工作，讨论决定教学日常管理中的重要问题和相关制度的制订、修订等。

成立校级教学工作指导委员会，按照委员会章程，发挥咨询指导作用，研究、审议教学管理中的重要改革事项及问题等，不断提高学校教学决策和管理水平。

二、教学运行制度建设

教学处依据学校办学目标和有关制度规范、专业人才培养方案等，制订了一系列管理制度，并按照《通则》要求进行了修订和完善。制度建设包括教材建设、实训基地管理、团队建设、常规管理四大类。完备的制度保障了教学运行的规范和顺畅。

三、教学运行平台支持

学校依托教学一体化大数据平台开展科学高效的管理工作。在教学计划、教学日常运行、考试、成绩、教学质量监控、实习实训等全部教学环节的管理工作中，起到了很大作用。

监控中心可以实时浏览教学运行情况，应用中心实现教学运行管理各环节全部数字化，课程中心实现所有课程线上管理和监控，直播中心可以随时进入课堂巡视教学情况，分析中

心运用大数据技术，定制生成教学运行报告、教师教学质量报告、师生画像等。

学籍管理主要依托国家专业设置平台和北京市学籍管理平台。依据教育部和北京市教委的有关规定，制订和完善了本校学籍管理制度。

教材管理主要依托国家课程教材综合信息平台和北京市职业院校教材管理平台，按照制订的各项教材管理制度，对教材的选用和使用全过程进行严格的监管。每学期开学前，教材建设委员会都会对本学期使用的教材进行审核，上报上级管理平台。

四、教学环节管理控制

教学环节管理控制通过"运行组织、运行制度、运行支持、运行流程"四线并行，"课、资、管、考、评"五环齐管，做到三个规范：规范教学运行秩序、规范学生学习过程、规范各级资源配置。

学校按学期编制校历、制订教学工作计划和工作推进时间计划，通过教学工作例会对执行情况进行总结。

教务处制订教研活动规章制度并组织落实。教学设施由校区教务处依据相关的管理制度统一管理，重要的教学实训基地和实训室由专人负责。教务处根据学期教学计划制订实训安排、设备和材料使用计划等。

课堂教学质量监控，实行学校和校区两级管理，督导室制订了教学视导制度，包括日常教学秩序检查、期初稳定教学秩序与执行教学规范检查、期中教学检查、期末教学完成情况检查与课程考核工作检查。通过监控教师教学规范的执行情况，对课堂教学质量进行客观评价，并形成视导报告。

学校制订了健全的考试管理制度，明确规定课程考核与评价的基本要求，学校教务处负责全校学生总成绩的监管和数据维护，负责发布学生成绩，根据实际情况组织进行不同层次考试成绩分析。

教务处制订《教学档案的管理办法》，分别对综合类档案、教学管理过程类档案、学籍信息类档案、专业建设与教学改革研究类档案、实训教学类档案、教学质量管理类档案六类档案的管理美容、权限和程序予以明确规定，定期对各级教学档案管理工作进行检查和指导。

学校教学运行管理坚持立德树人根本任务，依据国家有关法律制度文件，遵循教育教学管理规律，体现了科学性、规范性、先进性和可操作性。

基于一体化设计的教学运行体系探索与实践

北京信息职业技术学院 张海建

长期以来,学校积极探索高等职业教育教学质量管理与保障体系建设,并在实施过程中持续改进。《通则》的发布,系统地解决了职业院校教学管理制度科学化、规范化过程中遇到的瓶颈问题,在教学运行管理方面给予了规范、科学的指导,对职业院校治理体系建设和治理能力提升起到了引领作用。学校教学运行体系在新要求、新标准、新规范中不断变革,持续促进了教学质量的不断提升。

一、教学管理运行机制建设

一是优化教学组织形式。学校制订了《教学部门管理体制改革实施办法》,全面推进教学部门管理体制改革,在教学管理运行机制上,遵循分级管理、重心下移、突出重点、循序渐进的基本原则,构建校院两级教学管理体制,充分发挥教学部门在教学管理中的主体作用,划分学校和教学部门的教学管理责任、权利和义务,有效提高教学管理效能。

二是加强教学运行制度体系建设。构建教学管理制度层面、管理操作层面、教学实施层面的三位一体的教学运行体系。在制度层面,建立包含教学日常管理、考试与成绩管理、学生学籍管理、教研活动管理、教学运行质量管理、教学档案管理等方面的《教务制度汇编》,形成教务运行管理的顶层政策支撑。在管理操作层面,建立以《教学工作控制程序及工作程序》为核心的标准化教学工作程序,具体规范教学运行管理的工作流程、质量标准,内容包括目的、工作范围、职责、工作流程、质量标准、支持性文件及记录等,对学校、部门、个人明确各方职责,规范工作程序,提升管理效能。在教学实施层面,以《教师手册》为核心规范教学实施主体的教学行为,实现教学运行质量的自主化约束。

二、教学与教务管理

一是明晰教学管理工作内容和教学组织流程设计,支撑教学与管理活动的高效运行;二是明晰教务管理内容和质量监控流程设计,保证人才培养质量的持续提升。

三、教学运行质量保障

以内部审核、督导评价为机制,构建教学运行质量保障系统,实现教学运行质量持续改进。内部审核是教学部门对本部门内部各项教学工作质量进行检查与考核的一种制度安排,教学部门借助内审制度实施部门层面的自我管理，对本部门的日常教学工作质量进行管控，以满足学校教学质量的统一要求；督导评价是督导室代表学校对各教学部门内审工作的可靠性与有效性进行评价的一种制度，借助督导评价实施学校层面的质量监督，对各教学部门的内审工作质量进行监管。

以学校《教学质量内部审核与督导评价工作指南》为依据，划分内部审核与督导评价的组织机构与职责、主要内容、工作规程，落实教学质量监控与保障机制。

四、智慧化信息平台构建

为了提升教学运行管理的有效性，基于现代质量管理理论，利用大数据技术构建智慧化综合教学服务平台，形成了"教学平台+管理平台+质量保障平台"的三平台结构，以北信在线为教学平台支撑在线教学，以教学服务平台实现教务管理，以质量保障信息化平台实现各级教学质量监控与持续改进。强化数据治理、智慧治理，将各项目标任务的过程性、结果性数据相结合，与办学评价指标比较、验证、分析，形成客观前瞻的分析评价结论，实现决策的精细化、精准化和科学化，促进管理效能提升。

学校以《通则》为依据，全面梳理教学运行管理制度，完善教学运行管理机制，不断推动学校教学管理内涵发展与教学质量提升，取得了良好效果。接下来，学校将以党的二十大精神为指引，深刻领会习近平总书记关于教育的重要论述，特别是关于职业教育的重要指示精神，以此作为工作的根本遵循，全员参与、全力推进，强化教学管理与运行机制建设，与信息技术深度融合，推进学校的治理能力进一步提升，为中国特色现代化高职学院的建设奠定坚实的基础。

引领、改革、服务、创新、智慧、高效

北京经济管理职业学院　　刘文龙

学校全面落实教育部、北京市和学校相关文件、政策、标准，遵循职业教育类型特点、依托新版《职业教育法》，对标《通则》，坚持守正、改革、服务、创新，在教学运行管理上取得了丰硕成果。

一、运行机制

教学高质量运行是提升教育教学质量的重要保障。学校秉承"以学生为中心、管理中服务、服务中管理"的理念，以人才培养为核心，立德树人为根本，政行企校研家多元参与，系统化科学设计管理运行机制，构建四级组织机构，打造五支队伍，多方协同运行与督导双线并进、服务与管理融合、质量与安全并重，依托智慧大脑、数字赋能实现智慧管理，形成"一条主线、校企主体、三全育人、四级组织、五支队伍、六方协同"的服务型教学运行管理模式，提高教学运行管理效能，推进学校治理能力现代化。

二、典型做法

（一）紧抓一条主线，强化立德树人

学校坚持社会主义办学方向，抓紧思想政治教育这条主线使之贯穿于教育教学全过程。一是强化思想政治教育系统融入、立体覆盖，把思想政治工作细化到党建和业务工作中，同部署、同落实、同考核；二是统筹思想政治教育一二三课堂融会贯通，推进思政课程改革创新与课程思政全面覆盖，通过党委领导、总支负责、支部推进、全员落实的路径，构建"大思政"格局，全面落实立德树人根本任务，构建"大思政"的工作格局，创新实践课程思政"11315"经管模式，达到一体化领导、专业化运行、协同化育人的和体制机制，全面落实立德树人根本任务。

（二）统抓双线运行，注重一体推进

校企协同一体化推进"运行"和"督导"双线交叉融合管理，按照从学生入学前、入学初、入学后、毕业前、毕业后的时间轴，按照人才培养全生命周期，按照计划、执行、督导、监控、考核、整改的路径科学实施教学运行管理。学校以教务处和质量监控评价中心为主，由学校领导、行业企业专家、专兼职督导员、专兼职教师、学生班代协管员、学生教学

信息员组成质量监控团队；点线结合、纵横集合，实现全覆盖监控管理，针对课堂教学质量、课程建设质量和人才培养质量形成三闭环质量监控诊断评价机制，不断优化和提升人才培养质量，形成运行管理和质量监控的协同高效。

（三）严抓三个重点，规范工作运转

1. 制度"指导书"

学校以新《职业教育法》、学校章程和发展规划为依据，围绕人才培养核心，校企协同健全了一套全过程、全方位覆盖的"以人为本、六维一体"的制度体系，包括日常运行、课堂教学、学籍管理、赛证管理、实习实训、质量监控等48项制度。借助《通则》组织开发教学运行16项工作指南，规范教学运行和教学改革流程，有效提高了教学管理水平，构建了规范有序、科学高效的教学运行机制。

2. 标准"作业图"

学校强化"一历七划"时间表，即校历、一页纸重点工作计划、第一课堂的教学计划、第二综合素质提升计划、第三课堂的实践计划、学生成长导航计划、各部门业务计划，分类编制业务流程图，为业务办理提供标准化操作指南。

3. 责任"硬杠杠"

教学运行是一个完整的系统，在系统中按照教学环节的时序和各部门之间的横向联系建立综合交叉的网格，每一个参与者都有角色职责定位，明确分工、权责一体，确定各网格的第一责任人和具体负责人，做到事事有人管、人人明其责，实现精细化管理，精准化服务。

（四）精抓四化体系，提升工作质效

学校践行服务和管理融合的理念，精抓四化体系，即协同化、常态化、智能化、链条化管理，提升工作质效。

1. 协同化

学校依托职教集团、工程师集团、大师工作室、产业学院等校企合作平台，构建了四级管理组织机制，构建了学习型、服务型、管理型、实干型、创新型"五型"特征的教育教学团队、运行管理团队、质量监控团队、服务保障团队和学生协管团队五支队伍。

学校实行党委领导下的校长负责制，各职能部门和学术委员会负责宏观规划、指导及综合协调、管理，二级学院负责组织落实，各专业教研室负责具体实施。学院倡导"学生中心、师生为本、用心细心、真情真意、忠诚担当、尊重学院、服务育人"的管理文化，各级组织主动回应师生关切的问题和难题，立行立改抓落实，深化管理服务育人，形成了多元共治的良好生态。

2. 常态化

为适应多样化人才的培养需求，学校注重资源建设、"三教"改革、集体备课、质量监控、安全检查的常态化管理。系统规划国家、学校和专业群的教学资源体系，推进教学资源库、精品在线开放课程、典型案例资源、示范课程资源、教学能力比赛资源等教学资源的建设。数字化优质课程资源为教师更好地线上线下混合式教学作出了有力的支撑。

校企合作开发适合专业群人才培养的立体化教材。结合岗位实际需求，吸收新知识、新技术、新工艺、新标准、新规范，结合 1+X 证书内容，校企共建活页式、工作手册式等优质教材。注重纸质教材、电子教材和网络化教材的有机结合，实现教材资源的立体化和多样化。

校企共建校内外真实"职场化+信息化"混合式教学实训基地。规划校企工学交替，建立数字化、规范化、标准化、专业化实践制度，真项目、真场景、真岗位、真师傅地开展实践教学，做到全过程、全员、全方位和全精准规范实践管理。

学校建立安全检查常态化管理制度。具体为：每日上课教师扫码填报实验实训室使用和安全情况；每周安全管理员检查并报教务处，教务处、实践实训办公室汇总后每周向主管副院长和院长汇报；每月二级学院领导负责对本学院负责的实训室进行专项巡查。每季各实训室负责单位每学期两次自查并形成自查报告；每学期教务处、实践实训办公室联合安全稳定工作部等多部门在学期初、中、末对全校实验实训室进行季度定期检查；每年两次安全排查整改活动，邀请国家卫健委专家开展专项排查、提出整改建议和整改回头看活动。领导班子齐抓共管，全面提升学校实验实训室安全与应急保障能力。

3. 智能化

学校始终坚持以信息化促进教育教学提升的发展战略，学校结合自身管理特色需求，基于智慧大脑打通数字孪生实训室智慧化管理平台、教学管理平台、提质培优智慧管理平台、线上教学平台、阿拉校园、一页纸工作平台，实现一体化管理、一站式服务，为教学运行与管理提质、增效。

4. 链条化

学校借助"一页纸"目标管理质量具平台，针对各部门的年度重点目标任务实施精准管控。对实施过程进行时时、处处和针对人人的检查、记录并发布预警，围绕教师教风、学生学风、干部作风，加强重点岗位、关键环节、难点问题督导督查力度，形成督教、督学、督管、督质、督改、督建全链条督导督查记录与反馈机制，在全校形成"实、稳、新、严"的良好工作局面。

三、特色创新

（一）构建了"三融四环"实践教学管理体系

基于教学实训、生产性实践、社会服务三个维度立体布局，形成教学、业务、人员、数据四级闭环管理，从智能化工作平台的模拟教学、真实项目教学到开展社会服务，增强职业教育的适应性。

（二）构建了"六位一体"学生成长导航体系

针对三年制、3+2 贯通和扩招生三类学生，按照入学前、入学后、毕业前、毕业后四个阶段，校企协同、校内各部门联动开展"五育"教育，实施覆盖思想、课程、文化、生活、心灵和职业六个方面的"六维一体"学生成长导航体系，确保学生有理想、有目标、明方向、精定位，成长成才。

尤其针对扩招生多样化特点和需求、科学导航、因材施教，制订了《扩招生教学管理实施办法》；针对多数来自乡村的扩招生采用"四对接五进入"的培养策略，即学校对接区县、二级学院对接乡镇、专业对接乡村、教师对接村民，学校送教师进乡村、送创新创业项目进乡村、送技术培训进乡村、送 X 证书进乡村、送研究成果进乡村。并且基于学分银行，针对扩招生进行学分积累、认定和转换。针对在岗在职学生，采用校企双导师或互为导师的形式，促进学生在岗成才。全面实行多元、并行供给教育与管理服务，满足不同学生具体需求。

2020 级学生吴晓英，是蒙古族刺绣非遗第六代传承人，在校企双元育人模式下，荣登 2021 "北京礼物"旅游商品及文创产品大赛中"TOP100 总榜单奖"，成为冬奥会领奖花束的设计制作者，所带团队被评为 2021 年北京地区高校大学生优秀创业团队。

（三）实践了"1234"教学运行与管理工作法

创新实践一条主线、双线运行、三个重点、四化体系教学运行管理工作法，严格做到全天候服务好、全时段响应好、全过程调度好、全环节处置好、全方位监控好。

（四）建立了"53234"实训室安全管理体系

基于数字孪生实验实训室智慧管理平台，在实训室安全管理中，建立学校—职能部门—二级学院—实训室负责人—实训室安全员的五级安全管理体系，签订三级安全责任书，开展教师和学生的二级实训室安全准入制度，夯实管理人员、教师、学生三类人员应急演练，实现全员、全方位、全新、全过程的四全管理，确保实训室安全运行。

四、主要成效

（一）育人质量成效突出

学校毕业生就业率保持在 98%以上，2021 年毕业生就业率为 99.47%，创业率为 5.13%，技能竞赛获奖 300 余项，社会满意度均在 90%以上。专升本率、创业率居北京高职院校前列。获"北京市普通高校毕业生就业创业工作先进集体"荣誉称号，入选教育部评出的全国普通高校毕业生就业创业工作典型案例 100 强。

（二）教育教学成果丰硕

"西门子智能制造实训基地"和"肖永亮数字视效生产性实训基地"成功入选教育部生产性实训基地。两门课程（名师团队）入选教育部课程思政示范课程、课程思政教学名师和团队；建成宝玉石鉴定与加工专业国家级职业教育专业教学资源库 1 个。2021 年，学校在北京市职业教育教学成果奖的评比中，有 10 项获奖，其中 3 项成果获得一等奖，7 项成果获得二等奖。学校获北京市"三全育人"典型学校级典型案例单位。

(三) 教育改革成果凸显

"特高"项目12个，位列北京市高职院校之首，教育部1+X证书试点40个，学校挺进全国高职高专GDI综合榜并位居全国第70，在"2022中国高等职业院校改革活力指数排行榜"中位居全国第142，"三大国赛"获奖数增幅位居全国第10。

今后，学校将始终坚守立德树人初心，践行为党育人、为国育才使命，坚持守正、改革、服务、创新，对标《通则》，做好教学运行，竭力为高素质技术技能人才培养和学校高质量发展保驾护航！

校企融合共建教学运行新机制，内控外监保证人才培养高质量

北京市电气工程学校　王林

新时代、新目标、新行动，聚拢校企优势资源，聚力创新教学运行机制，聚焦提升技术技能人才培养质量。产教融合、校企合作是职业教育的基本办学模式，在此模式下，北京市电气工程学校对标《通则》，规范技术技能人才成长管理，在教学运行机制建设方面，形成以下典型做法与创新举措：

一、构建"分层对接，五双共管"纵横结合的教学运行机制

教学运行是教学管理的核心，依托校企合作，学校与企业构建职责清晰、产教融合的"分层对接、五双共管"教学管理体系，深化校企合作、工学结合，形成"纵向贯通、横向联动"、纵横结合的教学运行机制。横向管理强化三个"一致"，即管理目标、步调、标准一致。纵向分层多点对接，逐级落实校企合作项目。

二、校企"分层对接"纵向贯通，有效提升教学运行效率

通过"分层对接"方式，明确责权，分工协作，加强纵向沟通。由校企高管作为合作理事会第一级领导机构，负责制订运行管理目标、完善制度机制、监督教学质量等；由专业带头人和企业部门负责人组成专业指导委员会作为第二级管理机构，负责教学运行组织；由专业教师和企业一线技术人员组成工作组，负责教学日常管理等各项具体工作。依托校企纵向联合例会，打破管理层级壁垒，促进教学运行机制高效运转。

三、教学"五双共管"横向协同，全面推进教学高效运行

在学校校企协同育人总体思路的统领下，形成教学运行"五双共管"模式。

1. 完善制度，促进"双主体"联合育人

校企"合作共赢，职责共担"，建立健全三个层面的教学运行管理制度，保障双主体教学运行可持续发展。第一层次：人、财、物的双向流动与合作；第二层次：教学全要素的参与；第三层面：校企精神文化层面的相互认同和渗透。

2. 协同发展，构建"双导师"教研团队

根据专业教学需要聘任"3+2"高职教师、企业文化导师、企业特聘专家、企业实践和

学徒实习指导教师。引进来，走出去，学校采用"集中+分散"的方式安排教师，到企业进行顶岗实践。企业引导支持师傅走进学校开展实践教学。依据《双导师联合教研制度》《校企双导师实践计划》，定期开展双导师联合教研，研究教学规律、改进教学工作、解决教学问题、交流教学经验、提高教学质量。

2013—2021年双导师团队连续获得北京市教学能力大赛一等奖，获得5次全国一等奖，4次获北京市创新团队，2次获北京市青年文明号，2次获北京市课程思政示范团队。

3. 产教融合，形成"双基地"教学保障

企业生产计划、校内外实训基地使用计划与学校教学计划有机融合，形成一体化教学实施方案，有效推进专业教学紧贴技术进步与生产生活实际，助力学生完成认知实习、跟岗实习、顶岗实习，支撑学生完成分段式工学交替实践性学习。全面开放实践教学基地，面向技能培训及技能证书考核、社区培训、中小学职业体验、企业职工在培训，充分发挥双基地服务社会功能。

近3年培训总量达到2万余人次，获得企业和社会一致好评。以赛促教，连续13年承担北京市中职技能大赛，获得兄弟院校好评。以研促创，依托实训基地立项开发了2项全国机械行指委专业教学标准，实训基地创新发展获得20余项专利。

4. 内控外监，形成"双循环"质量保证

完善多元共治的质量保障机制，实施"内控外监，双循环标准化"教学质量监控机制。政府、企业、ISO 9001质量认证机构、家庭组成校外监督主体。校内督导通过内控、内审实施内部质量监控。采用"PDCA+SDCA"双闭环管理，严把12个维度的质量标准关，保障了人才培养质量。

5. 学籍管理，探索"双身份"教学改革

持续推广现代学徒制试点成果，规范"学生与学徒"的双重身份，根据学生双身份的特征，开展灵活多样的管理模式，校企共同探索了以"完全学分制"为基础的"弹性学制"改革，根据人才培养规格动态调控，突出学习时间的伸缩性、学习过程的实践性、学习内容和学习方式的多样性。

四、创新与成效

1. "分层对接，五双共管"纵横结合的教学运行机制促进人才培养质量提升

"分层对接，五双共管"纵横结合的教学运行机制，体现了教学运行机制的科学性、规范性与先进性，符合新时代职业教育改革和发展的要求，有效加强了企业和学校专业教学资源的结构优化，推动了企业全程参与的校企协同育人，助力教学改革、科学研究、技术研发、社会服务水平提升，促进了人才供给与产业需求、社会需求、高等职业教育需求相契合，实现了人才培养的低进高出，形成了可推广的案例，学校被社会各界誉为"电气工程人才的摇篮"。

2. "内控外监，双循环标准化"质量监控效果显著

"内控外监，双循环标准化"质量监控机制，实现"5全"高质量监控。以全面质量管理思想为指导,借鉴系统化理论,带动学校教育教学人员分层分类全员参与;依托学校内控制度、内审制度、ISO 9001 制度等,实现学校现代管理制度体系全方位覆盖;通过校情日报、周总结、月考核、期中内审、期末督导等工作机制形成全流程控制;借助大数据平台互联网+,对教学运行全要素管理。通过质量监控保障,人才培养质量稳步提升,学生初次就业岗位质量好、薪酬高,明显提升了企业、学生及家长满意度。

改革永远在路上,在学校现代治理体系发展的道路上,电气人将不断促进教学管理更加科学、更加规范、更加先进,为职业教育高质量发展作出电气贡献。

"四横八纵"保运行,"三度模式"促发展

北京市信息管理学校 王明佳

一、机制健全,"四横八纵"保运行

教学运行管理是各个学校组织实施教学工作的核心。面对校区多、专业种类多的复杂局面,学校不断研究职业教育教学运行的规律,完善教学副校长领导的教学处、专业系"双轨并行"的教学管理机制,建立了"四横八纵"网格化管理的教学运行体系。

"四横"是指学校一校四址,四个校区平行设置教学处,负责校区日常教学运行管理;各校区根据专业特点,分设不同的专业系,负责专业建设与发展。

"八纵"是指各校区日常教学运行管理包括排课管理、教材管理、教学检查、教学质量监控和评价(与督导室合作)、教研活动与教师培养、考务工作、学籍管理、教学改革与研究(与教科室合作)八项主要工作。教学处分管教务员、教研组长、学籍管理员、图书管理员等人员,岗位合理,职责明晰,为教学平稳运行提供了有效的组织保障。

学校建立健全教学运行的各项规章制度,教学管理文件齐全,形成"系统、规范、具体、可操作"的教学运行管理制度体系。学校定期召开教学例会,按照年度、学期、月份、周计划有序推进各项教学工作,为教学运行提供了有力的制度保障。

四校区教学处根据校区实际情况局部个性化操作,平行运行,确保学校整体教学工作步调一致,权责明晰、分工协作、督查互补,齐抓共管,网格化教学运行管理,四平八稳地保障教学运行。

二、多方联动,"三度模式"助管理

在教学运行管理工作中,学校始终坚持立德树人根本任务,遵循职业教育教学基本规律,积极实践、大胆创新,在具体工作中凝练出够力度、保精度、有温度的"三度"特色教学运行模式,确保教学有序运行。

(一)教学管理够"力度"

一是发挥"信息化"优势,为严谨、高效教学运行管理赋能。学校以育人发展为主线,依据学生在校三年的培养过程,建立了支撑"课前—课中—课后"一体化教学环境的Black-Board网络教学平台,涵盖了"教务系统、教学监测系统、量化考核系统、在线学习系统"

等在内的教学应用平台，充分运用信息化手段，为严谨、高效教学运行管理提供数字化保障。

二是坚持多方联动，提升优质课课堂比例。通过聘请校内外专家听评课进行教学诊断、教学比赛、教学研究、每学期每个教研组共同打磨一节研究课等活动，提升优质课课堂比例；在广泛听评课的基础上，不定期召开全校"课堂教学现状分析与质量提升专题研讨会"，校内外领导、专家集体分析研讨课堂教学现状，针对课堂教学存在的问题献言献策、提出指导意见，优质课堂比例显著提升，为人才培养目标的实现提供了有力保障。

（二）教学管理保"精度"

一是高标准、严要求，确保课堂教学质量。不断强化任课教师是课堂第一责任人意识，打造有趣、有用、有效的"三有"课堂。强化课堂育人主阵地作用，坚持课程思政与学科教学有机结合，将思政元素落实到每一节课。坚持定时定量听评课制度，并及时反馈、指导、研讨提升。

二是有组织、有计划，稳步推进教研活动。有规律、有计划、有主题、有指导地组织形式多样的教研活动，探索出"专家引领、同伴互助、自我反思、整体提升"的教研模式，促进教师专业成长，提升教学水平。

三是有检查、有反馈，确保教学成效。教学常规检查常抓不懈，坚持定期检查、日常巡查、随时抽查，根据情况及时反馈和处理。工作中注意积累和梳理，针对教学计划、教学进度、教案、教研组长手册、教师教学手册、教学总结、教学案例等教学文档，在检查后进行评价和鼓励。

四是按要求、保质量，做好各级各类考务工作。在管理命题严谨、组考规范、监考严明、成绩严肃的基础上，同时按照高招办的要求，无误完成综合高中班的高考和学业水平考试的各级统考和模考工作，认真完成单考单招学生的报名、考务工作。

五是坚持以评促改，发挥评教评学功效。认真组织师生进行评价评教评学，对于评教评学过程中发现的问题，及时反馈、沟通，达到以评促教的目的。

六是依法依规，做好学籍管理工作。严格落实学籍管理的新政策新要求，确保职高学籍和普高学籍两个系统的学籍管理数据准确无误，保证学籍档案的完整性、连续性、准确性、真实性。

（三）教学管理有"温度"

在教学运行管理过程中，注重对师生进行情绪引导，时时处处体现人文关怀。四个校区专业设置不同、师资情况不同、学生特点不同，多方了解师生需求，根据实际情况，具体问题具体分析，切实帮助师生解决问题和困难，用耐心给焦虑降温，用关爱给消沉升温，用激励给学习积极性保温。

教学运行管理是学校组织实施教学的核心，是提高教学质量的重要手段，我们将坚持立德树人根本任务，秉承学校"好学笃信，自强不息"的精神，不断推进保障机制改革，为培养更多高素质技术技能人才、能工巧匠、大国工匠而继续努力。

完善体系、锻造队伍，全力提升教育教学质量

北京体育职业学院　李建亚

新百年、新征程，发展职业教育的重要性和紧迫性在党的二十大报告里表述得十分清晰，即"统筹职业教育、高等教育、继续教育协同创新"。它是一种协同发展、优化结构的概念。近日中共中央办公厅、国务院办公厅印发《关于深化现代职业教育体系建设改革的意见》，定位了职业教育的地位、功能定位、改革中心等。正是在国家推进现代职业教育高质量发展的总体战略部署下，市教委推行、落实《通则》，为学校规范教学管理提供了基本遵循。《通则》关于教学运行部分共有8节45条，教学运行的内在逻辑和管理要求清晰明了，是学校规范教学运行管理的基本依据、实现路径和效果要求。

党的二十大报告提出要建设教育强国、人才强国、科技强国、体育强国、健康中国，这些强国建设目标与体育职业教育都有着密切的联系。学校作为北京市体育局行业办学，应勇立潮头，以"强国建设有我"的强烈责任感，服务于体育强国建设，顺应时代、抓住机遇，在提质培优的大背景下，打造规范、高效的内部治理体系，推进学校"十四五"时期跨越式发展。

教学运行是学校教学管理体系四梁八柱中至关重要的一柱。学校的主要思路和做法是找准四个发力点，即工作体系求完善、制度体系是保障、业务流程要规范、管理队伍要过硬，推动学校教学运行从管理到治理。

一、建立相对完善的工作体系

学校依托教学管理委员会、专业（群）建设指导委员会，发挥校、行、企、所多元主体共同参与的教育教学管理与专业建设的议事机制，发挥其在办学治校、管理运行、专业建设等方面的咨询、协商、议事和监督作用。以上两个委员会涵盖学校高级职称教师代表、体育科研院所专家、首都体育行业教育专家以及北京体育科研所的相关领域专家。

学校教学管理委员会下设德育工作委员会、教学工作委员会、科研工作委员会，围绕学校师生德育发展、教学实施、科研教研整体工作定期召开会议，研议事项、形成决议，是学校专家治校、行业指导的重要机构。

二、完善制度体系

教学运行涵盖教学运行组织、教学日常管理、考试与成绩管理、学生学籍管理、教学运行质量管理、教研活动管理、教学档案管理7个方面，是院校治理中围绕人才培养为核心的

7个主要业务方位，打造一个完善的、层次清晰的、结构功能明确的、协调的制度体系，作为有效治理的主要保障，唯有如此方能达到科学、高效、完备、管用的目的。

学校一贯注重制度建设在规范运行上的重要作用，尤其是在《通则》发布之后，学校以《通则》为依据全面梳理校内各项规章制度，其中涉及教学运行23项。经梳理，学校管理制度基本完善，待制订内容为5项，主要涉及网络课程建设规范及教材建设与管理规范。学校制订《教师课堂行为管理规范》《教学事故认定办法》《教师网络教学行为管理办法》等教学运行文件23项。

在制度的有效保障下，自2019年学校教学事故发生率为"零"。

三、规范运行体系

围绕教学运行涉及的领域开展业务流程建设，力求工作流程科学化、规范化、程序化。唯有重视制度的流程设计和管理，方能做到依规、有序、规范；唯有把制度流程规范放在重要地位，方能体现管理的合法性；唯有做到程序合规、执行有据和结果反馈，方能使制度落地、运行有序。

在教学运行7个方面细化业务工作流程，学校已经制订业务流程35项，在教学质量监控、日常管理、补课补考、排派课、调停课、听评课、新教师培养等业务方面细化工作、责任到人、节点到时、结果到点，确保有序、规范开展工作。

四、打造管理队伍

人的因素是一切事物的制胜因素，造就一支政治过硬、业务精湛的管理队伍是提升治理能力的有效支撑。学校目前在教学运行的管理机构上设有教务处、督导室、学生处、科研处以及二级系部。在管理人才培养方面，学校以《通则》学习为抓手，采用专家讲座、部门研究、个人总结、业务分享四结合的方式，高站位、细落实，旨在不断提升管理人员专业性、规范性。

建院40年来，尤其是高职转制14年来，学校将不断规范教学运行作为学校治理发展的内驱力。重视当下，放眼未来，在新时期，围绕学校提出的"1863计划"，坚持以学生为中心，以教师为主体，管理与服务并行、公平性和个性化兼顾、一致性和整体性统筹的理念，以实现高素质体育职业人才培养为目标，不断优化教育管理规范，推动学校逐梦"十四五"，决胜新时代。

夯实常规抓教学，精细管理提内涵

北京戏曲艺术职业学院　王雷

一、夯实内容管理　提升教学管理水平

1. 立足首都文化中心建设，科学合理设置专业

近年来，学院立足首都文化中心建设，紧密结合首都产业、就业、人口等布局调整，依托学院戏曲表演专业群和表演艺术专业群科学设置专业。目前学院高职现有戏曲表演、戏曲音乐、舞蹈表演、音乐表演、国标舞表演、戏剧影视表演、曲艺表演、舞台艺术设计与制作 8 个专业 13 个专业方向，全部在文化艺术大类下的表演艺术类。通过优化合理专业设置，提升专业建设水平，实现学院特色高水平发展。

2. 全面开展职业分析，完善专业人才培养方案

学院在总结近年来专业人才培养方案实施情况的基础上，对高职 8 个专业 13 个专业方向逐一进行了职业岗位能力分析，邀请校外专家、行业企业专家和学院骨干教师一起召开职业能力分析会，从专业人才培养目标、职业面向、培养规格、典型工作任务、课程转化、实践教学等方面展开了全面研讨，撰写完成各专业方向的调研报告，各专业形成了详细的职业分析及课程转化表。在此基础上完成了 2022 级专业人才培养方案修订工作，报院长办公会正式通过并经学院党委会审定，对 2022 年秋季新生正式实施。下一步还要加强学校课程标准的修订和实施管理，进一步规范教学行为，提升教学质量。

二、加强过程管理　保障教学平稳有序

1. 统筹谋划多措并举，做好疫情期间教学管理工作

新冠肺炎疫情发生后，学院周密部署统筹谋划，制订各项教育教学防疫制度和措施。教务处及时发布通知，就开展在线教学作出要求，稳定教学秩序，提高授课与学习效率。

学院多部门通力合作，维护在线平台稳定运行。教务处通过对在线教学用户量的评估，合理确定在线教学的硬件及网络环境支撑条件，提升服务能力；及时解决在线教学平台和设备网络环境所遇到的问题。

为确保在线教学质量，学院积极应对，实施"分层监控、分级督导、即时反馈"，成立了由院领导、教务处、各系部组成的线上教学检查组，多措并举开展在线教学检查，确保线上线下教学同质等效。

2. 以技能大赛促进学生素质提升、教师能力增长

学院把教师和学生参加北京市和全国职业院校技能大赛作为提高人才培养质量的重要抓

手，深化教育教学改革，持续推进内涵建设与发展，认真组织参加各项比赛。近年来，学院教师和学生在国家、北京市技能大赛中屡获佳绩。通过参加比赛，学生普遍增强了课堂知识联系实际问题能力，舞台实践能力也得到普遍加强，学生综合职业素质明显提高。学院教师通过参加教学能力比赛促进了学科水平和综合素质的提升，尤其是促进了青年骨干教师的快速成长。教学能力比赛的持续开展，为学院课程改革、教材建设和教学能力的提升，促进学院"特高校"建设、持续提升人才培养质量奠定坚实基础。

三、强化质量监控　推动教学质量提升

1. 树立质量监控全新理念，打造一支过硬督导队伍

学院坚持"以学生为中心、以学生成长成才为导向、持续改进"的工作理念，健全内部质量管理体系，强化关键环节质量监控与督导。学院成立了由孙毓敏、李玉芙、燕守平、戴月琴、万山红等艺术家组成的艺术指导委员会和教学督导委员会，通过对学院教育教学活动进行全方位与全过程的督导和评估，及时、客观地向学院领导和主管部门反馈教学现状，提出改进教学的建议与措施，形成了较为完善的教学质量监控体系。

2. 坚持全过程全方位质量监控，力促教学质量提升

学院制订了《北戏教学督导管理条例》，明晰院系两级教学督导职责，强化沟通联络机制，形成了全校统筹、统一组织、分工明确、齐抓共管、稳步推进的教学督导工作格局。学院通过召开教学督导工作例会、师生座谈会、学生评教、撰写高职年度质量报告等方式，多渠道、多途径地交流反馈质量监控信息，搭建学院、职能部门、教师、学生有效沟通的桥梁。

未来，教务处将对照北京市"特高校"建设标准，按照《通则》要求，进一步严格做好质量把控和过程管理，将教学管理工作落实到细节上，把各个环节抓好抓实，努力推进学院人才培养工作迈上新台阶。

打造"三化三创"管理模式，
推进教学运行平稳高效

北京市对外贸易学校　徐江琼

为推进教学管理工作科学化、规范化，北京市对外贸易学校通过完善制度流程机制建设和标准体系构建，引入教学诊断与改进管理理念，以信息化平台为技术支撑，构建科学、系统的教学运行管理机制，逐步形成运行制度系统化、管理过程网格化和管理平台智慧化的"三化一体"教学管理典型做法，形成了模式创新、评价创新和平台创新的"三创新"教学特色，严格执行教学规范和各项制度，保证教学工作的稳定运行和教学质量的提高。

一、"三化一体"管理典型做法

1. 运行制度系统化

学校适应职业教育的高质量发展阶段，聚焦培养高素质、高技能人才目标，遵循教学运行规律，根据"职教20条"《职业教育法》"新京十条"《通则》等，建立健全教学运行规章制度，形成系统化的运行管理制度汇编。围绕教学运行组织、教学日常管理、考试与成绩管理、学生学籍管理、教学运行质量管理、教研活动管理和教学档案管理等内容，制订50多项教学管理制度和30多项工作标准，规范了教学运行管理的各环节。各项制度与时俱进、动态更新，相继完善了《教师课堂规范》《学校网络教学实施方案》《教学事故认定和处理办法》《学生学籍管理办法》《教学档案管理制度》等一系列规定，为教学提供根本遵循，确保教学平稳有序。

2. 管理过程网格化

过程管理从"严、精、细、实"着手，执行校级、教务督导、部系、教研组四级网格化管理，细化为分管副校长具体负责、教务处专职负责、督导室监督评价、教学部系分解优化、教研组组织落实的责任分工制度。同时，成立教学工作委员会、专业建设指导委员会、学术委员会等专家组织，围绕人才培养质量提升做好质量监控。加强对日常教学管理五环节（教材选用、教学设计、教案编写、课堂实施、考核与评价）的指导与检查，强化教学常规，建设"三有"课堂。具体执行学校领导专项查（期初、期中、期末），教务督导集中查（教材、计划、听课、评教），教学部系每天查（学生考勤、教师课堂规范），教研小组每周查（作业检查、教案编写）。实时反馈，确保管理实施有方案、过程有监控、行动有痕迹、效果有改善。

3. 管理平台智慧化

实施"互联网+教学管理"，打通教学、考试、检查、教研等信息孤岛，形成"管理、教学、学习"三位一体、同步发展的信息化管理体系，加强教学运行管理全过程数据分析研究，推进治理体系和治理能力现代化。在开设的12个专业、116门课程中均采用互动教学平台进行数据采集、教学反馈和改进，实现师师、师生、生生多项互动，促进教学质量提升。建立262名行业企业外聘师资信息库，有利于学校遴选、考核、评估。参与国家级资源库建设资源452项、信息化资源建设总计2.3TB，构建线上线下混合式教学模式，实现优质资源共享，让更多师生受益。

二、"三创新"体现教学运行特色

1. 模式创新：构建"五层级三维度"全过程教学质量保障模式

围绕人才培养目标，设置学生，教研组，部系，督导，教务，专家，校领导，合作企业与合作高校五个层级评价主体，通过规范—监控—评价三大维度，将质量诊断和改进覆盖课程教学设计、教学方法选择、教学内容准备、教学过程实施、教学效果评价、教学反思改进等环节，实现教学管理的标准化、规范化，形成质量保障闭环，全面保障和提升教学质量。

2. 评价创新：打造"多元多维"学生可持续发展评价体系

围绕立德树人根本任务，实施课程思政，将劳动素养纳入学生综合素质评价体系，基于PGSD能力分析模型，搭建多元主体评价平台（学生自评、教师、高职院校、企业专家、客户、家长等），设计多维评价内容（工作任务、综合项目、作品、职业技能比赛、职业证书考试等），注重增值评价、多元评价、过程评价、结果评价，各专业制订评价方案，助力学生发展，如会展专业校企构建了"四三二三"产教一体评价体系。将教学目标与课标、企标、行标、赛标有机结合，对应基础素养、职业能力、行业需求、终生成长，从规范、技法、思维、眼界、素养多维度设定评价指标。多主体共同评价学生实训过程与结果，推动学生发展由浅入深，螺旋上升。

3. 平台创新：搭建管理数据预警平台

建立常态化教学质量检测、分析和预警机制。对接教务、学生、质控、科研、教研等应用系统，进行大数据分析，形成专业层面、课程层面、教师层面、教学效果层面的画像，及时对教学过程进行预警，辅助教学管理决策，提升教学管理水平。

党的二十大报告赋予职业教育前所未有的光荣使命，"统筹职业教育、高等教育、继续教育协同创新，推进职普融通、产教融合、科教融汇，优化职业教育类型定位。"学校将持续强化教学管理工作的科学化、规范化，不断探索、反思、前行，扎实做好新形势下的教学及教学管理工作，为建设高质量、有特色、国际化职业学校而勠力同心，不懈奋斗！

走科学、规范、先进、特色的教学运行管理之路

北京市外事学校　刘畅

《通则》中提出，"教学运行管理是职业院校组织实施教学的核心，是提高教学质量的重要手段。它的基本任务是研究职业教育教学运行管理规律，建立健全教学运行组织和规章制度，保障稳定的教学秩序。"北京市外事学校坚持立德树人根本任务，致力于不断探索符合新时代职业教育改革和高质量发展要求的教学运行管理体制。

一、教学运行管理组织

以结构合理、责权清晰、分工协作、运行高效为原则，学校建立校级、教学实施部门两级教学例会制度。在工作规范、实施细则层面出台的相关制度共20个左右，目前根据《通则》内容及新《职业教育法》的出台又进行了完善。

二、教学运行管理模式

经过不断实践探索，总结形成了PDCA循环递进管理运行模式。

1. 循环

Plan（计划）是指教学计划管理，包括人才培养方案、课程标准、校历、课程授课计划、教案管理等。

Do（实施）包括教学日常管理、考试与成绩管理、学生学籍管理。

Check（检查）也就是教学运行质量管理环节，通过教学检查、听课、督导、评教等实施管理。

Action（改善提升）是教研活动管理环节。

2. 递进

周而复始地循环且呈阶梯式上升。

三、教学运行管理典型做法

教学运行管理的基本内容基于PDCA模式并与四个环节相对应，包括教学日常管理、考试与成绩管理、学生学籍管理、教学运行质量管理、教研活动管理和教学档案管理六项内容。

习近平总书记在党的二十大报告中强调"要完善学校管理和教育评价体系""推进教育

数字化"。《通则》中明确提出,"学校应不断加强教学运行管理数字化、信息化建设,不断应用大数据、人工智能等新一代信息技术,科学、高效、精准地开展管理工作,提高教学管理的现代化水平。"在教学运行管理整个过程中,学校一直致力于"一平三端"智慧教学系统的开发,这是"数智融创"的具体落实,为教学运行发挥了重要作用。

(一)平台亮点

"一平三端"智慧教学系统是以在线教学平台为中心,将课前建课、备课和学生预习、课中课堂教学和实践操作、课后复习考核和教学评估等整个教学过程融会贯通,融合教室端、移动端、管理端各类教学应用于一体的信息化教学整体解决方案,打造出承载"教学资源+教学数据+智能分析"的强大"云端大脑"。

平台集合课程建设、资源建设、教学开展与运行管理、教学大数据分析等教学全流程应用服务。管理员可以通过移动端查看学校大数据,包括实时课堂、日常监控、教学监控、学情分析、签到监控、资源监控等,随时随地查看教学运行情况,统计数据以全流程多维度的方式,贯穿课前课中课后、融合线上线下、打通课内课外,以教学数据为总线。除课程建设、资源建设、学习情况统计、成绩统计发放等丰富的日常教学实时统计功能外,下面主要就教学质量管理相关功能进行介绍。

1. 教学检查

教师上课前统一在各教室(含实训室)扫码签到,教务处统一管理。在考勤管理的基础上统计实训室的利用率。

2. 听课交流

常态课、研究课的评价功能可以根据课程性质、评价目的不同制订相应评价指标,便于听课人及时反馈,数据的统计也为教学质量评价管理提供了强有力的支撑。

第一学期"落实立德树人、推进课程思政"教师研究课活动、第二学期教学能力大赛活动两个平台的开发,方便教师上传资源,教学成果可视化,教师间互相学习,专家指导便捷,也便于归档留存,目前正在完善中。

3. 督导

每周学校中层以上干部深入课堂听课,及时了解教学情况,指导教学工作。每学期统计并公布听课情况。

4. 学生评教

学校全部教学班可在平台上对每一门课程的任课教师进行评教,教学处及时收集、分析数据并与任课教师反馈沟通。

整个智慧平台为学校教学质量的监控与管理提供数据支撑,实时为学校的科学决策提供依据。目前围绕对教师生成的综合评价,学校开发并形成教师"自画像",提升教师整体队伍建设。

(二)借助平台解决的问题

"一平三端"智慧教学系统覆盖教学全过程,并积累完整的教学大数据,以立德树人为根本任务，帮助学校实现提高教学质量、提升教学效率、简化教学管理的目标，为教学改革提供依据，促进学校教学模式、组织模式与服务模式的变革，协助学校构建"互联网+"下完整的教学生态体系。

（三）完善与提升

教研活动是更新教学观念、推动教学改革、提升教师教学能力的重要途径，学校开展有实质性的教研活动，突出成果导向，务实解决教育教学改革及人才培养过程中所面临的热点、难点和问题。

学校教学质量的监控与管理提供数据的分析展现，实时为学校的科学教学管理决策提供数据支撑。对于教师的优势亮点在教研组内、组间、校内外提供平台进行展示、推广；对于共性问题通过教研活动进行探讨，个性问题与教师一起分析并提供改进措施，提供专门化的培训学习的平台等，在不断地发现问题、分析问题、解决问题过程中实现完善提升。

未来学校将继续完善智慧教学系统建设，不断提升教学运行管理效能，助力首都高质量旅游人才的培养。

优化教学管理，深化校企合作，助力学生成长成才

北京市劲松职业高中　魏春龙

教学管理是教学活动的最核心、最重要的管理。教学管理包括课堂教学的组织管理、实践教学的组织管理、日常教学管理、考试与成绩管理、学籍管理、教学质量管理、教学档案管理、教研活动管理等。

四十年的办学历程，劲松职高立足于"人为本、爱为魂，宏德尚能，培养人文见长的现代职业人"的办学理念，积淀出"品如松，劲有为"的校训和"真诚真爱，德艺双修"的教风。长期以来，学校始终以教学工作为中心，坚持教学管理服务于人才培养，经过不断摸索与实践，学校教学管理不断优化，构建了"刚性规范，柔性实现，动态监控"的教学质量管理理念。通过制度化规范、信息化支撑，系统构建起以质量管理为核心，以过程管理为重点，校企协同管理贯彻全过程的工作体系，助推学校教育教学改革和人才培养。

一、系统推进，构架起完善的教学运行组织，明确教学运行主体责任

在教学管理方面，严格执行教学规范和各项制度，保证教学工作的稳定运行和教学质量的提高。多年来，逐步形成了"统一管理、职能延伸、条块结合"的教学管理模式。在教学管理机制建设方面，实行校长负责制，由教学副校长主管教学工作。教学与信息中心负责全校教学管理与运行，学生发展中心、教科研与督导中心、对外交流与实就创等部门协同管理；专业、教研组、年级组构建起两级管理架构，配足配强教学管理人员，有效落实校区主管和校区教学副主任为主责，多部门协同联动的教学质量管理与评估体系。

学校定期召开教学工作专题研讨会，对专业建设、重大教学改革、重点提升项目进行研究指导；同时，校企双方依据国家教学标准、职业资格标准，结合产业发展需求，规范制订流程，定期共同修订人才培养方案。

二、刚柔相济，依托教学质量管理保障体系，确保教学运行顺畅有序

制度建设是教学组织管理的根本和保障。学校根据服务教学工作改革与发展、质量提升的需要，围绕教学运行、问题导向、诊断提升、教学质量保障等几方面加强制度建设，并结合学校教学改革建设的需要，不断建立健全教学管理规章制度，制订了涵盖教学建设与改革、教学运行管理、教学评价与质量监控、实训基地建设管理、校企合作、队伍建设与管理等60多项制度，形成了完备的教学管理制度体系，保障教学改革顺利实施。学校构建的"五横五纵一平台"质量监控体系，对教学常规管理、教学计划、课程标准的制订修订、人

才培养方案的修订、教研活动开展、混合式教学改革推进等进行重点监控，确保教学管理能落地、可监测、有效果，助力人才培养质量的提升。

在规范日常教学管理，加强课堂教学过程监控方面，坚持教学过程管理制度化，制订了覆盖教学全过程的制度，如《北京市劲松职业高中教学监控工作实施办法》《北京市劲松职业高中教学检查制度》《北京市劲松职业高中教学运行管理汇编》等并具体实施。通过学校、教学/专业（教研）、班主任三级日常教学巡查以及学生信息员课堂记录，坚持"课课有人查，节节有人记"，对教学过程各环节实施监控，课堂教学运行有序；在教学检查方面，实现了常规检查与内部督导"三融合"专项检查相结合的方式，常规检查覆盖全过程、全师生、全课堂，实现了教学文件、日常教学巡视记录、学生考勤、教师调排课、听评课、评教评学、技能竞赛、考试等情况统计的精准、高效、便捷化管理和服务，建立了全员、全过程、全方位的教学监控信息系统。同时内部督导"三融合"专项检查按关键节点分期初、期中、期末进行，在学校"五横五纵一平台"内部质量监控体系的管理下，确保教学管理有效实施与运行。

三、深化课堂革命，打造"三有"课堂，提升课堂教学质量

1. 以学习方式变革为切入点，深入推进混合式教学改革

学校适应"互联网+"时代新要求及企业对新时期和新型人才的要求，在不断创新教学模式的基础上，深入探索混合式教学模式改革，制订多项平台管理与资源建课方面的相关制度。通过线上建课、资源库建设、在线精品课程、教学实践等形式，构筑了适合本学科、本专业可参照的教学模型，实现不同学科、不同专业类型的混合式教学改革。多层次学习内容、多元学习方式、多种评价方式的混合，丰富了课堂教学环境，促进了学生成长、教师发展，对开展有用、有趣、有效的"三有"课堂建设起到了重要的作用，教学效果良好，教学质量明显提升。自推进混合式教学改革以来，学校在2017年6月2日、2018年6月5日两次混合式教学全国交流活动中，推出23节混合式课例展示，代表北京市职业院校把混合式教学经验在全国进行推广；教师依托信息化、智能化、数字化的校园平台，参加区级、市级、国家级教学能力比赛，成绩斐然，自2018年至今，教师获得市区级教学能力比赛奖项的团队近70个，累计近400人次获奖，其中获得国家级奖项4人；利用混合式教学模式推出的市区级公开课、研究课、教材分析已成为常态，每学期均在15节左右。学校在平台结构、分析策略、授课方式、考核形式等方面深化研究，不断完善，利用大数据分析，诊改各个环节中存在的问题，有效提升了教学管理和服务质量，构建起以学生为中心的职业教育新型课堂生态，学生在线学习成为常态，提高了学生的自主学习能力，养成了良好的学习习惯。

2. 立足学生综合职业能力，实施"融合式"综合实训项目

学校立足于高素质技术技能人才培养要求，针对专业课程体系不够完善、实训项目与生产实际结合不够紧密、实训教学方式不够丰富以及教学管理机制不够健全等问题，在以工作过程为导向的课改理念指导下，创建了专业"三级三跨"综合实训课程体系模型，明确了

三级实训实施路径及保障机制,其特点就是遵循学生职业能力发展规律,打破原有教学计划,重组教学模块,按照"跨技能""跨课程""跨专业"三个层级构建三级三跨综合实训项目体系,研究成果获得2022年北京市职业教育教学成果二等奖。例如构建出中餐+酒店、西餐+酒店、中餐+西餐+酒店、美发造型+影像技术、烹饪+摄影、摄影+数字+乐器等众多形式的跨专业跨学科联合实训项目。这些项目以真实任务为载体,在校内推出了"秀秀家乡味""校园微电影""微信新闻内容制作""重阳敬老 情满劲松"等综合实训项目,实施专业"融合式"发展,促进专业课程融合、师资共通、基地共用、资源共享。特别值得一提的是,在2022年6月25日,学校推出第二届"秀秀家乡味"云上综合实训展示,以研究课形式在全市示范,开创了后疫情时代线上综合实训的先河。

四、改进结果,强化过程,评价模式多元化

1. 完善学生学业评价改革

完善学生学业评价改革,学校制订了《公共基础课"教考分离"暂行管理办法》《专业实训课考试管理办法》,修订调整《学生学业评价方案》,按照"改进结果评价、强化过程评价、探索增值评价,健全综合评价"的要求,建立"全方位覆盖、全过程控制、全要素管理、多元评价"的评价考核体系。同时,衡量学生是否达到毕业标准,为用人单位选人用人和高等学校招生录取提供真实可信的参考依据,构建了体现"内容多样、主体多元、形式多样"的岗课赛证学业评价模式。该模式最大亮点是在专业课评价方面变"考试"为"展示",公共基础课期中取消纸笔测试,采用素养考核方式,期末采取教考分离的方式。

调整成绩结构,由"532"调整为"433",即平时成绩占比40%、期中成绩占比30%、期末成绩占比30%;重新调整"学生学业成绩记分册"。公共基础课围绕学科核心素养,探讨期中考试改革模式的变革,创新公共基础课期中纸笔测试形式,结合学科特点,向综合展示方向变革;期末继续实行语数外"教考分离"。专业课继续执行"岗课赛证"综合评价,学校作为朝阳区职业学校专业课考核改革试点,深化专业实训课程综合化展示考试改革工作,研制专业展示项目库建设,结合专业实训课教学内容调整项目测试方向。为使评价改革有效实施,学校采取教师"教学述评"方式,对学生学习行为、过程和结果用评语和报告的形式呈现,引导教师更加关注学生和学习过程,以评促学,以评促改。

学生学业评价改革,使学生发展呈现质的飞跃,刚刚结束的期末考试中,学校高一年级352人全部参加线上区级统考,成绩同比第一学期大幅度提高。同时学生的职业技术也显著提升,本学年在各类技能大赛中获奖30多人次,在6月25日举办的第二届"丝路工匠"国际技能大赛中,学校西餐烹饪专业李博凯、王思颖获得特等奖,西餐烹饪专业陈一铭获得一等奖,酒店专业赵冕毅、谢芳获得二等奖,西餐烹饪专业宋樱岚、酒店专业郝铭炜、毛宇萌获得三等奖,学校被北京市教委评为特殊贡献奖。休闲体育服务与管理专业学生付子晏包揽北京市第十六届中学生运动会皮划艇、赛艇静水项目比赛的六项金牌。

2. 教学述评工作稳中渐进

为贯彻落实中共中央、国务院于2020年10月印发实施的《深化新时代教育评价改革总

体方案》，学校及时推广教学述评工作，新增《北京市劲松职业高中教师教学述评制度》《北京市劲松职业高中教学述评工作实施方案》。贯穿学生学习的全过程、全时空、全要素的教学述评工作，以学生的职业成长和综合职业能力提升为目标，以"内容多样、主体多元、形式多样"为特征。教师把学生思想状况、基础知识、基本技能、实践创新能力、学习态度和能力、学业成绩等纳入述评内容，侧重评价学生学习态度、学习能力、学习习惯、学业水平及学习成绩等，同时关注学生的个性特征和差异性，客观分析学生的可持续发展，注重结合课堂表现、自身优势、特长或明显特点等进行述评，注重学生素质素养评价与学业评价相结合，突出了对学生的个性化评价。教学述评以学生学业的"述评"为切入点，以此带动"教师的评""专业/教研组的评""部门的评"，而最终落实学校整体评价体系。

自 2021 年 9 月开始正式启动教师"教学述评"工作，分四个阶段实施：学习研究建章立制、分层推进全员参与、典型示范摸索经验、反思提升效果延展。全校在述评学生学业过程中，不仅是对学生客观评价，也是对教师的教学实施策略、教学方法、教学过程路径的描述说明和对完成教学内容、教学目标、教学结果效果的自我评价。教学述评工作的开展，使得学校育人效果突出。王晨浩获得 2020—2021 学年度中等职业教育国家奖学金，17 名学生获得 2020—2021 学年度北京市政府奖学金，4 名学生参评第十五届朝阳区职业高中校园之星，1 名学生参评北京市三好学生，1 名学生参评北京市优秀干部，1 个班级参评北京市级优秀班集体。在刚刚发布的 2022 年北京市高职单考单招考试成绩分数分布中，学校纪璐同学以 390 分的成绩居于榜首，获得单招单考的高考状元，曹鹏以 343 分成绩名列前五，均被北京联合大学本科录取。在 1+X 证书试点院校建设方面，学校目前有 12 个证书试点，涉及 10 个试点专业，专业覆盖 71.4%。参加证书考核学生 58 人次，通过 51 人次，通过率 87.9%。述评有方，也带动了班级建设，班主任在通过教学述评工作，优化了班级管理工作，与任课教师形成合力，取得了良好的育人效果，班主任也取得相应的嘉奖，陈容婧老师获得全国班主任能力比赛三等奖、北京市比赛一等奖、北京市"紫禁杯"班主任一等奖。

五、深化产教融合，校企协同管理，贯穿人才培养始终

搭建校企协同育人平台。学校各专业与国内近百家企业深度合作，结合"特高骨"建设，成立了大董工程师学院、宋志春大师工作室、融媒体工程师学院等技术技能平台；学校整合对外交流与实习就业创业办公室中心，统筹校企协同育人工作。学校制订了《劲松职业高中专业调研管理办法》《劲松职业高中人才培养方案的制定与实施》等相关制度，通过"校企共同制订人才培养方案、共同开发课程与实训资源、共同组织教学实施管理、共同组建师资队伍、共同参与学业评价与考核"的六共同协同育人方式，将校企协同教学管理贯穿人才培养始终。

创新探索多样化的校企协同育人模式。例如，学校中、西餐专业结合"特高骨"建设工作，开展现代学徒制下的双主体育人等多样化的协同育人模式，并通过制订《现代学徒

制教学组织管理办法》《现代学徒制教学管理实施办法》等系列制度，有效推进现代学徒制项目的顺利实施。

近年来，随着教学管理工作有效开展，育人质量显著提升，毕业生初次就业率平均为98.74%，对口率平均达92.5%；学生技能大赛成绩突出，近两年，学生在技能比赛中获国际比赛奖项15人、市级比赛奖项32人；学生对教学和管理满意度高，经北京市教育系统统计数据及学校评教评学工作的开展，毕业生对学校满意度为99%；在校生对教学育人满意度为98%，对课堂教学满意度为97.99%，对教学管理满意度为97.58%。

抓头尾、立规范，以落实《通则》为要义带动教学运行管理质量全面提升

北京劳动保障职业学院　宁玉红

自《通则》颁布以来，学校以学习《通则》为起点，以落实《通则》为要义，重创新，见实效。

一、抓好头，搭建"进阶式模块化"课程体系

在深入学习《通则》的基础上，学校围绕培养"具有家国情怀、首都气派、国际视野、创新精神的高素质技术技能人才"这一目标，搭建"进阶式模块化"课程体系，带动学校教育教学迈入全面改革的新时代。

"进阶式"是按照技术技能人才成长规律，将教育教学分为初、中、高三个培养阶段。初阶注重专项技术技能培养，强化学生就业能力；中阶注重复合型人才培养，提升学生职业发展能力；高阶注重创新创业教育，激发创新活力和动力。

"模块化"是从课程框架层面，按照基本性质和功能，将课程定位明确为基础性模块、核心模块、发展性模块三个大类，对应教育教学的三个阶段。基础性模块对应初阶培养，包括综合职业素质训练模块、职业岗位能力训练模块、就业指导模块等；核心模块对应中阶培养，是涉及学生职业能力核心的模块，集中体现复合技能训练；发展性模块对应高阶培养，主要包括创新模块、创业模块、拓展岗位模块等。三类课程构成"模块化"课程体系的三个横向维度。

在此基础上，设置思政教育、实训教学和实践教学三个纵向维度，贯穿育人始终。思政教育遵循学生认知规律，思政课程和课程思政在各阶段培养各有侧重。实训教学遵循学生技能习得规律，各阶段培养分别侧重基础实训、专业实训和综合实训。实践教学遵循学生成长规律，衔接校园文化活动、社会实践活动、学生技能大赛、创新创业创意活动，注重"五育"融合全面提升。

最终形成"三横三纵"交织的"进阶式模块化"课程体系。

二、把好尾，创新教学质量管理新举措

学习《通则》关键在出实效。学校教职工人手一本，全员覆盖，践行成效突出反映在教学质量管理的新举措上。

以期中教学检查为例，2021年秋季学期，学校在例行检查基础上，着重开展了"五个环节"专项检查。

一是课程思政建设环节。重点检查是否把课程思政纳入人才培养方案、课程标准和教案中；是否精抓细做，积极推进课程思政示范项目；是否及时总结经验做法，逐步全面推开。截至目前，学校已实现课程思政示范项目专业全覆盖，课程思政建设已在全校形成燎原之势。

二是过程化考核环节。对"过程化考核"课程摸清底数、规范要求、查漏补缺、更新改进，细化实施要求和申报归档办法，建立"过程化考核"课程备案制。本学期，全校"过程化考核"课程占比90%以上，切实将"增值评价"融入教学质量评价全过程。

三是教研活动环节。围绕"三教"改革和课堂革命开展教研活动实效性检查，督促各教研室研究教学规律、更新教学观念、提升教学能力、解决教学问题、提高教学质量，确保教研活动有产出、能落地。

四是教材选用环节。依据《北京市职业院校教材管理办法》，全面落实国家事权，持续开展教材选用合规性检查，确保教材"凡编必审""凡选必审"。

五是教师企业实践环节。引导专业优化人才培养方案，开发对接企业先进标准的课程，确保教师企业实践见实效。

2022年春季学期，学校又推出两项新举措，推动质量管理从"成果评价"向"效益增值"转化。

一是开展"提质培优进行时，院长谈教改"活动。二级学院院长围绕职业教育的"五个坚持"，就如何推动思想政治教育与技术技能培养融合统一，如何推进产教融合、校企合作，如何优化专业群布局、提升专业内涵，如何以学生为中心开展"三教"改革和"课堂革命"，如何开展高质量职业培训、凝练特色亮点，在全校进行成果汇报。

二是开展"一室一例，线上教学点点亮"活动。各教研室就优化线上教学、提高教学质量，全面梳理可推广、可复制的典型案例，形成案例集在全校展示。

三、修好规，实现教学运行管理全面提升

学校以《通则》为抓手，以"七个规范"为指导，全面修订教学规章制度，促进教学运行管理全面提升。

一是规范教学组织运行。制（修）订学校《教学工作委员会章程》《专业指导委员会章程》和《招生考试工作委员会章程》等，全面落实两级管理机制。

二是规范教学日常管理。修订学校《排课、调课及代课管理办法》《教学事故认定与处理办法》等，全面提升管理科学规范性。

三是规范考试与成绩管理。修订《考试工作管理办法》，全面明确工作规程。

四是规范学生学籍管理。制订《高职学籍学历统一管理办法》，全面落实上位文件精神。

五是规范教学运行质量管理。制（修）订《教学督导方案》《听课评议管理办法》，全

面反映"增值评价"改革要求。

六是规范教研活动管理。将教研室主任选聘纳入党的组织人才建设，全面提升教研活动的党性引领和思政属性。

七是规范教学档案管理。强化《教学档案管理办法》执行力度，全面夯实教学档案管理的主体责任。

通过一年来的学习实践，我们切身体会到《通则》的颁布是北京职业教育发展进程中的一件大事，是首都职业教育规范化建设的一个里程碑。我们坚信，在北京市教委的坚强领导下，学校一定能在持续发展中融入新时代，站稳新定位，实现新跨越，建成建好"首善、融通、卓越"的现代高等职业学院。

保证教学秩序稳定，不断提升教学质量

北京工业职业技术学院　王佼

一、遵循职业教学规律坚持基本原则

1. 严格依法管理

落实立德树人根本任务，依据国家和北京市有关法规和相关文件，按照《通则》以及《北京工业职业技术学院章程》开展教学管理工作，确保各项管理工作有章可依、依法治校、依规管理。

2. 突出类型管理

教学管理工作充分突出职业教育的类型特色和学校城教融合的办学特色，坚持校企互动、产教对接、学做合一，创新现代学徒制的人才培养模式改革，保证实践学时占总学时的50%以上。

3. 落实精细管理

坚持以教学为中心不动摇，强化教学无小事意识。在课程安排、课堂教学、评价考核等方面强化精细化管理，将有关政策、制度及改革举措落地、落细、落小，落到实处。

二、推进全面质量管理完善基本内容

1. 以人才培养方案为引领，强化教学计划管理

以专业数字化改造为主线，2021年重新修订了27个专业的人才培养方案。构建了智能贯通的结构化课程体系和"软硬高"的实践能力训练体系。同时，严格落实教学计划，保证整体教学运行平稳有序。

2. 以教学治理能力建设为抓手，规范教学过程管理

注重细节管理，规范日常教学管理，从学生入校伊始的注册、报到，到具体教学过程中选课、排课、考核、成绩、转专业、毕业资格审核等，再到学生的实习实训和就业，将学生培养的全过程纳入规范管理的轨道。充分利用学校和企业、社会优质资源，拓展学生综合能力培养。

3. 以教学质量保障体系为载体，深化教学评价改革

积极探索教学评价模式改革，建立综合评价体系。基础课实行考教分离，实训课程引入第三方评价，实施过程性评价、发展性评价。借助信息化手段，教师对学生的学习行为和学习效果进行全流程信息采集，基于学生的平时表现开展形成性评价；同时加强结果性评价改革,采用笔试、一页纸、大作业、调查报告等综合的考核评价手段。

三、加强教学基本建设强化实施保障

1. 规章制度保证

根据国家政策文件要求,结合教学管理规律和教学管理的实际需要,制订相关管理制度文件。先后出台了《专业人才培养方案及实施性教学计划的制订管理办法》《教材建设与选用管理办法》《教师教学行为规范》等文件,作为各项教学管理工作的行动指南。

2. 资源条件支撑

持续开展基础设施建设和实习实训基地建设,建设华为信息与网络工程师学院、京东智能设备工程师学院等6个北京市职业院校特色高水平实训基地,打造城市智能设备技术应用与智慧建造虚拟仿真实训基地,2021年获批教育部职业教育示范性虚拟仿真实训培育基地。打造"数字化、系列化、立体化、实时化"的教学资源,牵头建成国家级工程测量技术专业教学资源库,建设了国家级精品课程10门、国家精品资源课程10门、国家课程思政示范课程3门,开发了活页式、工作手册式教材69本。

3. 文化环境服务

建设智能教学管理系统。依托"数字校园"建设,整合教学运行和教学资源管理,构建了教学管理服务平台和数字化学习中心,实现精细化和规范化管理。管理信息系统数据总量达533G,数字资源总量达318GB,已建立智慧教室80间。利用大数据动态实时收集课堂教学数据,教师根据数据反馈调整教学策略和教学方法,提升课堂教学的效率和效果。

建设"三全育人"文化环境。注重师德师风建设,实行师德"一票否决"制度。在数字校园建设基础上,通过"大国工匠进校园""一校一品"校园文化建设以及技术技能大师工作室的建设,营造以工匠精神为内核的校园文化氛围。充分挖掘各方面的育人资源和育人力量,注重"三全育人",创建协同育人机制体制,2022年学校获批北京职业院校"三全育人"典型学校。

通过科学精细的管理,教育教学治理体系不断完善,教学治理能力不断提升,人才培养质量得到有效保障。2018年和2019年学校连续被评为全国教学资源建设50强,2019年被教育部评为全国职业院校教学管理50强。近年来,学生就业率一直稳定在98%左右,吸引了全国100多所兄弟院校来校交流学习,大大提升了学校的吸引力和影响力。

专业带头人说人才培养

构建药品生物技术专业群人才培养新模式，支撑首都医药健康高精尖产业发展新跨越

北京电子科技职业学院　陈亮

一、专业群建设目标

药品生物技术专业群按照"瞄准一个目标、搭建两个平台、建设三个基地、实现四个一流"的建设思路，建成"园校企协同、产教研融合"特色鲜明的技术技能人才培养新高地。

二、专业群组群逻辑

专业群组群坚持从职业出发、校企合作制订组群方案，使专业群改革与企业实际用人需求相结合；坚持典型企业的特殊性与行业的普遍性相结合，促进相关标准在更广范围使用；坚持立足国内与融通中外相结合，提高专业群及相关标准的国际化水平；坚持专业协同，各专业在专业群内"各美其美、美人之美、美美与共"。

1. 确定服务对象

专业群精准对接北京经济技术开发区"生物技术与大健康产业"。开发区拥有国药集团北京生物制品研究所有限公司、拜耳等1 700家中外生物技术企业，专业群主要服务研发、生产、销售流通类生物技术企业的生物产品的生产、质控、研发、销售和管理等岗位。

2. 开发"职业仓"

系统分析开发区"以研发为中心、以高端产品生产为重点"的产业布局，选择国药集团、北京博奥生物有限公司等大型生产企业和北京亦庄生物医药园中小微生物技术企业的具体岗位数据进行分析，归纳出专业群对应的"职业仓"。

3. 确定职业培养路径

根据"职业仓"分析，药品生物技术专业群培养的高职毕业生主要有四种就业与职业发展方向，对应四种"职业培养路径"："生物产品研发助理""绿色生产""质量控制""销售、管理及其他"。

4. 确定组群专业组合

与四种"职业培养路径"相关的高职专业有药品生物技术、生物产品检验检疫、食品营养与检测和环境工程技术，确定由这四个专业作为药品生物技术专业群组群专业。

三、人才培养模式创新

以专业群"职业培养路径"为主线,以"园校企协同、产教研融合"育人为特色,以书证融通型、专业复合型、创新实践型三类技术技能人才培养为目标,构建药品生物技术专业群人才培养模式,构筑人才培养新高地。

1. 聚焦企业用人实际,开发人才培养标准体系

以国内通用的职业标准、专业标准为基础,对照德国、新西兰、韩国等国家相关专业标准,紧密结合开发区企业用人实际,以职业教育目标分类理论为指导,联合北京亦庄生物医药园及相关企业开发制订专业群 SCI 系统化人才培养标准体系。

2. 聚焦职业培养路径,制订人才分类培养方案

依据教育部关于制订高职人才培养方案指导意见及相关规范,制订基于专业群"生物产品研发助理""绿色生产""质量控制""销售管理及其他"等四种"职业培养路径",每种"职业培养路径"又细分为书证融通型、专业复合型、创新实践型三个类型的人才分类培养方案。

3. 聚焦三类人才培养,搭建结构化课程体系

搭建由公共基础课、专业群(类)技术基础课、职业技术技能课、复合型和创新型模块化课程构成的结构化专业课程体系,职业技能等级标准融入职业技术技能课程,取得高职层次等级证书,培养书证融通型人才;跨专业选课或取得两个及以上技能证书;培养专业复合型人才;在企业现代学徒中心开展项目实战,培养创新实践型人才。

4. 聚焦泛在自主学习,建设新形态富媒体资源

建设专业群网络学习空间,实现多终端泛在自主学习。按照课程、教材、资源一体化建设原则,校企共同开发适用于不同生源类型、不同课程定位的新型活页式或工作手册式教材和富媒体教学资源。

四、教学改革和课堂革命

紧扣立德树人根本任务,深化课程思政建设;适应"互联网+职业教育"发展需求,利用现代信息技术手段,推进线上线下混合式教学;深化以学生为中心的教法改革,推广项目教学、案例教学、工作过程导向教学,推动课堂革命;全面推广以学生为中心的"三结合"评价模式,促进提高教学质量。

1. 坚持立德树人,推进课程思政建设

注重挖掘课程和教学方式中蕴含的思想政治教育元素和职业道德标准,将社会主义核心价值观贯穿教学全过程,遴选课程思政"三金"案例,使专业课教学与思想政治教育紧密结合、同向同行,实现全员、全程、全方位育人。

2. 坚持因材施教,打造"三有"课堂教学

在落实教学目标、管理等方面统一要求的前提下,适应不同职业发展路径,针对普通高职、贯通培养、社会人员等不同生源特点，采用线上线下混合式教学，打造有用、有趣、有效课堂，课程覆盖率达到100%。

3. 坚持创新为核，强化实践教学路径

在校内通过小学期兴趣培养和技能强化，依托"大分子药物研发""特医食品研发"等200多项真实研发服务项目，开发成学生"优学助研"项目进行创新实践；在企业现代学徒制中心开展"基因工程菌构建""新型制剂开发"等项目实战，将生产实际、技术服务和应用研发有机融合。

4. 坚持质量为本，建立多元评价体系

建立"实时性评价和阶段性评价相结合、线上评价和线下评价相结合、教师评价与企业评价相结合"的"三结合"多元评价体系。

五、教改成效

药品生物技术专业群坚持"依托首都产业办专业、联合园区企业建标准、对接职业岗位育人才"，面向首都医药健康高新技术企业"高端产品生产+研发辅助"岗位群，创新"园校企协同、产教研融合"育人模式。

1. 学生创新实践能力强

打造"优学助研"学生创新团队，实现学生"生产实践+技能提升+创新创业"有效结合，学生创新实践能力显著提升，获市级以上技能大赛和创新创业大赛奖项75个，"新球战疫-PCR核酸检测试剂新型冻干微球"项目团队获北京地区高校大学生优秀创新团队一等奖和"京彩大创"百强创业团队。

2. 学生就业满意度高

学生毕业"双证书"获取率100%，平均就业率保持在98%以上，就业社会保障好，毕业转正年收入约为6.80万元，有五险一金等保障性收入的占比77.27%，福利奖金待遇好，对专业群满意度为98.37%。

3. 学生工作成就感高

83%学生就职于国药集团、泰德制药等医药健康高新技术龙头企业；近百名毕业生奋战在国药集团疫苗生产和研发辅助岗位，占国药集团高职层次人才近1/3，从事核酸检测、疫苗生产等岗位工作，形成了高职学子服务国家抗疫的典范。

4. 学生留学认可度高

与德国南威斯特法伦应用科学大学、新西兰怀卡托理工学院、韩国朝鲜大学等国外高水平院校进行专业对接、学分互认、专本衔接等留学合作，近3年赴国外大学学习学生26人，专业建设受到国外同类院校认可。

创新"四化"举措，有力推进汽修专业人才培养

北京市昌平职业学校 张翔

一、专业设置合理化，变"随意挑"为"统筹选"

学校汽车运用与维修专业群以"服务汽车后市场发展"为办学宗旨，以"把需要工作的人培养成工作需要的人"为办学使命，坚持学历教育、社会培训、维修生产的办学功能，深化产教融合、校企合作，立足行业、服务北京。

为实现专业建设与产业发展的同频共振，避免专业随意设置、方向不明等问题，专业形成"每年一微调，三年一大调"的专业动态调整机制。通过行业企业调研、产业契合度分析、成立专业建设指导委员会等举措，精准把握专业建设方向，紧跟产业变化，匹配人才需求，科学统筹设置专业。

最终建成以汽车运用与维修为基础，新能源汽车运用与维修为支撑，车身修复为拓展，汽车服务与营销为补充，智能网联汽车技术为升级的汽修专业群，成为北京地区乃至全国汽修人才的储备库和孵化器。

二、人才培养双元化，变"一头热"为"两头甜"

产教融合校企合作，是专业建设的重要抓手。为突破"校热企冷"困局，专业通过自办汽车修理厂，外引大众、宝马建设北京地区唯一培训基地的探索与实践，创新形成"专业+自办企业+外引名企"的"1+1+N"产教融合、校企合作模式。通过专业和校办修理厂的一体化建设，实现专业人才培养和企业生产经营的有机融合。通过与业内知名企业共建培训基地、共建订单班，定向培养企业急需人才，赋能企业升级。

专业与企业共同制订人才培养方案，专业骨干教师与企业业务能手组成混编团队，共同做好人才需求调研、职业能力分析，每年动态调整"357"等不同学制的人才培养方案。

如依据职业能力分析结果调整培养目标与规格；在汽车行业智能化网联化发展背景下调整专业职业面向；在校企合作不断深化下升级"贯穿式"校企双元人才培养模式；在"岗课赛证"融通育人要求下重构课程，形成"1+X+N"的育训并举课程体系；在模块化课程理念下调整课程标准，建成4个专业方向的25个学习领域、115个工作情境、35个企业证书课程；再依据学生认知规律，按照简单系统到复杂系统、单一技能到综合技能、传统技术到智能技术的原则优化课程安排。调整后的人才培养方案，目标明确，标准清晰，实施性强，突显校企双元培养，共育、共管、共享、共赢，真正实现"两头甜"。

三、教学实施"三有"化,变"要我学"为"我要学"

在教学实施层面,学校始终坚持打造有用、有趣、有效的"三有"课堂,专业能力与非专业能力并重培养,强化课程思政与思政课程建设。创新形成"5A"教学模式,实现思政教育与专业教学相统一、教学过程与工作过程相统一、项目流程与任务流程相统一、线上学习与线下学习相统一。打破传统教学思维局限性,学生线上线下灵活转换,拓展学习时间与空间,变"要我学"为"我要学"。

为更好地促进教学目标达成、激发学习兴趣,专业开发系列工作手册式教材,建成多门市级精品在线课程,建立信息化汽车科普体验馆,持续建设含微课、视频、动画、仿真等信息化资源的教学资源库、典型案例库与学习素材库,与企业共同打造宝马"悦学苑"、上汽大众 LMS 等学习平台,帮助学生降低学习难度,提升学习质量。

专业始终秉承工学结合、知行合一理念,广泛开展实践性教学。课上通过听、说、读、写、行五大方面,强化学习实践。课下学生在校办汽修厂和校外培训基地开展认知实习与岗位实习强化岗位实践。同时组织学生参加志愿服务、社区劳动等活动,拓展社会实践。实践性教学占总学时达 65% 以上,实现学生综合职业能力快速提升和可持续发展。

四、育人质量数据化,变"笼统型"为"增值型"

为更加客观全面地分析学生成长过程与结果,专业创新形成"361038"增值评价体系,从 3 个视角、6 种方式、10 个维度、38 个指标,借助云计算、大数据等信息技术全面采集过程与结果信息,生成个人画像,量化学生成长增量,促进学生不断自我完善。

经过不断的实践与探索,学生获得感大幅提升。学生对口就业率达到 100%,进入上汽大众、宝马等头部车企占比达到 85% 以上,企业反馈学生基础实、技术强、素质高、留得住。专业学生参加全国技能大赛、行业技能大赛屡创佳绩,连续 3 年获得全国职业院校技能大赛车身修复赛项冠军,被多家主流媒体争相报道。学生及家长对专业工作满意度达 98% 以上,多次馈赠感谢信与锦旗。

伴随人才培养质量的提升,专业影响力不断增强,先后荣获北京市特色高水平骨干专业,国家级教师教学创新团队,教育部中德合作先进职业教育首批试点单位,全国教学成果奖 1 项,北京市教学成果奖 3 项,全国职业院校教师教学能力大赛一等奖 3 项,彰显专业办学实力。

展望未来,专业将继续围绕"人才培养质量提升"这一主题开展各项工作,持续强化"四化"举措,全力以赴打造一流汽修专业,培养更多能工巧匠、大国工匠。

适应产业发展数字化升级，打造高水平智慧商业专业群

北京市商业学校　王红蕾

一、智慧商业专业群建设背景

我国"十四五"规划纲要提出"打造数字经济新优势，促进数字经济与实体经济深度融合"。北京市商业学校以习近平新时代中国特色社会主义思想为指导，围绕首都双循环、四个中心定位，对高精尖产业发展、高品质民生提出新需求，提升职业教育与产业数字化转型升级发展的契合度，凝聚行业头部企业优质资源，协同学校电子商务专业集群及商科特色专业优势，共同打造智慧商业群。

零售产业数字化转型升级，营销模式创新促进新技术新应用变革，呈"天·地·人·全"深度融通的产业数字化升级新特征。"天"是线上电商平台运营，重在内容打造和新媒体传播。"地"是线下实体运营，通过服务升级提供有温度的体验，促进销售转化。"人"是广泛利用社交媒体，开展裂变分享，实现客户留存与维护。最终实现"全"域"全"渠道"全"流量系统构建。学校以专业群建设为职业教育改革突破口，构建结构优化的智慧商业专业群，完善与时代同步、与产业对接、动态调整、不断提升的专业群动态发展机制，深化专业群内涵建设，提升专业群影响力。

二、智慧商业专业群组群逻辑

数字营销凸显从业人员岗位能力交叉，知识技能复合型发展的新特征。智慧商业专业群对接国家颁布的新职业"互联网营销师、全媒体运营师"，以及直播销售员、短视频创推员、产品选品员、平台管理员、门店数字化运营人员等新型职业岗位的能力要求，系统开展职业能力分析，定位专业群人才培养目标。开展学校人才培养战略定位及专业群结构优化论证，加快电子商务大类紧缺领域新专业建设，并为传统营销类专业进行数字化赋能。发挥首饰设计与制作高端品质生活、眼视光与配镜大健康大类专业在知识及应用场景方面优势，丰富专业群营销实践资源。向融合新模式、新技术、新场景、新应用智慧商业升级，坚持提质培优，培养高素质新型营销人员。

群内各专业具有"营销类"人才培养共性。遵循岗位群相似、工作岗位相关、专业基础相通、教学资源可共享的建设原则，以电子商务为引领带动相关专业共建专业群。通过群培养优化原有专业学生知识与技能结构，拓展其就业岗位和新职业适应性，满足职业教育供给侧改革的新要求。

三、对接职业标准，构建专业群层次化、模块化课程体系

1. 精细化职业分析，定位人才培养目标

联合互联网龙头企业、电商 500 强企业，协同全国多所"双高"校共同开展专业群调研，针对北京市产业需求升级聘请行业产业专家、职教专家指导开展职业分析及论证，精准定位智慧商业专业群培养目标，即：面向电子商务师、互联网营销师、市场营销专业人员等职业，培养德智体美劳全面发展，掌握扎实科学文化基础与电子商务、市场营销、商品零售、数据分析等通用知识及相关法律法规，具备商品管理、直播销售、新媒体营销、用户社群维护等综合技能的高素质数字化营销人才。

基于职业能力分析，系统归纳典型工作任务，提炼核心职业素养，对接职业岗位标准，完成学习内容转化。根据学生认知规律和职业发展规律，坚持课程思政引领，深度融合数字化技能提升目标要求，设计群内基础通识模块、专业化课程模块、拓展技能模块、综合实践模块，构建"底层共享，中层分立拓展互选，顶层融通"的专业群模块化课程体系。底层共享文化素养和商科通识模块课程；中层专业方向课程模块强化转向技能培养，拓展互选跨专业、数字营销类课程模块；顶层融通综合实训，学生可发挥专业优势特长，灵活组建学习团队，参与生产性实训和创业实践，提升岗位迁移能力。各模块学习认定相应学分，通过学分银行制度，评价学生学业水平。课程模块可根据教学目标灵活拆组，满足专业群学生在岗位认知、专业技能提升和综合实践应用等不同阶段的学习需求。

2. 融合 1+X 职业技能等级标准，开发模块化课程及数字资源

对接专业群可互选的 1+X 职业技能等级标准，分析群内各专业侧重培养内容，围绕商务数据分析、社交电商、直播电商、门店数字化运营等面向新零售的核心技能，加强书证融通课程建设。以学习者为中心、以工作过程为导向，开发专业群模块化课程。发挥合作的行业领军企业专家资源优势，校企协同开发课程标准、课程数字化学习资源、实践教学案例包等，共同打造网络在线精品课程。先后开发完成新零售场景电商、社交电商、商务数据分析、直播销售、新媒体运营等一系列群内通识模块化课和专业拓展课程，"直播销售""新媒体运营"获批北京市网络精品课程。深化"岗课赛证"融通课程教学改革，充分适应学生跨专业学习需求。

加强课程思政研究，发挥北京市课程思政协作共同体协同研究优势，系统梳理新商科人才培养核心思政元素，与专业群课程模块渗透融合，创新"5融4步"课程思政实践教学体系，德技并修落实育人目标。整合企业典型营销案例、工作项目案例，校企编写项目引领、工作导向的新形态教材，坚持立德树人，弘扬社会主义核心价值观，配套开发展现国家数字经济发展、科技与商业融合的微课学习资源，激发学生技能强国的职业理想信念。

三、产教融合育训并举，创新实施新商科人才培养

1. 坚持立德树人"五育并举"、形成"三全育人"新格局

发挥电子商务和新媒体创业优势，产教深度融合，开展创新创业教育。打造学生创客空间，将珠宝文创设计、眼视光远程验配技术与电商营销创业项目深度融合，激发学生创新思维，拓展创业能力。与京东新零售合作，组织多彩商业文化节，让学生体验"实体商业线下销售+小程序线上营销+社群活动推广+直播场景化销售"相组合的全域营销新模式，专业群学生跨专业开展社团项目训练，商业服务能力显著提升。

注重课堂教学改革，70%以上专业模块化课程采用项目式教学，辅以网络资源学习，提高课堂效能。为拓展学生知识与技能，服务学生个性化发展，配合开设第二课堂、多类型社团活动，邀请企业专家、优秀毕业生定期到校开展专业教学、专题讲座，开设商业伦理大讲堂，强化商业诚信，领悟工匠精神、树立文化自信。

通过全程、全员、全方位"三全育人"设计与实施，专业群学生知识技能得到拓展，学会团队合作、体验劳动精神，构建商业思维，落实了德智体美劳全面发展的"五育并举"育人目标。

2. 瞄准数字营销核心技能，创新"双主体·三阶段·双平台"人才培养模式

以学生发展为中心，发挥校、企双主体育人作用，形成校企师资互聘、课程标准共建、实训资源共享、实践共训的合作机制。应用线上数字化营销与线下实体门店销售相融合的实践教学"双平台"，开展工学交替、项目实训。完成初级宽基础、中级活模块、高级跨专业项目融通的3段式理实一体化教学实训，帮助学生实现知行合一、掌握数据分析、社群营销、直播销售、新媒体运营等核心技能，拓展职业视野，提高数字营销综合技能。

3. 发挥双平台·双主体育人优势，校企协同开展教法改革

（1）校企项目合作，育训结合激发学习动能。融入电商、新零售企业实战项目，开展工学交替、订单培养。探索形成工学交替学分考核管理机制、学徒制人才培养质量监控机制，开展企业化项目评价方法改革。双导师形成项目教学组，协同开展模块化教学指导。依据岗位标准定职定岗，分组教学，用真实运营项目和典型工作任务带领学生学习与实践，校企教师共同开展"教师评价与企业评价相结合、线上评价与线下评价相结合、实时性评价与阶段性评价相结合、过程评价与结果评价相结合"的"四结合"现场评价。同步将合作企业项目进行模块化课程转化，形成专业群内教学实训资源，实现群内教学共享。

发挥社团定向培养优势，专业群内成立项目组，社团模拟公司项目分角色开展岗位实践，打破专业壁垒，协同参与智慧零售岗位工作实战，学生进一步明确职业目标，拓展职业技能。发挥京东、阿里巴巴生态企业资源优势，教师承接企业项目，带领学生共同参与营销推广实践，体验多类型、多品牌互联网营销推广工作。在电子商务职业教育专业指导委员会组织的冬令营中，40余名专业群学生参与项目实践，精选零食、粮油、日用、美妆、珠宝文创等营销推广项目，厚植商业品牌文化、渗透中华优秀传统文化，学生树立正确价值观，形成诚信经商、良好服务用户的职业态度。学生认真撰写工作日志，反思工作方法与问题，

获得企业专家直接指导，企业人员精益求精的工作态度为学生树立职业榜样。

通过校内、校外项目式教学实践，混合式课堂教学改革，配合课余社团协助企业开展线上直播带货、新媒体营销推广，不断优化教学组织流程，校企双导师开展工作指导、项目评价，形成一整套合作教学管理机制。教法改革，培养了自主探究学习习惯，激发学生学习动力，职业技能显著提升。

（2）以学生发展为中心，推进混合式教学改革。专业群84班44门课信息技术深度应用，教学团队协同打造专业群资源库、网络精品课程，开发贴合学情的丰富数字化资源，利用校内外实训基地、教学实训平台、专业资源库，开展混合式教学、行动导向教学方法改革实践。开展课前问题导向、自主探究学习，课中资源综合应用、平台教学互动，课后拓展应用实践平台助学、助训的教学设计与教法改革，教师信息化教学能力得到显著提升，数字化全程评价学习效果促进学生发展。

四、成果成效

1. 承担国家级专业教学标准建设，引领全国中职智慧商业专业群教学改革

专业群主持和参与多项国家级标准的开发与修订，先后承担电子商务、跨境电商、移动商务、眼视光专业等全国中职专业目录的修订和专业教学标准的开发，电子商务大类实训标准开发工作。标准开发带动对行业产业数字化升级发展的深度调研，促进专业群优化结构，科学构建课程体系。形成研究成果向全国兄弟院校进行经验分享，促进京津冀地区协同发展。

2. 获批全国中职首批国家级师资创新团队，打造卓越的专业群双师队伍

2021年专业群电子商务专业教学团队入选国家级职业教育教师教学创新团队，是全国首批中职教学创新团队。专业群教师在教学教法改革、创新创业教育、模块化课程体系建设、协同开展模块化教学、课题研究等方面取得多项成果。专业及课程改革案例获得全国一等奖，校企共创"直播营销"课程中的"文创饰品直播销售"教学设计获得全国职业院校教师教学能力比赛一等奖，教学成果获北京市教学成果二等奖。指导和参与各类国际国内大赛奖项42项，开发出版新形态教材12本，北京市网络在线精品课程开发2门；开发国际化课程"中国名片——陶瓷""电子商务导论与运营基础"向海外输出，提升了国际影响力。现拥有北京市职教名师2名、专业带头人2名、市级骨干教师3名，北京市优秀创新团队1个。

3. 显著提升专业群人才与岗位的匹配度，促进学生高质量就业

发挥数字营销领域产教融合优势，整合平台运营商、厂商、服务商企业合作生态的资源优势，构建由京东院校服务商、腾讯直播服务商及MCN机构等企业生态合作伙伴构成的优质就业企业集群，提供直播电商和数字营销数十个新型职业岗位进行就业推荐，通过双向选择，"订单班"78名学生实现100%高质量对口就业。

在2021京东国际直播比赛中2名学生入围"全国100强"；在全国乡村振兴技能比赛（北京赛区）赛、京津冀直播销售比赛中获得一等奖；在丝路工匠国际技能比赛中获得特等奖、一等奖,将中华优秀传统文化进行国际化传播;在中泰国际创新创业比赛短视频营销技能竞赛中,连续两年获得一等奖,向泰国近20所中高职业院校进行经验分享。学生服务社会能力提升,智慧零售社团服务中小微企业项目50余项,促进企业品牌推广、累计销量20余万。

4. 长期承担全国职教师资国培项目,辐射带动全国中职智慧商业专业建设

充分发挥高水平骨干专业群"树旗、导航、定标、催化"的示范带动作用,长期担任全国电子商务行指委副主任单位、中国职教学会数字商务专委会副主任单位,连续8年承担电子商务专业全国职教师资国培项目,累计为全国50多所职业院校和企事业单位员工提供培训服务8 000余人次;在中国职教学会第十五届"说专业、说课程、说专业课"活动上,学校智慧商业专业群的建设经验向全国1 500多所职业院校、1.5万名线上与会教师进行分享。2022年,专业群承办北京市职业院校技能大赛(中职组)电子商务赛项;坚持举办京津冀电子商务产教联盟技能竞赛,有效带动京津冀电子商务技术技能人才培养质量提升。

以数赋智，智慧会计
——"智慧会计专业群"人才培养

北京财贸职业学院　梁毅炜

一、智慧会计专业群组群逻辑

1. 产业升级与转型发展背景

2020年，北京市正式启动两区建设。2021年，北京服务业占GDP比重达到81.67%，成为北京市的主体产业。包括会计、审计、税务咨询、资产评估等行业在内的商务服务业，是典型的知识密集型、高附加值的现代服务业产业，北京市"十四五"时期现代服务业发展规划明确提出要支持会计、审计、评估、信用、咨询等商务服务业拓展国际市场。

智慧会计专业群学习贯彻党的二十大精神，全面贯彻党的教育方针，落实立德树人根本任务，突出科教兴国战略，强化现代化建设人才支撑。专业群呼应北京市产业发展需求，服务于北京市高端商务服务业，聚焦于企业内部资金管理活动，以及代理记账、审计、税务咨询、信托、资产评估等从事资产价值鉴定、资产和资金管理的高端商务服务业。

2. 组群逻辑

目前专业群包括大数据与会计、大数据与会计（税务会计）、大数据与会计（注册会计师）、大数据与会计（管理会计师）、会计信息管理五个专业及方向。

专业群内各专业服务产业相关、职业岗位互通。专业群对接、服务北京市"四个中心"的城市战略定位及"高端发展商务服务业"的产业定位，聚焦数字经济背景下财经领域的新业态、新岗位、新业务、新场景，面向智能会计、财务共享、审计、税务、数据分析等智能财金岗位群的复合型财经人才需求，组建专业群，支撑行业的人才需求。

群内各专业的专业文化共融、职业素养共通。诚信、严谨和创新是专业群各专业的文化共识和素养共性。各专业均与经济风险关联较高，高度关注风险，均强调诚信、严谨和创新等职业素养的培养。

二、校企双方共同研制人才培养方案和课程标准

1. 校企合作，共研人培方案和课程标准

专业群成立专业建设与教学指导委员会，邀请企业共同研制人才培养方案和课程标准。

在财务大数据分析、财务建模与可视化等课程中与企业合作共同研制课程内容与课程标准。

2. 书证融通，职业技能等级融入人才培养

与企业合作开展职业技能等级标准的研制、培训等工作。通过课程置换、内容更新、课证融通等方式，推动书证融通，实现课程内容与职业技能等级标准的共融共通。

三、开展实践性教学环节

与多家财经服务业龙头企业开展校企合作。2018年，与用友新道合作开设管理会计师学院，开办新道财务特训营。根据企业会计职业需要设计了财务职业素养、小微创业企业账务实操等课程。实现了将企业搬进课堂，让学生在学校就能走进企业、感受企业、认知企业、零距离接触企业实践。

与中联集团成立了中联产业学院。通过产业学院，搭建实践教学、学生实习、教师下企业实践平台。2021年，与中联集团共建"中联大师工作室"，工作室开设的课程完全以中联集团真实的客户和业务内容为基础，对学生进行真实的代账业务实操培训和实践。

与国内最大的会计服务公司华财会计服务公司合作，开设会计工厂项目实训课程。参与中鹏会计师事务所企业项目评审，学生累计完成了100万张单据的评审。

四、开发应用教学资源

会计专业群推动技术赋能专业，开发了一系列专技融合类课程，在教学中推动教育教学的智慧化和智能化。先后陆续开发了财务共享、财务建模与可视化等在线开放课程；在审计、财务共享、财务建模与可视化等课程中探索实施混合式教学，积累了宝贵的混合式教学实践经验。

五、推进教学改革和课堂革命，提升学生的获得感

1. 推行基于业务场景的行动导向教学

专业群贯彻"在业务场景中学理论，在理论应用中强实践"教学理念，开发了"会计综合实训""财务报表审计"等多门上班式课程，以企业经济业务场景驱动专业课程的学习。

2. 创新打造"企业、移动、智慧"三个课堂

在深化上班式课程建设的过程中，引入企业实战课程，转换教学场景，构建职业化氛围；转变教师身份，把教师说教变成师傅指导，把专业教师授课变成校企双师授课。与华财会计等公司合作共建会计工厂，破解会计专业无法在校内完成真账实操难题。

3. 推行智慧课堂和移动课堂

会计专业群建设了"财务共享""财务建模与可视化""审计"等6门在线开放课程，

借助智慧树、职教云、财贸在线、云班课、雨课堂等移动教学平台，利用校内财务共享体验中心、财务大数据应用中心等智慧学习空间，实施线上线下混合式教学。

专业群鼓励教师参加教学能力比赛和学校的财贸好课堂等活动，通过比赛和活动广泛推动专业课程的课堂教学设计、教学方法和教学手段改革，打造"立信好课堂"，推进教学改革创新，推动"三有"（有趣、有用、有效）课堂实施落地。2020年专业群的审计团队获得教学能力比赛国赛二等奖，纳税实务、财务建模与可视化团队获得北京市教学能力比赛一等奖。

产教融合型专业人才培养

北京市丰台区职业教育中心学校　崔永亮

一、打通"采、传、用"数据链条，培育复合型高素质技术技能人才

专业群依托物联网技术应用、计算机网络技术、人工智能技术与应用三个专业，本着"数据循环'采、传、用'，物联、网络为智能；技术交叉融一体，三分专业归一统"的专业互联逻辑，以数据的采集、传输、应用三个过程及三个专业核心技术间的内在联系为依据，打通数据链条，实现专业间资源共享优势互补。专业群通过深度校企合作和工程师学院的建立，实现专业人才培养与企业用人标准、专业文化与企业文化、专业教学环境与企业用人环境、专业师资与企业工程师的无缝对接，培育新一代智能技术复合型人才，实现专业群高质量发展。

二、携手海尔集团，构建智能互联人才培养共同体

专业群依托"海尔智慧教学工厂"建设，打造"三师型"教师团队，实现文化素养与专业技能有效支撑、课程设计与工作过程有效衔接、学习项目和生产任务有效对接、课程标准与技术标准有效融合，形成校企协同人才培养共同体。

（一）精准调研、定制培养，打造"课证融通"模块化课程体系及课程资源库

专业群依托市场调研和岗位能力模型确定人才培养定位，校企双方共同设计开发"素养+通用技术+岗位技术+实训"的模块化课程体系及课程资源，制订人才培养方案，共同培养技术能力强、职业素质高的专业化技术型人才。模块化课程体系包括职业素养模块、通用技术模块、专业技术模块和岗位实训模块。职业素养模块重点培养学生的职业精神、职业价值观和工作方法；基础技术模块为学生学习专业技术打下基础；专业技术模块针对工程师岗位设计理实一体的课程资源，促进学生素养与技能提升；岗位实训模块针对工程师工作中遇到的真实项目案例，进行分组任务式实训教学，促进学生岗位实践能力提升。

（二）工学交替、产训合一，创新工学结合教学评价体系

实施双主体育人，创新"工学深度结合、能力三级递进"的"丰职·海尔"现代学徒制模式，通过校企资源共投、人才标准共订、培育方案共研、人才培育共育、研发成果共享，实现学生从"学徒—准员工—员工"的层级成长。

引"海尔服务中心"驻校，将海尔真实、鲜活的项目融入学校人才培养，将企业典型岗位关键能力、职业资格证书标准、1+X 证书标准、企业文化、企业管理理念和工匠精神融入教学评价。校企共同研制了以甘特模型为依据的工学结合教学评价体系，评价重点以职业能力提升为目的，体现职业性、实践性和开放性。评价案例均以海尔智家真实工作任务及工作过程为载体，通过真实案例、任务设计完成职业能力测试。

（三）技能与素养高度融合，助力高水平智家人才培养

借鉴海尔、小米以及京东行业企业技术标准，结合学生的知识结构，重构教学计划，重组教学模块。依托海尔认证及工程师能力评估模型和模块化课程体系，校企双方共同培养具备较强技术能力、良好职业素质和行为规范的高素质、专业化技术型人才。学生在接受此课程系统的培养后，毕业时可具备 1 年专业服务工作经验，真正实现在校"零"距离实训，毕业后"零"距离上岗。

（四）产训研合一，实训基地建设与国家标准开发，内外兼修，相辅相成

打造高水平智能化的市级理实一体化产教融合校内外实训基地和教学资源库，校企合力服务专业发展，践行成果内化、固化。共同参与研制人社部《物联网安装调试员》职业技能标准、教育部《物联网场景设计与开发》1+X 技能等级证书标准、教育部中职《物联网技术应用专业教学标准》，承接两个联盟企业委托开展的产学研项目。

三、企业化班级管理，职教提质培优新特色，开展实践性教学环节，推进课堂革命

企业制度文化聚焦学生标准意识和管理能力提升，将企业绩效管理融入班级管理的体系构建。以目标管理促进专业知识与技能习得，以素养教育促进职业气质养成，以绩效考核及现代学徒制促进职业素质成长，达成促进每位准员工的成人、成才、成功的最终目标，提高学生的获得感。

四、创新"3+2"现代学徒制教学组织模式，推动教学改革，提升学生获得感

专业群依托"智慧教学工厂"真岗环境，构建并实施了以甘特模型为依据的工学结合教学组织模式，实施 3 天在理实一体化实训室进行教学项目学习，2 天在智慧教学工厂进行真实项目实岗锻炼。其中部分技术和实训课程由企业工程师、学校讲师、培训师"三师同堂"，共同完成教学实施，推动教学改革。通过工学交替、实岗锻炼，实现校企零距离接轨，全面提升学生获得感。产教协同育人成果被新闻联播、北京电视台等多家媒体报道，社会反响强烈。

服务"京津冀交通一体化"建设，培养道路桥梁智慧管养领域高素质技术技能人才

北京交通运输职业学院　姚士新

一、"为谁培养"——对接道路桥梁智慧管养领域

1. 专业群组群逻辑

遵循"教育链、人才链与产业链、创新链紧密衔接"的办学理念，对接交通基础设施"勘测设计—投标预算—施工交付—养护运维"全过程、全要素产业链，重构道路桥梁专业群的知识技能体系。围绕行业"以数字化为基础、网络化为支撑、智能化为方向"的发展新需求，服务北京"四个中心"战略定位和"京津冀一体化"综合交通体系建设，培养道路桥梁工程建设、养护与管理领域的复合型高素质技术技能人才。

专业群以道路与桥梁工程技术专业为核心，以工程造价、建筑工程管理专业和测绘工程技术（无人机应用）专业为支撑，以数字建造技术、智慧养护技术、无损检测技术、数字测量技术、质控监理技术、工程招投标技术、工程造价技术、BIM（建筑信息模型）5D应用技术和三维信息技术、无人机测绘技术为纽带，相互融合，形成"专业集群"优势，培养服务于道路桥梁智慧管养产业链的复合型高素质技术技能人才。

2. 服务"京津冀交通一体化"高水平协同发展，培养道桥领域急需人才

围绕行业数字化管养、无人化巡查、大数据决策、仿真化设计、模块化智造、自动化作业、全景化感知、全方位应急、精准化服务等路桥管养新特征，提炼典型职业活动，调研人才需求，分析就业岗位。按照岗位交叉、技术互通、基础课平台公用、教学资源共享的思路，完成群内各专业结构优化、智能化改造升级。

服务北京"四个中心"战略定位和京津冀一体化综合交通体系建设，培养德智体美劳全面发展，具有数字建造技术、智慧养护技术、无损检测技术、BIM5D应用技术、无人机测绘技术应用及数据分析和处理能力，同时具备良好综合素养的能够从事道路桥梁工程建设、管理与养护领域工作的复合型高素质技术技能人才。

3. 形成"一干双枝"的专业群建设模式，开展专业建设

围绕道路桥梁北京市特色高水平专业群建设，通过进一步的政策研究、行业分析、专业定位、企业调研，梳理道路桥梁工程技术与工程管理两大链条，形成"一干双枝"的专业群建设模式，升级传统专业、发展新兴专业、探索需求专业。

二、"如何培养"——构建道桥产教融合共同体

依托北京道路桥梁工程虚拟仿真实训基地、北京道路桥梁智慧管养产学研基地、北京道路桥梁检测技术协同创新基地、北京道路桥梁工程专业双师型教师培养培训基地，及首发公路工程师学院、周绪利道路桥梁大师工作室，通过与企业共建工程师学院、大师工作室，深化实施"双元育人"，促进教学与培训质量提升，打造"共建、共享、共赢"的"首都道桥产教融合共同体"。

1. 完善"四对接"机制，保障专业群可持续发展

专业群建设指导委员会主导建立产业契合度调研机制，教学管理部每年制订产业契合度调研计划，通过就业调查、产业契合度调研，形成专业群与产业契合度调研报告，分析区域产业群的发展方向和动态。对接产业和岗位技能需求，动态更新专业群方向和课程体系，构建专业群动态调整流程和框架，优化专业布局，提升道桥专业群与交通基础设施智慧管养产业的契合度。

构建专业群全员全过程全方位的质量保证制度体系，持续优化教学工作环境，提高教学工作措施的针对性，不断提升人才培养质量。由专业群建设指导委员会主导建立第三方评价机制，以企业为主对专业群人才培养质量、与企业发展需求的匹配度进行评价。

制订企业教师聘任制度，将公司行业领军人才、技术骨干、全国劳模、人大代表加入教师团队，承担人才培养工作。依托"北京市职业院校教师企业实践基地"和道桥专业双师型培训培养基地，制订专业教师企业培训制度。专业群教师每年至少1个月在企业或培训基地学习实践。同时，培训公司教师团队，完成双师角色转变。

2. 以职业能力为导向，共同制订人才培养方案

以国家专业教学标准为基础，职业能力为导向，基于PGSD能力分析开展行业岗位分析。按照"行业调研—岗位分析—职业能力分析—专业人才培养目标—课程体系"的路径形成各专业人才培养方案。

3. 构建"底层共享、中层分立、高层互选"的专业群课程体系

构建"底层共享、中层分立、高层互选"的专业群课程体系，实现人才培养与产业链需求高度吻合，专业培养与行业人才需求同频共振。通过"双元共育"、工学交替的方式，深化产教融合，开展现代学徒制创新实践。企业人力资源深度介入、长期规划，共建产教融合实训基地，建立一体化联合育人的长效机制。逐年扩大现代学徒制、企业订单班培养数量，将工学交替的教学模式贯穿于人才培养过程中。公共基础课和专业基础课，围绕企业文化实践、专业设备感知体验，定期组织企业观摩、实践；专业核心课程，围绕企业有需求、学生能上手的单一性工作任务，开展定期工学交替的实践；顶岗实习，围绕学习岗位核心技能，系统进行企业工作实践。

4. 校企合作开发课程标准

突出实践、创新能力培养，支撑培养目标、培养规格、就业岗位要求。依据人才培养方案，参照专业规范、国家道桥专业相关职业技能资格等要求，对照PGSD能力分析表和职业

资格标准，联合行业协会和合作企业共同参与专业群所有课程标准修订。

按照 PGSD 能力分析表，提炼典型职业活动进行课程任务的设置。准确定位课程性质，课程目标对应培养规格，课程单元与 PGSD 能力分析表对应。课程单元按照项目式理实一体化设计，单元按照领域、场景或模块设计成任务式或项目化，将知识融入任务或项目中。明确师资、教材、实训基地等保障条件，教材以国家规划教材作为主教材，配套使用校本教材和企业工作手册作为辅助教材。教学评价关注行业企业对学生职业能力、技术技能、职业素养的要求，实现课程标准与职业标准对接。

5. 形成"虚实结合、校企双元、学创一体"的道桥实训体系

构建道路桥梁工程"虚实结合，校企双元，学创一体"的实训体系，本着"能力进阶，素养赋能"的原则，开发丰富的课程资源模块；同时坚持"引企入校，产教融合"的理念，建立"校内+校外"实训基地，课程资源模块和实训基地共同构成了"虚实结合"的实训资源，丰富了实训教学内容，实现了校企资源共享、课堂与实训基地一体化、能力培养与职业素质提升并重。

课前利用教学平台推送预习资料、专业的短视频、微信公众号等内容，寓教于乐，让学生能随时随地学习专业知识；课中通过虚拟仿真实训系统与校内外实训基地相结合进行授课，完成教学任务，感受现场工作氛围；课后推送技术资料，进行线下拓展，延续课上内容，完善工作任务和相关技术方案，为生产实践提供参考。

创新教学团队，采用任务驱动教学法，以工程案例为载体，形成教、学、做、评一体的教学流程，真实实训项目与虚拟实训项目结合，虚拟仿真实训平台和校内外实训基地相结合，校内实训室与校外实训基地轮动，企业专家校内教师双指导，提升人才培养的效率与质量。

实现了学生实训、师资培训、职业培训、技能竞赛、技能考核评价、技术研发等多种公共服务功能，获 2021 年北京市教学成果一等奖。

6. 校企"五结合"，实现"产学共用"

本着"企业主体与学院管理相结合，公司人才与专业教学相结合，公司资源与学生实践相结合，公司成果与课程建设相结合，公司标准与社会服务相结合"的工作思路，开展学生实践教学工作，学生实践学时超 50%。组建"校内教师+企业专家"结构化的创新教学团队，围绕"公司资源与学生实践相结合"，以公司第八项目部为依托，建立首发工程师学院产学研基地。将首发集团的"互联网+慧养护"系统转化为实训教学平台，实现了"产学共用"。将《高速公路日常养护作业标准化手册》等行业、企业标准应用于教学。

7. 教学资源建设

（1）构建"三位一体"的立德树人、道桥课程思政资源库。发挥校企双元育人优势，打造"课程思政体系—行业特色资源—教育实践"三位一体的建设模式，依托行业企业文化建设，充分挖掘劳模工匠、技术能手等企业师资。教学资源系统化、数字化整合，在课程思政体系下对应专业核心课程重难点，整合国家、行业、企业等相关资源，初步构建四类教学资源库。

通过全国劳模吴喜军进校园活动，培养学生深化劳动意识、创新意识；通过"周绪利大师活动周"等多元化技术创新主题活动，拓宽学生专业视野，传承工匠精神；开展"企业文化入校园"活动，邀请企业专家、优秀毕业生座谈交流、学生职业生涯指导；"一系一品"德育品牌建设，开展学生劳动教育、礼仪培训、勤工助学活动、传统文化陶冶、桶前值守活动等，培育学生的创新精神和社会实践能力。

（2）校企共建专业课程教学资源库。围绕专业核心课程组建结构化校企创新教学团队；采用"教师+专家、理论+实操、线上+线下"的形式，合作开发同时适用于企业职工继续教育和在校生专业学习课程，合作开展多本新型活页、工作手册式教材编写工作。

创建了覆盖全流程、全岗位的道路桥梁工程"虚实结合"的实训平台。针对道路桥梁工程领域结构体量大、高成本、高消耗、施工不可逆、建设周期长、参与单位多、综合性强等特点，特别是容易遇到高危或极端环境情况，真实实训难以全流程、全岗位完成，利用增强现实、人工智能、大数据、云计算、物联网等先进科技，开发实训项目。

课程资源分模块、分层次统筹建设。按照工作任务由易到难的顺序分为三个阶段，按照能力支撑的顺序进行排序，单项实训模块并列存在，共同支撑了施工实训模块，施工实训模块、造价实训模块、招投标实训模块、综合管理实训模块、创新创业实训模块、工程实践实训模块前后支撑。按照能力进阶的原则分为三个层次：第一个层次培养学生的识图、实验、检测、测绘单项技能，让学生能够集中精力通过收集信息、信息理解、信息归纳获取有效信息；第二个层次培养学生施工、造价、招投标、综合管理的综合能力，让学生能够利用所学知识进行综合思考、有效决策、方案展示；第三个层次培养学生的工作能力、创新能力，让学生能够对实际的工程问题进行分析，协同工作伙伴提出解决问题方法，有效地解决问题。

三、"培养成效"——教学改革和课堂革命，成效显著

1. 深耕企业文化，搭建课程思政体系

企业文化体系向教学体系转化。在习近平新时代中国特色社会主义思想指导下，从立德树人根本任务出发，用社会主义核心价值观引魂，深挖首发养护集团"利他文化"中的思政元素，构建专业学术逻辑和思想政治教育教学逻辑相融合的四级课程思政体系。

校企教师"联合授课"，打造课程思政大课堂。利用企业最鲜活的素材，最先进的实践基地、最有说服力的人物模范，开展教育实践。劳模工匠教师进课堂引领示范，吴喜军、马修强、李俊峰等先进榜样人物开展进课堂活动，通过养护品牌创新工作室开展创新精神培养，提升学生职业使命感和职业精神。首发拓展基地建设助力课程实践，如组织学生参加安全体验拓展基地，学习岗前安全歌曲和警示语，参加安全杯评选等活动，培养学生职业规范和安全意识。企业导师指导社团拓展课堂活动，以交通文化社团为龙头，引领梦测星空、建筑工程信息化和试验检测三大专业社团开展特色德育品牌建设。校企教师联合教学改革提升教学实效，如"桥梁工程施工"等三门课程代表学校参加北京职业院校教学能力大赛，思政教学效果好，均获一等奖。

2. 形成"三阶、三+"专业核心课程教学模式，职业素养赋能岗位综合评价体系

深化混合式教学模式，按照课前、课中、课后三个阶段，采用"线上+线下""虚拟+实

体""学校+企业"的形式,结合道桥专业群课程体系开展专业教学。强化过程评价,关注过程评价,创新增值评价,提炼岗位要求与行业标准,以专业知识技能要素和职业素养要素打造岗位综合评价体系。

3. 深化课堂革命,提升了学生的获得感

围绕专业核心课程,教师深入企业工程现场,直播教学;围绕工程安全、课题思政,深入企业,企业专家现场指导。专业核心课"双元"模式实践。结合学生专业社团,开展多种形式的第二课堂活动:参与"2021年昌平区地铁周边共享单车调研";参加职教宣传月开幕式和京"特高"验收项目社团展示活动;参加各项学生技能大赛获奖多项。深化"以赛促教",推动行业技能人才提升,承办路桥行业职工技能大赛,学生深度参与志愿服务、同台竞技;围绕"京津冀交通一体化"路桥建设、冬奥会重点项目,开展京台、京秦、首都环线、兴延、延崇高速等10余个新建高速公路,以及首都城市副中心改建项目的质量检测、道路材料见证试验、道路检测评定等工作,大大提高了学生的专业能力,有效实现了学生高质量就业,得到了行业企业的高度认可。

德技并修、双元育人，服务北京人工智能产业发展

北京市信息管理学校　贾艳光

一、专业群精准服务首都人工智能产业链

作为全国人工智能产业的领头羊，北京拥有人工智能完整的产业链。在该产业链各个领域中，大量应用了人工智能、服务机器人、虚拟现实和智能硬件等电子与信息技术。人工智能技术应用专业群以服务首都人工智能产业链，培养高素质劳动者和技术技能人才作为建群目标。

二、专业群培养定位面向人工智能产业链相应岗位

依据人工智能产业链上的技术领域相近性，组建人工智能技术应用专业群。群内各专业基础高度相符、技术领域接近，专业群对应的相关岗位与技术领域互相交织，可分为硬件维修类、产品运维与测试类、技术支持类、软件应用开发类四大类岗位。

在人工智能技术应用专业群中，计算机与数码设备维修专业和服务机器人装配与维护专业主要面向智能硬件基础岗位、技术支持、机器人训练师等岗位；虚拟现实技术应用专业主要面向智能穿戴设备、人机交互开发等基础岗位；人工智能技术与应用专业主要面向人工智能产品运维、测试，数据运维、分析等岗位。

三、专业群内各专业相互共享、互为依托

由专业群基础模块和公共基础课程模块，实现各专业基础课程、部分核心课程、师资的底层共享；由专业群拓展模块，实现各专业拓展课程的顶层互选；由专业群方向模块，实现专业群中层互为支撑。计算机与数码设备维修专业为服务机器人、虚拟现实、人工智能专业提供智能硬件的基础；Python、C、C#、JS等软件课程作为支撑，为人工智能、虚拟现实、服务机器人三个专业提供系统应用和开发所必备的软件基础。专业群内各专业协同发展，互为依托，形成了各专业间共建、共享、共同发展的生态链，实现学生职业能力的"横向拓展、纵向发展"，拓宽职业晋升通道。

四、构建"1+N"复合型校企双主体

以人工智能、服务机器人和虚拟现实头部企业百度、腾讯、猎豹为核心，以其生态企业

为支撑，组成双主体，发挥头部企业在前沿技术上引领作用和生态企业在整合资源上的优势。

合作开展职业能力分析，校企共同立项市级课题研究职业能力模型构建，共同开展调研、职业能力分析、人才培养方案修订，促进专业设置与产业职业岗位对接。

合作制订职业标准，与百度及其生态企业共同制订国家1+X深度学习职业技能标准，促进课程内容与职业标准对接。

合作共建共享项目化课程，与百度、腾讯共建共享专业群课程，推进教学过程与生产过程对接。校企开发的4门课程，先后入选高等教育和电子工业出版社重点选题，1门课程入选中国职教学会"说课程"典型案例，向全国1 800多所职业院校进行课程设计展示。

合作建立证书试点、考点、鉴定点，先后完成1+X深度学习、1+X虚拟现实工程技术人员试点申报、师资培训，推进课证融通探索，实现毕业证书与职业资格证书对接。

以"四对接"指引"四合作"，"四合作"促进"四对接。近年来，在双主体支持下，专业群先后成功申报并完成三个市级项目的阶段建设。

五、校企协同推进"学训耦合、职能递进"的人才培养模式

以培养人工智能、机器人、虚拟现实和智能硬件新型信息产业的技术技能型人才为目标，深化产教融合、校企合作，在计算机与数码设备维修专业多年学徒制基础之上，探索现代学徒制在人工智能技术应用专业群上的运用，逐步完善并形成了"学训耦合、职能递进"的人才培养模式。

以专业群校内和校外企业实训基地为平台，将学与训耦合，实施底层共享、中层互为支撑、高层互选的群课程体系，帮助学生经历四阶段完成职业能力递进，实现从初级学徒，经中级学徒、高级学徒，向预备员工的职业转变。

专业群建设的2年中，校企协同开启新征程，共同推进新一代信息技术类专业群建设，帮助学生、教师、企业工程师拥有更多获得感。校企共同指导的4个以人工智能技术为核心的双创项目，分别入围"全国青少年人工智能项目优秀成果"、互联网+大学生创新创业北京区域赛。服务机器人专业学生获得2022年北京市职业院校技能大赛团体三等奖、2022年全国智能制造虚拟仿真大赛优胜奖。虚拟现实专业学生获得2021年全国职业技能大赛二等奖、2022年北京市职业技能大赛团体一等奖和二等奖。

人工智能技术应用专业群将为学校和百度、腾讯提供更广的育人平台，积极探索人工智能技术技能型人才培养新路径，服务首都"四个中心"建设。

立足首都高品质民生建设，校企行协同共建全国一流"珠宝与艺术设计"专业群

北京经济管理职业学院　张晓晖

珠宝与艺术设计专业群现有4个专业：宝玉石鉴定与加工、玉器设计与工艺、工艺美术品设计、数字媒体技术。其中，宝玉石鉴定与加工专业是专业群的核心专业，具有全国同类职业院校公认的一流品牌地位，发挥着示范引领作用。

学校的人才培养目标是：以立德树人为根本，聚焦服务北京"四个中心"功能定位和京津冀协同发展国家战略，对接珠宝首饰及非遗技艺产业链，实施"玉德文化工程"，全面落实课程思政建设，培养具有玉德底蕴、适应珠宝首饰及非遗技艺传创产业发展、掌握"数字+"鉴定、设计、加工及营销管理技术的复合型、发展型和创新型的新时代大国工匠、能工巧匠和非遗技艺传承人。

专业群围绕珠宝首饰及非遗技艺产业链的职业岗位群，形成"智能鉴定—非遗数字文创设计—数字化加工—数字化营销"相互依存、相互支撑的纽带关系。人才培养实施"服务于珠宝首饰及非遗技艺传创产业发展的"三轴联动、三维同向、双标融合"的"332"高质量育人体系。

1. 三轴联动，构建行企校合作育人机制

与中国轻工珠宝首饰中心、有色金属工业人才中心、北京东方艺珍花丝镶嵌厂、北京菜市口百货股份有限公司、凤凰数媒集团等头部行企联合打造集"人才培养、社会培训、精准帮扶、创新创业、面向国际"于一体的校企深度融合育人平台。

2. 三维同向，共建国家级教学资源平台

由校、企、行紧密合作，学校作为第一主持单位主持建设完成"教育部宝玉石鉴定与加工专业教学资源库"，历时四年建设，高质量通过教育部验收，为全国同类院校提供优质育人资源，现已列入国家职业教育智慧教育平台。

3. 双标融合，建立"双元育人"培育模式

全面实施"企业群—岗位群—专业群"三群一体的中国特色学徒制，即以产教融合为根基，全面实施"三阶段、五旋回、宽基础、精技艺"的中国特色学徒制人才培养模式。

按照"顶层互选、中层分立、底层共享"原则，构建专业群核心课程与工作岗位对接，与1+X技能证书、职业资格证书融通，与双创教育、技能大赛融合的专业群模块化课程体系。

同时，将新技术、新标准、新工艺融入课程体系，强调专业能力与职业素养的"双螺旋递进"，凸显"社会适应能力+职业提升能力+创新创业能力"的培养。

专业群以教育部1+X职业技能等级证书、全国职业院校技能大赛、全国珠宝玉石检测制作职业技能竞赛、全国高校数字艺术作品大赛为抓手，以北京礼物等文创类权威证书，实施"岗课赛证"一体化设计。

校企共建开放共享性、产教研创一体化实训实践平台，建立智能宝玉石鉴定中心等产教融合实训基地，打造"一个基地、一个中心、两个产业学院、一个大师工作室"，支撑人才培养模式改革的实践育人新载体。

课程评价以项目化教学为统领，将过程性评价与结果性评价相结合，评价内容既体现课程思政要求，又体现五育并举、技能培养。

学院现有专职教师30人，其中全国技术能手1名，全国轻工技术能手2名，教授1人，副教授8人，北京市职业院校特聘教授、职教名师各1人。同时，聘请20名行业企业大师名匠兼职任教，有中国工艺美术大师、中国玉石雕刻大师、珠宝鉴定中心高级工程师、数字媒体技术高级工程师等行业顶尖人才。

同时，学校真诚服务合作企业，协助企业制订技能人才评价体系，开展1+X职业能力等级证书试点工作，对口帮扶新疆和田中等职业学校，研制国家标准，开展专项培训，服务北京冬奥会，承办教育部"汉语桥"·中国宝玉石文化主题冬令营，在服务国家战略的实践中培育高素质技术技能人才。

目前，学校取得以下育人成效：

（1）三全育人，立德树人筑匠心；

（2）校企融合，精益求精塑匠艺；

（3）与时俱进，非遗传承显特色。

近5年对口就业率100%，创业率5.3%；双师型教师达100%，在校学生荣获"中国工艺美术大师"，并获批"全国传统技艺传承示范基地"。

学校始终将"为党育人、为国育才"的宗旨融入每个育人环节，不断夯实"332"育人体系，将筑魂、育才有机融合，成就学生德技辉映的精彩人生。

在"十四五"期间，学校努力成为全国珠宝与艺术设计师资培养的"北京基地"、全国珠宝首饰与非遗技艺传承人才培养的"北京范式"、面向国际传播中华优秀宝玉石文化的"北京频道"。

信息安全技术应用专业群人才培养探索与实践

北京信息职业技术学院　纪兆华

一、专业群的组群逻辑

信息安全技术应用专业群是"双高计划"专业群,包括信息安全、计算机网络、云计算、通信、物联网共5个专业,也是第一批"北特高"骨干专业群和工程师学院建设单位。专业群对接新一代信息技术产业,与北京市十大高精尖产业发展高度契合。

专业群的组群逻辑是,对接基于信息安全的"云管端智"高精尖产业及数字产业化转型需求,以信息安全管理为保障,培养"通信保障、网络组建、云端运维、智能服务、安全管理"的核心职业能力,立足数字产业化,服务产业数字化。

专业群以成果为导向,运用AI大数据调研分析社会需求共性特征,构建课程体系,修订人才培养方案,持续跟踪社会需求。从专业人才供给侧、产业人才需求侧出发,分析专业之间、岗位群之间的共性需求、产业之间的关联链。专业群对应网络安全岗位,对接基于信息安全的"云管端智"等工作领域,服务高精尖信息技术产业。

二、校企共建专业发展

专业群具有良好的校企合作基础,成立了"360北信协同创新中心""信息安全工程师学院",承办职教集团年会论坛等,深度产教融合,校企合作。

政行校企,共同打造数字化人才培养高地,打造技术技能创新服务平台。校企共同分析专业群能力点共性特征和相似度,优化培养学生综合素质和职业能力,分析岗位群共性特征,以各岗位群为单位,分析专业知识与技能相关度。

专业群依据岗位能力需求,构建专业课程体系。分析毕业生能力点与社会需求契合程度,为课时配比提供决策参考。优化培养学生综合素质和职业能力的课程体系,确立了通识类、共享类、互选类、分立类课程。专业群采用多样性信息化教学方法,底层共享,中层互选,高层分立;实现教学质量提升,教师精准教,学生个性化学习。

校企制订课程标准,强调以工作过程作为学生的主要学习手段,采用项目教学法,融教、学、做一体,通过分析、计划、实施等环节,完成典型工作任务。注重联系实际,以任务引领,提高学生学习兴趣。专任教师有企业工作经历,兼职教师有工程师证书。

校企合作开发教学资源,在学银在线进行课程的搭建。依据系统技术支持工程师岗位职责、大赛标准、职业技能等级标准、1+X证书技能要求,校企共同制订课程标准。结合学情，明确教学重点，预判教学难点，培养懂原理、会实操、强应用的高技能人才。

实践性环节：深度校企合作，优化校内实训基地；统筹行业企业资源，共建校外实训基地。组建结构化教师团队（企业导师+双师型教师）双元驱动授课。

校企共同开发教学资源，共同进行模块化设计，引入企业生产实际案例库。视频、动画、游戏使知识可视化、原理形象化，适合高职学生学习。

课前，支持学生在工作过程导向引领下进行个性化学习；课中，实现知识向岗位实操能力转化；课后，创新课题研究，实现课堂成果模块化应用。

"校企合作、协同创新"开发应用教学资源，实施线上线下混合式教学。形成视频、微课、动画、仿真软件多种类型课程资源，构建全域学习空间。

三、推进教学教学改革和课堂革命

校企推进教学改革，岗课赛证融合，重构课程内容，实行"双程并行、双制并评"的学生成长综合评价。依据技术支持工程师岗位能力要求，对接教学标准、行业企业标准，转化大赛赛项技能点，结合 1+X 证书技能点，融入新技术、新规范、新模式，推进教学改革。

试行现场工程师项目，与京东方公司合作成立订单班，开展现代学徒制模式教学。

开展课堂革命，采用任务驱动、情景教学、典型案例等教学法，企业导师和学校教师双元驱动，以创情景、明原理、制方案、练任务、验成果、悟经验的教学环节，实现知行合一，术道精诚。

四、提升学生获得感

校企联合，以学生为中心，培养学生技能大赛获奖，提升就业率，学生参与课题研究，得到社会高度认可。

五、创新与特色

校企联动创新人才培养模式（该模式获 2021 年北京市职业教育教学成果奖一等奖），引入行业标准，以生产岗位所需能力构建课程体系，将企业项目案例融入岗位课程模块，培养学生岗位协同实战能力。校企协同，推动教育教学变革创新，助力专业群建设的高质量发展。

城市智慧建造技术专业群人才培养

北京工业职业技术学院　张丽丽

一、对接城市智慧建设产业链，跨领域组建城市智慧建造技术专业群

北京城市智慧建设产业链包含智慧城市数据采集与处理、城市智慧建设和智慧建筑运维管理。针对行业"数字化、智慧化、信息化、绿色化"转型升级要求，融入三维扫描、BIM、GIS、大数据和物联网等新技术，构建新技术岗位群，由工程测量技术、无人机应用技术、建筑工程技术和工程造价4个专业跨领域组建城市智慧建造技术专业群，服务于城市建设产业链中的不同环节，适应产业发展和首都城市建设对复合型人才的需求。

二、跨行业成立智慧建造产业学院群，实现产教融合运行模式转型升级

与行业龙头企业合作，先后成立广联达BIM工程师学院、大疆无人机工程师学院、文物与古建筑数字化保护工程师学院和装配式建筑工程师学院，形成智慧建造产业学院群。

明确校企双方责任和权力，以双向服务输出为目标，建成智慧建造综合实训基地，加载学校建筑类国培师资培训基地和北京市双师培训基地，打造数字化多元融合育训平台，在实习实训、创新创业、项目生产、技术应用、岗位证书等方面与企业开展全方位的深化合作。

三、创新实施"双主体、三协同、四融合"人才培养模式

基于智慧建造产业学院群，学校和企业共建"双主体"人才培养运行机制。以数字技术为切入点，打破专业界限，优化专业能力结构，通过"专业、评价、工学"三协同，实现"知识技能、角色身份、校企师资和素养创新"四融合。

四、校企协同重构"一平台、双融合、多通道"智能贯通课程体系

直面数字技术变革及建筑业转型升级的现实需求，在专业群共享课程平台上增加"云大物移智"课程模块，推动专业群智能化改造。将专业间相互交叉的核心知识技能融合，将BIM、卫星定位、绿色建筑等数字技术融合，建设专业核心课程，优化课程结构。依据新

技术发展、1+X 证书、创新创业教育等需要，灵活设置专业拓展课程，进行跨方向选修，延伸跨专业学习空间，实现职业能力的多通道提升。

五、对接职业能力校企协同开发专业群课程标准

校企双方组建专业群建设指导委员会，对接城市智慧建设产业链的新技术岗位群，完成典型工作任务分析，确定实际工程项目载体后，选择相关的行业岗位标准、职业资格认证标准和职业技能等级标准，融入专业课课程标准中；同时融入 BIM、卫星定位、绿色建筑等新技术、新工艺、新规范，更新教学内容；融入创新创业教育和开发思政元素，把知识、技能的培养和素质培养融为一体。

六、校企协同建立"软硬高"实践能力训练体系

依托智慧建造产业学院群，建设"软技能、硬技能、高技术"实践能力训练体系。一是推进职业基本素养工程，基本实践和拓展实践构成基础能力实践，以素养养成为主线系统化涵养软技能，将软技能培养贯穿基础能力实践；二是开发理实一体实践课程和集中专项实践课程，完成专业核心能力训练，培养学生硬技能；三是成立"双创中心"，开展高技术应用能力训练和岗位创新实践，以综合应用能力训练为目标提升学生高技术应用能力。

七、推行"八学段、工学交替"教学组织，双导师贯穿人才培养全过程

对接生产任务开展实践教学，丰富学生实践经历，培养学生职业能力。明确校内教师和企业教师授课比例，专业基础课、专业核心课、专业方向课以校内教师授课为主，不断加大企业教师授课比例；认岗实习、跟岗实习、顶岗实习以企业教师指导为主，校内教师管理为辅。

八、以校企双向服务为目标，共建共用"互联网+"智慧建造教学资源平台

校企共同组成教学资源开发团队，AR、VR 等多技术应用，课程、实训、讲堂等多手段建设，多方参与共建共用智慧建造教学资源平台，供教师、学生、企业员工等多对象使用，完成教学、培训、职业技能等级考核和社会服务等功能，实现校企优质资源共享。

九、建设智慧课堂，创新"虚实结合+线上线下"的立体式教学模式

建设智慧课堂，云端分享教师授课，自动生成云端笔记，智能终端记录学生学习过程，

给出"诊断数据",教师依此优化教学设计;建设"互联网+远程互动"课堂,让企业专家远程进行现场教学,实现校内外教学的互融互补;开发虚拟实训平台,实现师生身临其境的互动操作;建设网络教学资源平台,配合企业现场实训。

专业群在人才培养过程中创新了"虚实结合+线上线下"的立体式教学模式,突破时间、空间上的限制,增加学习多样性,提高学习兴趣,有效推进了课堂革命。

优化育人机制,提升音乐专业人才培养质量

北京戏曲艺术职业学院　祝真伟

一、坚持立德树人,为首都文化中心建设培养音乐领域高技能人才

学校于1998年开设音乐专业,2003年正式成立音乐系。音乐系坚持立德树人根本任务,全面贯彻党的教育方针,贯彻落实习近平总书记对职业教育工作重要指示精神,为党育人、为国育才,对标首都文化中心建设的战略,以弘扬社会主义核心价值观、传承和弘扬中华优秀传统文化为己任,注重教育改革创新,打造产教融合的育人平台,秉承"培养可持续发展的应用型艺术人才"的教育宗旨,笃行"厚积薄发,艺鸣惊人"的系训精神,着力培养学生在音乐工作领域职业核心能力和专业核心能力,增强学生的岗位适应能力及可持续发展能力,为首都文化中心建设培养音乐领域高技能人才。

二、打造产教融合的育人平台,创新音乐特色育人模式

(一)以职业岗位的需求和技术领域的关联性推进艺术表演专业群建设

为了满足人民群众对高品质生活追求,国家大力发展公共文化服务,为进一步适应社会对公共文化服务发展的新需求,通过岗位职业能力需求调研分析,将培养"一专多能"的综合型艺术人才作为音乐专业职业面向中的重要组成部分。根据音乐、舞蹈、戏剧影视表演三个专业的特点、课程设置以及就业岗位特点组建艺术表演专业群。艺术表演专业群优化了专业结构,发挥了优势专业的引领作用,形成了合力,培养的学生能唱、能跳、能演,大大增强了职业技能,拓宽了就业渠道。专业群间课程共享、企业资源共享、教师共享、实训基地共享,发挥出了"1+1+1>3"的效应。

(二)凝练"五育人"教育理念,提升学生思想政治素养

坚持立德树人根本任务,音乐专业在长期艺术人才培养过程中,凝练形成了"五育人"教育理念,即:德育育人、提升思想品质,实践育人、提升职业素养,文化育人、提升文化自信,过程育人、提升进取精神,信念育人、提升人格魅力,并将"五育人"教育理念贯穿人才培养始终。在课程教学中,突出艺术教育以文化人、以情动人的优势,以弘扬社会主义核心价值观为主线,立足中华优秀文化传承和发展,充分挖掘艺术作品的课程思政元素,将思政教育与专业教学无缝对接,呈现出全方位、多层次、无断点的特色和亮点,为全面提

升学生思想政治素养,培养新时代文化新人提供有力保障。教学相长,2021 年,音乐系祝真伟、韩媛媛、吕杰教学团队赴杭州参加全国文化艺术职业院校和旅游职业院校"学党史迎百年"课程思政优秀案例展示活动。

(三)深化校企合作,提升学生职业核心能力

近年来,音乐系深化校企合作,打通岗课衔接渠道,进行教学改革和课程建设,增强学生的岗位适应能力。与中国歌剧舞剧院等多家单位共同建立实训基地,院团专家参与学校人才培养方案和课程标准制订,根据企业岗位能力要求,将职业能力与课程紧密衔接,将课程结构和内容进行重组和优化,将重奏、重唱、表演等课程纳入课程设置中,结合音乐行业发展新技术和新知识,将数字技术运用、艺术管理营销等内容纳入课程建设,同时加大各类课程的实践教学比例,并通过艺术表演专业群的平台课,多措并举使学生职业核心能力得到全面提升。

(四)强化舞台实践,提升学生专业核心能力

音乐系打造"艺术团、剧节目演出、作品创作"三位一体的实训平台,构建"星期音乐会—少儿戏剧场—校外社会实践"能力递进的"平台+项目"立体实践教学体系,从校内实训到社会实践,从学校小舞台走向社会大舞台,在实践中学生得到锻炼和成长,全面提升了学生专业核心竞争力。音乐系每年在校内举办几十场音乐会,为学生舞台实践提供保障,先后举办大型演出《水牛儿·北京民歌音乐风俗画卷》,与中国爱乐乐团、中国歌剧舞剧院在保利剧院联袂上演纪念抗日战争及全世界反法西斯胜利 70 周年音乐会《黄河大合唱》,举办大型原创北京传统器乐曲音乐会《燕落花枝》,庆祝建党 95 周年及红军长征胜利 80 周年大型声乐套曲《长征组歌》,庆祝建党 100 周年的交响音乐会《永远跟党走》。为了对北京传统文化进行活态传承,对北京民歌和民间器乐曲进行挖掘、整理,先后打造《水牛儿·北京民歌音乐风俗画卷》原创音乐会和北京传统乐曲音乐会——《燕落花枝》,《燕落花枝》曾受邀参加国家大剧院第七届全国艺术院校舞台精品——"春华秋实"专场演出。

三、以服务学生发展为中心,努力提升学生的获得感

多年来,音乐系贯彻学校"以服务学生发展为中心"的办学理念,大力开展"三教"改革,使教育教学改革切实为学生发展服务,使学生学有所获,学有所成。近些年来,所培养学生在技能大赛中荣获市级 20 个一等奖,13 个二等奖,12 个三等奖;国家级 11 个金奖,3 个银奖。2021 年,音乐系 13 名选手入围文旅部举办的"第七届全国青少年民族器乐教育教学成果展演",入围数量在全国同类院校中排名第一,教学成果丰硕。近年来音乐系共承办 8 次北京市职业院校技能大赛,2 次全国职业院校技能大赛,为教育教学交流提供服务平台。音乐系学生每年参加民族艺术进校园等演出 60 多场,丰富了人民群众的文化生活。音乐系创作的四部音乐剧在北京十八区县等地巡演,受到社会的一致好评,参演的同学和观众

在心灵上得到很大的洗礼。陈振邦同学成为由苏宁易购承办的"923全球农产品直播电商节"宣传大使。温小龙同学毕业后回到家乡创办伯利恒音乐艺考教育学校，被评为优秀创业追梦人。

在今后的工作中，音乐系将以"专业优化、课程提质、模式创新"为重要抓手，以《通则》为依据，不断推动教育教学改革，为培养符合新时代要求的音乐专业技术技能人才贡献力量，为新时代社会主义文化建设作出新的贡献。

岗课赛证融合育人，德技并重综合培养

北京金隅科技学校　郝桂荣

学校建筑类专业开设于 1993 年。三十年春华秋实，学校秉承"人人皆可成才"的育人理念，不断创新发展，岗课赛证融合育人，德技并重综合培养。

一、适应行业发展，组建智慧建筑装饰专业群

随着装配式、绿色建筑、信息技术的应用，建筑业转型升级。适应行业发展，学校组建智慧建筑装饰专业群。以建筑工程施工、建筑装饰技术为核心，以建筑工程造价、建筑工程检测为两翼，对接智慧化装饰设计、智能化建筑施工、数字化工程造价、现代化工程检测四个职业技术领域，服务建筑施工、工程测量、工程造价、建筑制图、工程建模、建筑安全、装饰设计、装饰施工、工程检测九类工作岗位，形成"双核—两翼—四域—九岗"智慧建筑装饰专业群，以企业需求侧引领人才供给侧改革。

二、推进 1+X 试点，构建岗课赛证融合育人新模式

新型人才培养需要新的教育理念支撑，因而学校以 1+X 试点为契机，构建岗课赛证融合育人新模式。

1. 定位人才培养目标

通过人才需求调研和职业分析，制订专业群人才培养方案，确定人才培养目标。

2. 推进 1+X 证书试点

2019 年教育部启动 1+X 职业技能等级证书试点工作，建筑信息模型作为首批试点证书，学校成为首批试点学校，开展试点工作，引领专业建设。

3. 挖掘岗课赛证内涵

2021 年全国职教大会提出岗课赛证综合育人，学校研究"岗课赛证"内涵，构建以"课"为中心的模型，因岗设课、岗课衔接、课证融合、课赛联动。

4. 岗课赛证融合育人

依据人才培养定位、岗位能力需求，构建课程体系，实现岗课衔接。

依据职业技能等级标准，确定课程标准，落实课证融合。

依据岗位需求，设置工程测量、建筑 CAD、建筑装饰、BIM 建模、建筑施工、工程算量、建筑安全、建材物理性能检验 8 项技能比赛。坚持"办好校赛、晋级市赛、进军国赛"的原则，做到每个专业、每个年级、每个学生、每个学期均有比赛，实现课赛联动。

基于此，构建岗课赛证融合育人模式。

三、落实立德树人，探索德技并重综合培养新路径

落实立德树人根本任务，德技并重综合培养，将价值塑造、知识传授和能力培养三者融为一体，一条主线落实思政教育、五类主题引导价值塑造、六个对接落实人才培养。

"BIM 初级建模"课程对接工程建模员岗位，本课程设置概念体量、族的应用等五个教学单元，每个单元五个教学项目。

1. 一条主线落实思政教育

以"依托一个建筑、创建一个模型、听说一个故事、感受一种情怀、传承一种精神"为主线，落实思政教育。2020 年武汉疫情期间，10 天建造的火神山医院，采用 BIM 设计，装配式施工，代表中国建造的中国速度。项目实施中引导学生重温抗疫精神，体会家国情怀，感受大爱无疆，让学生找到职业归属，感受职业成就，增强职业自信。

2. 五类主题引导价值塑造

教学项目以家校情怀、北京标志、中国建造、历史印记、红色传承为主题，按照家校、北京、中国、历史、红色的脉络，从小我到大我，从家到校，从家乡到祖国，从个人到集体到社会，从历史到未来，引导学生价值观的形成。通过创建代表家校情怀的校文化墙、读书角，代表北京标志的中国尊、四合院，代表中国建造的上海中心大厦、港珠澳大桥，代表历史印记的英雄纪念碑、天坛，代表红色记忆的天安门、抗日战争纪念馆、北大红楼模型，引导学生了解建筑文化，提升建模技能，锤炼职业素养，实现价值塑造。

3. 六个对接落实人才培养

课堂教学与第二课堂拓展实现课内课外对接；课堂教学引入企业实战案例，实现学校企业对接；与高职学校共同制订培养目标，实现中职高职对接；利用 UMU、微课等信息化手段实现课程教学线下线上对接；推行学校建筑类专业岗课赛证融合育人模式，岗课赛证对接；课程思政与思政课程同向同行，形成协同效应；从而建立"课内课外、学校企业、中职高职、线上线下、岗课赛证、课程思政与思政课程"六个对接，落实人才培养。

四、原创教学资源，打造线上线下混合教学新常态

1. 组织教学实施

以预、融、析、探、评、拓为主线，采用课前预习、课中实施、课后拓展，打造线上学知识、微课习方法、线下练技能的线上线下混合式教学新常态。

2. 精选教学策略

教学实施过程，运用项目教学、任务驱动，组织小组学习，课程思政贯穿始终。以任务单引领，依据图纸、标准、规范，发挥教学平台及课堂管理系统作用；充分利用视频、微课、动画、VR 等信息化资源辅助学习，打造高效课堂。

3. 原创教学资源

教学资源多为教师原创，精心设计、精心制作，教学载体具有时代精神，代表先进技术，引导学生感受职业荣誉，激发学生努力学习奉献中国建造的坚定决心。

五、坚持五育并举，开创德智体美劳人才培养新局面

坚持党建引领、五育并举，德育为首，开创德智体美劳全面发展的人才培养新局面。

1. 社团活动展风采

学校开设思政类、技能类、体育类、艺术类、生活类社团，促进学生全面发展。

2. 志愿服务显担当

"蓝精灵"志愿者服务队参与大型赛事服务、社区青年汇、福利院献爱心等活动，彰显新时代新青年的责任担当。

3. 技能大赛显身手

技能娴熟的学生经过校赛选拔、市赛历练、国赛磨砺，夯实专业技能，提高综合素质，为胜任工作岗位奠定坚实基础。

4. 1+X 取证见成效

1+X 试点工作三年，初见成效，取证通过率在试点院校名列前茅。

5. 学历提升现成长

学生 100% 升入高职，并有 15% 的学生升入北京建筑大学继续深造。

为行业育精英，为岗位育能手，是职教永恒的主题，是我们永远的追求。

"特高"项目引领,优化人才培养

北京市对外贸易学校 梁剑锋

学校立足首都四个中心建设对国际商务服务高素质人才需求,立足学生个性化选择和长远发展需求,整合相关专业,组建国际商务服务专业群。在人才培养过程中,以产业逻辑为主线,以真实项目为载体,以就业和升学为引领,基于 PGSD 能力分析模型,重构专业群人才培养方案和课程体系,建设专业群平台课程和专业课程标准,打造专业课程资源,落实课程思政建设,努力完成职业教育立德树人根本任务。

一、依据产业发展,培养高素质首都国际商务服务人才

学校以产业发展为专业群组群基本逻辑。依托产业集群的基本理念,根据产业群结构、布局和链条,确定并不断优化调整专业群结构,实现专业链与产业链的高度衔接与协调配合,提升育人效果。

以国际商务服务专业群为例。专业群面向北京国际商务行业发展,依托上级主管部门——北京市商务局职能与资源,深化产教融合,培养具有国际化综合素质、创新意识、爱国敬业、德智体美劳全面发展的高素质、应用型国际商务人才,建设服务首都国际交往中心建设、服务国际商务行业高水平发展、具有外贸学校鲜明特色、引领同类专业发展的高水平骨干专业群。

专业群由国际商务专业、跨境电子商务专业、会展服务与管理专业、商务英语专业、会计事务专业组成,面向国际商务产业展会服务、跨境营销推广、跨境平台运营、通关服务、结算服务五个技术领域的岗位群,突出国际化和线上线下融合两大特色。

二、产教融合,以教育教学改革为抓手提升人才培育质量

(一)深化校企协作,共研人才培养方案

学校依托国际商务服务行业的丰富优质政行企资源,践行学校"丝路春晖"育人理念和三全育人机制,校企联合打造"五协同,五融合,四贯通"三全育人体系。成立专业群建设委员会,面向企业开展人才需求调研,完成 5 份产业契合度报告;校企基于 PGSD 能力模式,共同研发人才培养方案;组织 42 名企业一线专家,开展典型工作任务分析,形成 47 张典型职业活动分析表;校企双元重构人才培养方案,构建"对接职业岗位、培养学生可

持续发展能力"模块化课程体系，共同制订完善 3 门群平台课和 10 门专业核心课程标准，全方位、高质量培育人才。

(二) 培养模式 推动课堂革命，持续深化教学改革

专业群与企业合作共建校企双师团队，从环境文化、教学组织、教学评价等多方面着手，推动实践性教学，探索专业课堂革命。专业群明确了"真实项目引领、分段工学并进"的实践培养路径，打造"专业认知—轮岗实训—综合实践"的递进实践教学体系，实现岗课赛证融通，学习场景和工作场景互通，学习内容和工作内容互融，"工""学"无缝衔接、互动并进，培养学生工作单项能力和整体能力。

环境文化方面，校企协同打造实践性教学环境，改造校内实训基地，拓展校外十余个实践基地，满足实践性教学需求。校企共同设计学习环境、规范管理制度、开展学生活动，在校内外实训基地浸润行业企业文化，培养学生工匠精神。

教学组织方面，校企落实双师共导，集体教研，共同授课，共同评价。教学实施过程中，以学生为中心，强化"自主、合作、探究"为主要特色的教法手段，启发式、探究式、参与式、合作式等教学方式课堂占比为95%，提升学习效果。引入线上教学平台，探究线上教学特点与方法，探索线上线下混合式教学，专业群混合式课堂占比达50%。

教学评价方面，强化过程评价、增值评价与成果导向评价结合，突出实践性教学评价，引入行业企业评价标准，构建发展性多元评价体系，设定思想素质、专业技能、沟通交流、任务成效四大评价维度，每门课程据此设计各自评价指标。校、企、生共同评价，特定课程进一步引入甲方评价。学生学习平台收集学习全程数据，实现评价客观准确，体现学生成长，辅助教师教学，帮助学生确定个人发展方向。

(三) 校企共建资源，丰富教学内容

学校利用建设"特高"项目的有利契机，通过采购、联合制作、独立制作等方式，与企业共建教学资源。仅 2021 年，国际商务服务专业群建设各类教学资源 3 000 余项，包括企业内部工艺、标准、案例视频、VR 资源、习题库、活页式教材等。

学校在此基础上，推动校—市—国家三级教学资源库建设。依托学习通平台和学校自建云平台，建设校级课程库与资源库；积极申报市级精品课程和资源库；会展等专业参与了教育部职业教育资源库建设。在此过程中，学校逐步完善资源制作规范。

通过资源建设，极大丰富了专业课程内容，拓展了教学形式，满足学生终身学习需求，实现更好的育人效果。

三、注重学生中心，培育优质人才

国际商务服务专业群始终着眼学生学情和成长需求，立足 PGSD 能力体系，培养高素质技术技能人才，着力培养学生职业能力、通用能力、社会能力和发展能力。通过"特高"

项目引领,学生职业能力和综合素养得到极大提升,专业群每年参与实习实践教学活动300人次以上,合作企业对学生满意度达99%以上;升入高等教育比例为98%,学生专业能力和综合素养得到高校一致肯定;学生职业技能证书通过率为85%;2021年,各种市级以上职业技能大赛获奖27人次。

我们将继续牢记职业教育立德树人根本使命,抓住"特高"项目建设契机,不断深化产教融合,探索人才培养新模式,提升人才培养质量,为学生个人成长和终生发展打下良好基础,为新时代首都发展贡献力量。

"一主三融多通道，校企融合育英才"
——高星级饭店运营与管理专业人才培养模式实践

北京市外事学校　吴瑞雰

高星级饭店运营与管理专业（以下简称酒店专业）前身是学校与北京饭店共同创办的外事服务专业。自开办之日起，校企合作就根植于酒店专业的高质量发展之路。

在新的职教发展形势下，酒店专业依托学校深厚的底蕴和雄厚的专业基础，落实学校"一主、三融、多通道"的人才培养模式，构建了一条主线、立德树人的专业德育建设规划。

学校把培养社会主义核心价值观贯穿教育教学全过程。德育工作中，以学生职业能力培养为核心，以学生素质拓展为抓手，组织学生开展有专业特色的活动，带领学生参与北京重要活动及重大建设项目的服务实践。激发学生的爱国热情和职业自豪感，塑造学生人格，将劳动精神、劳模精神和工匠精神贯穿到人才培养全过程。

专业教师团队高标准、高起点推进本专业"三全"育人大格局，在专家指导下，搭建课程思政资源库，保证专业教学与思政课程同向同行，落实立德树人。

学校秉承传统，持续推进学校"三融"战略，着力把本专业建成首都特色、世界一流的智慧型专业，智慧型酒店与现代酒店服务复合型人才培养基地。

一、专业人才培养方案

为进一步提高专业人才培养质量、优化专业建设，使本专业更好地对接企业，设计问卷开展了广泛调研。掌握现代酒店业转型升级模式下各岗位的人才标准、服务标准、员工培训体系；了解同类院校的课程设置、师资状况、教法学法、人才培养创新项目、学生实习情况；采集毕业生样本，跟踪调查，探索人才成长轨迹。

通过对调研数据的整理与分析，以《通则》为标准，在专业建设委员会的指导下，学校重构专业人才培养方案，校企共同推动课程标准的修订。

二、专业教学资源

校企合作建设"设计一体化、学习个性化、资源模块化、教学智能化"的教学资源库，包括：

1. 专业课程教材

专业部教师撰写、出版的6本专业课程教材，被评为"十三五"国家规划教材。

2. MOOC 上线，支持混合式教学

2015 年，学校率先开发职教慕课，形成了"两对接、三自主、四混合"旅游类专业慕课开发与应用的模式。

几年来，有约 20 万来自全国各地的用户通过慕课学习学校的优质课程，发挥了优质教育资源的辐射作用。

3. 专业核心课程数字化资源

基于智慧酒店实训基地的建设，校企合作开发智能化教学环境支持下的"饭店英语""中餐文化与服务""前厅服务""客房服务"四门核心课程数字化资源。

由课程专家、行业专家、团队教师组成课程改革小组，引入企业的岗位要求，修订课程标准，编制微课脚本，教师走进企业拍摄。

数字化资源的系统设计与开发，为重构课程体系、提升人才培养质量提供了有力的支撑。

4. 智能化场景搭建，推动专业教学创新

学校的智慧酒店实训基地有智慧餐厅、智慧前厅、智慧会议室、智慧客房，让师生身临其境体会新时代背景下、智能化环境中酒店服务的发展与变化，"教"与"学"的创新潜能被极大地激发。

三、教学改革和课堂革命

1. "三段七步"混合式教学

专业核心课采用"三段七步"、线上线下、课上课后相结合的混合式教学模式。"三段七步教学法"通过信息技术与教育教学实践的深度融合，优化教与学的过程，实现学生的有效学习。

2. 专业课模块化教学实践

将"前厅服务""客房服务""餐饮服务"三门专业核心课程进行一体化设计，把首旅集团前厅服务、餐饮服务 1+X 等级证书和国赛标准引入课堂，让"岗课赛证"有机融合。模块化教学模式的课程改革实验，有助于学生集中精力建构完备的知识和技能架构，更加明晰工作任务与工作流程，强化实践能力、打下扎实的技术技能基础。

3. 提升企业一线人员专业素质与学历层次的大专班项目

酒店专业教师团队深入参与学校"校企双元、产学合一、双线并行"大专班项目，与高职院校和企业协同设计大专班人才培养方案、课程体系，以企业需求为导向，定制培训内容，共同完成学员学业全过程评价。专业教师参与教学组织、运营管理和课程教学。根据学员在职学习的特点，采用线上线下相结合的教学模式，保证学员的学习效果。

大专班项目是高职扩招背景下，具有首都特色的"北京方案"，提高了企业发现人才的效率，提高了学员的综合素质，校企多维度深度融合，提升了学校美誉度。

四、信息化平台助力实践性教学

依托学校设计研发的实训平台，实践性教学也焕发出新意。在校内实践教学中，学生通过"生产性实训平台"接受校内真实工作任务，开展"订单式"服务，提升了学生沟通应变能力，检验了其专业技能和服务水平。生产性实训平台中的"售卖"平台，帮助学生亲历网店经营的全过程，帮助学生在"产"与"销"的过程中强化知识学习、技能实训，体验就业创业，接受多元评价。

针对学生校外顶岗实习阶段，学校建设了校外实训管理平台。学生利用智能终端记录实习工作；教师全面地了解学生的实习动态；学校通过大数据的分析，更加精准、科学、宏观的管理顶岗实习过程，提高了顶岗实习质量。

"一主三融多通道"的人才培养模式贴合了党的二十大提出的"职普融通、产教融合、科教融汇、优化职业教育类型"定位，让我们更加坚定我们的探索之路。酒店专业师生在新的发展阶段，身体力行，收获满满，见证专业的高质量发展，积极贯彻习近平总书记提出的"要高度重视技能人才工作，大力弘扬劳模精神、劳动精神、工匠精神"，激励更多劳动者特别是青年一代走技能成才、技能报国之路，培养更多高技能人才和大国工匠，为全面建设社会主义现代化国家提供有力的人才保障。

校企合作建精品，产教融合谋共赢

北京市劲松职业高中　裴春录

一、专业群基本情况

（一）涉及专业

北京市劲松职业高中数字媒体艺术专业群包括数字影像技术、影像与影视技术、界面设计与制作三个专业，结构布局完整，组群逻辑清晰，专业互补性强，是北京市"胡格教育模式改革项目"试点专业群，并与人民网等企业开展合作，产教融合共建"融媒体工程师学院"。

数字媒体艺术专业群以立德树人为根本任务，面向影视节目制作、数字内容服务等行业培养能够从事栏目编导、影像拍摄、影音制作、特效制作、平面设计、界面设计等岗位工作的技术技能人才。

专业群与多所高职院校开展"3+2"合作办学，近3年招生连续递增，专业群现有学生209人，10个教学班，2022年招生103人。专业专任教师11人，专兼结合，年龄结构合理，梯队优势明显；其中，高级职称5人，研究生学历4人，区级以上骨干5人，企业兼职教师1人。

（二）组群逻辑

对接产业链"策""采""编""推"生产全流程，构建数字媒体艺术专业群。专业群一体设计，各专业协同发展，既可以解决人才培养中教学计划单一、教学内容分隔、实训资源浪费等硬障碍，又可以使人培目标共建、人力资源互通、教学模式共享等软要素共通，实现复合型人才培养与人才的可持续发展的双契合，打通育人通道，降低育人成本，充分发挥专业群协同发展的效益最大化。

二、专业群建设实施

（一）校企联合调研共同修订人才培养方案

为了进一步了解北京市数字媒体相关行业发展现状与趋势，在2020年与2022年，数字影像技术专业面向行业企业、高职院校、中职同类校、毕业生、在校生开展专业调研与补充调研，为制订专业课程体系、修订人才培养方案提供可靠依据。

1. 专业职业面向分析

在调研的基础上，专业结合 2022 版专业教学标准（试行）与专业简介最新内容与要求，从对应行业、职业类别、主要岗位、职业证书四方面开展"中高本"衔接专业一体化分析，确定职业面向，明确岗位层级。

2. 典型工作任务分析

专业在明确职业面向的基础上，分析、汇总 2019—2022 近 3 年的主要岗位（或技术领域）上工作内容变化情况，并根据调研反馈，进一步梳理岗位典型工作任务（或工作领域）与其中的工作内容，明确岗位工作规律与工作情景。

3. 岗位职业能力分析

在抽取岗位典型工作任务的基础上，从学生综合职业能力培养角度，使用 PGSD 能力分析方法，从 P（职业行动能力）、G（通用能力）、S（社会能力）、D（发展能力）四方面开展职业能力分析，为制订专业课程体系与人才培养规格提供依据。

4. 专业课程体系转化

在系统调研与职业分析的基础上，专业群依托承担的市区级课题与北京市教改项目，专业群共建共享，以工作过程为导向，依托深度校企合作，立足于学生综合职业能力培养，构建共同的文化基础课、融通的专业核心课、共享的专业选修课、互通的综合实训课，形成专业群课程体系。

5. 人才培养方案修订

结合"融媒体工程师学院"建设项目，在专家指导下，融合数字创意建模等 1+X 证书标准，融入数字影像处理领域新技术、新规范与创新意识、劳动意识、安全生产、工匠精神等职业素养，调整人才培养定位与目标，细化电影电视制作专业人员与工艺美术与创意设计专业人员职业面向，聚焦数字影像拍摄、数字影音制作、影视特效制作与图形图像处理等职业岗位，完善栏目编导、摄影摄像、素材管理、影音编辑、短片制作、三维制作、特效制作、图文设计、图形设计、网页设计共 10 个典型工作任务的职业能力分析，重构专业课程体系，推进"工作室项目"教学模式改革，完善"双五维递进式"教学评价体系，从多维度修订人才培养方案，不断完善具有数字影像技术专业特色的"项目工作室制"学训产三位一体人才培养模式，提高学生服务社会的能力和用镜头画面讲好中国故事的社会责任感落，落实专业人才培养目标与立德树人根本任务。

（二）思政引领岗课赛证开发专业课程标准

1. 课程思政教学设计

专业结合培养影视制作、平面设计岗位技术技能人才的总体目标，融合创新意识、劳动意识、安全生产、工匠精神等职业素养，将课程思政贯彻到专业教学与育人全过程。首先，学生在学习实践中，以项目为载体，引领学生感受严谨规范、精益求精的工匠精神；其次，通过探究与小组合作等学习形式，训练学生乐群善思等内在素养；最后，通过项目教学与社会实践相结合，提高学生服务社会的能力和社会责任感，结合数字影像技术专业特点，培养用镜头和画面讲好中国故事。2022 年，专业重点建设"短片制作"校级课程思政示范课程 1 门。

2. 开发专业课程标准

根据各专业人才培养目标与典型职业活动分析，制订专业课程标准，在对课程性质、课程目标等作出说明的同时，重点开发"实训项目教学标准"，为课程的实施提供切实可行的实施方案和评价标准。

（三）课题引领提质培优开发专业教学资源

1. 专业实训基地建设

专业参照数字传媒行业设备的配置标准和运营模式与胡格教学模式改革需要，建设校内实训基地。2021 学年扩建视频剪辑实训室、影视特效实训室，2022 学年建设界面设计实训室与动效设计实训室，并优化、升级各实训室软件环境。目前，实训基地能够在设备的功能和数量上满足专业课程的理论与实践一体化教学需求，可以承担专业技能比赛、技能考证与学生校内生产性实训，并能够完成企业生产性项目制作，兼顾教学功能、岗位实践功能、社会服务功能及宣传展示功能，并仿照企业真实工作室建立内部运行管理制度，是专业"岗课赛证"融通培养的重要保障。

2. 开发课程配套教材

专业群组建校企课程团队，以典型工作任务为载体，近 3 年编写《图像处理》《图形设计》《影视特效》《视频剪辑》《数字建模》《短片制作》《访谈节目制作》共 7 本专业核心课配套教材，其中已出版 5 本。教材项目案例源自企业真实任务，具有岗位典型性与代表性，具备完整的工作流程，并对接 1+X 证书标准，融合课程思政。2021 年 4 本教材通过北京市初审，参评"十四五"职业教育国家规划教材。

3. 建设精品在线课程

依托超星学银在线平台，专业群开发"Photoshop 图像处理"等 5 门在线精品课程，同时对校内学生与社会学员开放。学生可以随时加入课程学习，获取课程资源，获得学习指导。课程配套"课程测试习题"与"课程拓展内容"，课程内容数字化，有效支撑混合式学习、移动学习与互动评价。其中"Illustrator 图形设计"被评定为 2022 年北京市职业教育在线精品课程，并被推荐参评国家级在线精品课程。

4. 数字化教学资源库

专业依托承担的市区级课题研究，引领课程开发与教学资源建设工作。从项目制课程特性和混合式学习需求出发，为每个项目案例开发"项目学习资源包"，包含电子教材、参考样张、制作素材、学习课件、微课视频、单元考核、实训手册 7 项内容。为每个单元配套设计《学习指导书》，支撑学生开展自主探究与合作学习。

2021—2022 学年，专业团队总计开发、完善影像拍摄案例库 1 个、后期项目制作库 1 个、课程习题库 5 个，课程配套项目资源包 50 多个，微课视频 100 余个、典型课例 12 个、教学课件 50 余个，线上建课率达到 100%。2022 年 7 月，专业团队在在线课程的基础上，联合行业头部企业与合作高职院校共同立项"数字媒体艺术专业群教学资源库"建设项目。

（四）名师引领专业教师教学创新团队建设

依据学校"十四五"发展规划和师资队伍建设规划要求和学校《名师工作室（2022—

2025 年）建设实施方案》，成立专业"名师工作室"并聘请市级专家给予指导，充分发挥工作室与优秀教师的辐射力、影响力、凝聚力及指导作用，重点在课题研究、课程建设、教材开发、教学成果几方面引领专业教师发展，创设良好的教师培养环境。同时，组织教师通过岗位实践、项目引入等多种形式，开展教师企业实践学习，提升双师能力。

专业教师团队发展层次清晰，梯队优势明显。近 3 年，1 名教师被评定为区级学科带头人，4 名教师被评定为区级骨干教师；2 名教师参加北京市职业院校优秀青年骨干教师培养项目，1 名教师参加北京市教育学院"青蓝"培养项目；团队中有高级讲师 5 人、研究生学历 4 人。

（五）产教融合开展综合实训推进课堂革命

1. 创新专业教学模式

以学习者为中心，借鉴胡格教学理念与混合式学习理念，进一步对教学模式进行完善，创新性地采用线性可循环路径与径向可重复路径，通过应用叠加的方式，提升学生专业能力熟练度与非专业能力认知度，赋予项目工作室教学模式新的内涵。

2. 完善教学评价机制

实施"项目式综合化技能与素养考核"，将企业生产运营中的知识、技术、理念等进行总结提炼，形成系统化的"双五维"评价内容与递进式的"双阶梯"评价标准，并设计《教师课程观察表》《学生自评反思表》与《项目综合评价表》多项评价工具，开展教学述评，形成多元教学评价机制。

3. 开展特色项目实训

承接市教委"空中课堂"拍摄制作、社区党员拍摄、冬奥会餐饮人员岗位技能培训拍摄与后期制作等技术服务项目，进行教学项目转化，课岗赛证融通培养，构建生态课堂。同时采用行业标准，校企合作开发"爱党爱国爱校园"等特色实训项目，在实现教学效益与社会效益双丰收的同时，落实课程思政，推进课程革命。

4. 构建质量监控体系

依托学校"五横五纵一平台"质量监控体系，构建"多元一体"的教学质量监控与评价体系，制订《教学质量监控方案》，并在党建引领的"三融合"工作机制下，实施内部督导并形成《诊断报告》。

三、专业群建设成效

（一）学生培养有效益

通过综合实训教学，产出多项优秀作品。本学年，学生获得市区级比赛奖项 50 余项，社会服务奖项 15 项，学生作品在媒体平台获得大量关注、点赞与转发。1+X 证书通过率为 90%。同时，毕业生参加大量企业核心项目，企业对于学生综合职业能力认可度逐步提升。

（二）团队建设有收益

近 3 年，立项市级课题两项，区级规划课题获得优秀结题，2 名教师参加教育部组织的专业教学标准研制工作，承担市级研究课 5 节，教师发表、获奖论文 20 余篇，参加市区级教学能力比赛获奖 8 项。2022 年 11 月，本校被评定为北京市职业院校创新团队，专业主任被评定为 2022 年北京市职业院校"五说"行动优秀专业带头人。

（三）专业品牌有增益

获得 2021 年度 1+X 数字创意建模证书优秀教学奖，承担北京市胡格教学展示，并为"保定市校长工作室"做综合实训研究课展示。同时，课程建设成果被多所省外学校引入并实践。

四、专业群建设展望

从专业群融合发展的角度，以立德树人为根本任务，以工程师学院建设项目为载体，以产教融合"双主体"育人制创新为突破口，进一步完善专业布局，并探索长学制高端技术技能人才培养，实现人才培养体系创新。

实修德技、星火基层，培养首都基层治理的青年先锋

北京青年政治学院　景晓娟

村里来了年轻人，乡村振兴；城市有了青年人，充满希望。党和国家将青年工作放到战略基础和民族复兴的坐标上推进；首都北京将"着力构建适合青年人发展的城市生态"作为"十四五"和二零三五远景建设的重点任务。人才培养对青年工作能否跟上国家战略需求、区域发展需求、时代前进和青年成长的步伐至关重要。

北京青年政治学院是北京市唯一一个青年工作人才培养单位；历经36年建设与发展，以鲜明的"青年政治"特色，培养了一大批活跃在全国、特别是首都基层党务、共青团、少先队一线的青年工作者；他们高举红星传薪火的初心使命，聚是一团火、散作满天星，为中国特色青年工作接力奋斗。

一、专业合聚，构建基层治理青年先锋的培养体系

新时代青年工作新发展：着重一任（青年工作的根本任务：培养社会主义建设者和接班人）、一责（青年工作的政治责任：巩固党执政的青年群众基础）"着实"一层（青年工作的根基工程：基层建设）、一线（青年工作的生命线：服务青年），着力十大领域（青年工作的十大领域：青年思想道德、青年教育、青年健康、青年婚恋、青年就业创业、青年文化、青年社会融入与社会参与、维护青少年合法权益、预防青少年违法犯罪、青年社会保障）。

同频共振产业新需求，基于产业链、岗位链和技能链上的关联，学校2018年融合青少年工作与管理，社会工作、法律事务、心理咨询和现代文秘五个专业，面向党的青年工作、基层治理和青年高品质民生服务岗位群，聚力建设"青年工作专业群"。

五个专业聚是一团火、散作满天星，在课程、师资、平台和资源上融合支撑、互通互补，初步形成"青年政治"特色引领、专业技能多元发展的培养体系，合力培养"立足基层、贴近青年，引领基层旗帜鲜明，组织基层朝气蓬勃，服务基层实实在在，贡献首都经济社会发展需要"的首都基层治理青年先锋。

专业群建设初步实现人才培养的节能增效，在首都超大城市的小社区里活跃着基层治理的青春力量，"青年政治"人才培养老字号焕发出了新活力。

二、校企合作，打造基层治理人才培养的首都模式

专业群坚持立德树人根本任务，坚持需求驱动人才培养，建设四个校企合作平台（政

务服务与基层治理学院、青年工作产教共同体、青年工作协同创新中心、王岳川青少年文化教育大师工作室），在五个方面校企双向奔赴（人才培养、资源共享、协同创新、社会服务、文化传承），力促六个对接（人才培养与产业需求对接、专业设置与职业岗位对接、课程内容与职业标准对接、教学过程与工作过程对接、学习任务与实际问题对接、教学评价与职业认定对接），夯实人才育训，培养理想信念坚定、德智体美劳全面发展的高素质青年工作技能人才。着重推进以下五个工作：

1. 政务服务与基层治理学院

通过北京市市民热线服务中心、朝阳区、望京街道办一揽子统筹（辖区的社区/乡村党建岗、社区/乡村青年工作岗、社区/乡村治理岗、社区/乡村心理服务站、社区/乡村议事协商岗、社区/乡村群众文化岗）资源整合对接专业群，聚星成火，打通基层治理人才需求零散、头绪多资源少、实务问题个性化造成的人才培养瓶颈；从需求开始对接，全程资源融合，入学上岗，毕业入职，全面推进中国特色学徒制，打造基层治理人才培养的首都模式。

2. "三力一度"课程

政行企校合作按照工作岗位任务对课程体系进行"三力一度"模块化处理，按照职业能力发展逻辑对模块化课程进行"四阶八度"组合排序，既有常规育训，也有动态拓展，弹性适应培养培训需求。

3. 贯通实践实证

采用"周有实务（4天在课堂+1天在基层），期有项目（17周滴灌实训+3周项目综合实训），年有赛事（职业技能比赛）"的实践教学制度，实践学时比例达75%；以1+X职业等级、职业资格认证引领人才培养，五个专业100%覆盖，通过率达90%以上。

4. 融合应用资源

校企合作搭建四库（精品课程库、教学资源库、实习就业库、创业创新库）、三师（行业导师、学校双师、校友老师）、两融（线上、线下）、一+（互联网）能学辅教的应用资源。依靠首都全国政治中心、文化中心丰富的红色资源，与北大红楼等合作开展"铸梦青春，城市接力"实训，形成上百个红色教育资源，学生的红色教育研学路线设计也获得"红色之旅"多个奖项。

5. 协同孵化创新

联合政校行企制订（高等职业院校青少年工作与管理）专业标准、（中国儿童发展评估）工作技术标准，（青少年社会工作）行业服务指南、青少年书法教育等级评价标准，参与《志愿服务法》立法等，用标准引领和规范人才培养，协同创新将新理念、新方法、新模式、新技能校企双向赋能。

三、行知合一，培优基层治理教育教学的职教时效

政治素质如何教？职业技能如何教？青年工作专业群的路径是：用实践讲政治、用实践强技能。

采用三式（案例式教学、情境式教学、项目式教学）、三实（实例、实训、实战）、三

体（体验、体会、体悟）引导学生行知合一淬德技。通过实例，用案例反思问题，在体验中获得认知（在"百年党史青年力量"案例中增加了四个自信，认识了青年工作）；通过实训，把经验转为能力，在体会中获得技能（在"青年文明号创建"虚拟实训中，增加了引领、组织和服务青年的自主性与技能）；通过实战，检验经验促成创新，在体悟中升华青年工作德技（在"小手拉大手"回天有我社区治理项目中创新基层青年工作的技能，在"青少年寻根之旅项目"中让中华文化在来自全球 32 个国家的青少年心中扎根）。

采用启发、探究、讨论、参与多种教学方法唤醒学生的主体性，循序渐进，引导学生成为学习和实践的主体，帮助学生获得终身学习能力及可持续发展潜力。

采用翻转教学、混合教学、理实一体的教学路径，推进学习、创新的深度。每个时代的青年都是独特的，青年工作永远年轻，引导学生运用马克思主义立场方法观察时代、解读时代、立足青年实际、创新立新、回答时代命题。

青春接力，星火燎原，我们的首都基层治理青年先锋已在路上，复兴在前方。《通则》已在青年工作专业群落地生根，未来我们将深入推进探索更多生动实践。

遵循《通则》规范专业，对接人力资源服务产业链，产教融合培养人才

北京劳动保障职业学院 李琦

一、助力产业链——专业群的组群逻辑

本专业群名称为"人力资源和社会保障专业群"，在学校整体专业群战略定位是：关切"安居乐业"，强化"民生保障"，建设面向基层社区的人力社保专业群，包括人力资源管理、劳动与社会保障、公共事务管理、职业指导与服务四个专业。专业群紧密对接"人力资源服务产业链"建群，具体包括各类组织内部人力资源管理业务和人力资源外包、就业创业指导、劳动保障事务代理、劳务派遣、高级人才寻访等外部人力资源服务业务。北京是人力资源服务业最发达的地区之一，人力资源服务业契合首都城市战略定位，成为推动首都经济增长的新动力，成为助力"两区"建设的重要保障。

专业群按人力社保领域业务逻辑进行组群，隶属于同一二级学院，专业之间协同作用显著。在专业目录中同属公共管理小类，在学科来源上构成完整的劳动科学领域，在就业层面覆盖完整且相互支撑的"就业、人才、社保、劳动关系"人力社保四大业务领域。人力资源管理和公共事务管理中的内部劳动关系协调处理面向各类企事业单位，劳动与社会保障和公共事务管理中的外部劳动关系协调处理主要面向公共性的社保中心及劳动人事调解仲裁机构，职业指导与服务和人力资源管理的服务性业务主要面向经营性服务机构，专业相关度高，职业联系紧密，职业能力相近，组群逻辑性强，在课程设置、师资队伍、实训基地与社会服务等方面均能够有效实现资源共享、优势互补，专业能够有效实现协同发展。

二、产教深度融合——校企合作人才培养

专业群以产教融合为基础，通过校企合作共同进行人才培养，持续探索形成"一条主线"+"双主体"+"三身份"+"四衔接"的现代学徒制人才培养模式。

（一）校企联合研制人才培养方案和课程标准

专业群先后成立了专业理事会、专业群共建委员会以建立校企合作机制，联合北京市和各区县人才服务中心、社保中心、仲裁院，还有中智集团、FESCO等500强企业以及前程无忧、58同城、易才集团等人力资源服务龙头企业，通过专业调研研讨会、年度工作会、

专题研讨、专项调研、教师企业实践、技能大师进校园等多种方式，与企业共同分析人才需求、共同进行职业分析、共同梳理典型工作岗位和提炼典型工作任务、共同确定人才培养目标和培养规格，在此基础上共同制订人才培养方案和课程标准。专业核心课程的教学团队也是由校企双方联合组成，构建了"底层共享、中层分立、高层互选、顶层实践"的课程体系。

（二）以学徒制人才培养为主线合作开展实践性教学环节

本专业群的实践教学环节共有三个组成部分：一是每学期均进行 2 周的综合实践周；二是学徒制顶岗实践；三是毕业顶岗实习。每个实践环节均与校企合作单位共同完成。包括到合作企业进行职场认知、技能大师入校辅导训练等形式，最有代表性的是与合作企业联合进行学徒制人才培养，企业导师与校内教师联合进行培养。

（三）以国家级教学资源库建设为引领合作开发应用教学资源

专业群拥有国家级教学资源库一项，联合全国 23 家院校和 6 家长期合作企业共同建设优质教学资源，累计完成颗粒化素材 1.1 万余条，累积用户超过 8 万人。近年来大力推动校企合作新形态教材建设，在原有 19 本"人力社保项目化系列教材"的基础上又与企业专家合作升级新增新形态教材近 10 部。

三、以学生为中心——推进教学改革和课堂革命

（一）打造学生的"全人格"，打造"三有"课堂

课堂教学以学生为中心，以"行动型"教学理念、"项目式"课程体系、个人学习和小组探究学习相结合的教学设计、"合作型"的师生关系、全过程和多维度的教学评价为特点，实现了对传统课堂的超越。在注重专业能力培养的同时，也注重非专业能力的培养，是一种基于项目学习的"全人格"培养。

（二）采用线上线下混合式教学手段，提升课程数字化教学水平

依托人力资源管理国家级教学资源库实现了线上线下混合式教学。该混合式信息化教学手段全程以学生为中心，给学生极大的自主性并充分尊重个体的差异性，同时动态调整教学策略，使课堂更具针对性和有效性，实现了学生知识获取与职业技能培养同步进行。推行课程评价改革，所有专业核心课程均实现了过程化考核。

四、高质量培养促就业——提升学生的获得感

通过培养，学生至少获得了三个方面的提升：
第一，专业知识与技能水平的提升。本专业群学生遍布首都人力资源和社会保障领

域，许多学生以扎实的专业素养成为用人单位的业务骨干，成长为 HR 专家、BP 多面手、仲裁员等。

第二，综合职业素养的提升。许多学生还凭借良好的综合职业素养获得职位的晋升，成长为人力资源部经理、人力资源总监、公司副总等。

第三，自信心和可持续发展能力的提升。学生的自信心普遍得到提升，本专业群专接本升学率与人数占比均位于全校第一，有的学生还考取了研究生。学生就业后保持持续发展，除了专业岗位层次和管理层级提升，还有许多人创业成功，职业道路发展宽广。

第三部分

政策文件

北京市教育委员会

京教函〔2022〕125号

北京市教育委员会关于开展2022年北京市职业院校教学管理能力提升"五说"行动的通知

各区教委，各职业院校：

为贯彻《国家职业教育改革实施方案》《关于推动现代职业教育高质量发展的意见》，推进职业教育高质量发展，增强职业教育适应性，进一步发挥《北京市职业院校教学管理通则》（以下简称《通则》）的规范与引领作用，本年度以《通则》为基本依据，实施"说办学定位、说管理落实、说教学运行、说人才培养、说师资团队"的教学管理能力提升"五说"行动。通过案例提交、专家评选、培训交流的形式，促进职业院校教学管理能力的提升，具体安排如下。

一、提交案例

各相关单位应以促进《通则》落地为要义，立足说出规范的做法、说出落实的情况、说出特色与创新之处，于2022年6月30日前录制"五说"微视频及相关文字材料，提交至"北京市职业院校教学管理能力提升管理系统"（网址信息另行通知）。

（一）内容要求

1. 校长"说办学定位"，8分钟。内容主要包括：学校如何契合北京经济社会发展需要，完善办学功能，深化产教融合、校企合作，优化调整专业设置布局，更好地对接北京城市运行与发展、高精尖产业结构和高品质民生需求。

2. 教学副校长"说管理落实"，8分钟。内容主要包括：一是《通则》的落实情况，学校采用何种方式开展学习培训，采取哪些具体举措，完善哪些制度文件等；二是学校如何构建教学管理制度体系，实现学校的内涵发展与质量提升。

3. 教务处长"说教学运行"，8分钟。内容主要包括：学校如何建立科学、系统的教学管理运行机制，凝练总结学校的典型做法、创新举措与实践经验。

4. 专业带头人"说人才培养"，8分钟。内容主要包括：专业群的组群逻辑，校企双方如何共同研制人才培养方案和课程标准、开展实践性教学环节、开发应用教学资源，如何推进教学改革和课堂革命，提升学生的获得感。

5.分管副校长"说师资团队",8分钟。内容主要包括:如何建设师德师风高尚、有梯度、高质量的双师型教师队伍,尤其是如何发掘、培养、锻造名师与学科带头人。

(二)格式要求

1.微视频。(1)视频数量及时长:每个主题需提交1个微视频,共5个微视频,时长不超过8分钟。(2)视频格式为MP4格式;动态码流的码率不低于1 024 Kbps,不超过1 280 Kbps;分辨率设定1 280×720(高清16:9拍摄);采用逐行扫描(帧率25帧/秒);音频采用AAC(MPEG4 Part3)格式压缩;采样率48 KHz;码流128 Kbps(恒定)。(3)单个视频文件需在400 M以内。(4)视频须采用单机方式全程连续录制,不另行剪辑及配音,不加片头片尾、字幕注解。

2.文字材料。(1)需提交解说word和PPT材料。(2)每种材料的文件大小需在20 M以内。

二、遴选培训

7月,专家按照评选标准赋分评审,遴选出优秀典型案例。9月,开展本年度《通则》培训交流活动,遴选出的优秀案例进行现场交流展示,对优秀案例进行评价,评选出年度案例特等奖、一等奖和二等奖。

三、其它事项

各区教委、各职业院校相关负责人要高度重视,充分认识《通则》对建立科学规范的办学治理和教学管理体系的重要性,认真开展"五说"行动,总结提炼教育教学管理经验,积极参与案例提交、培训交流,推动教学管理能力和人才培养质量全面提升。

联系人:

张　兰（市教委职成处）,51994985

王春燕（北京教科院职教所,专家咨询）,13611052226

王　霞（技术咨询）,13801280757

北京市教育委员会

2022 年 4 月 11 日

（此件公开发布）

北京市教育委员会

京教函〔2022〕480号

北京市教育委员会关于公布 2022年北京市职业院校教学管理能力提升 "五说"行动情况的通知

各区教委，各职业院校：

　　为贯彻新职教法精神，落实中办国办《关于推动现代职业教育高质量发展的意见》和北京市《关于推动职业教育高质量发展的实施方案》，引导职业院校面向国家战略、服务首都高质量发展，深化产教融合、校企合作，凝练学校办学特色，强化内涵建设，促进教学管理制度化、科学化、规范化，提高人才培养质量，市教委以《北京市职业院校教学管理通则》为依据，组织全市职业院校深入开展"校长说办学定位、教学副校长说管理落实、教务处长说教学运行、专业带头人说人才培养、师资副校长说师资团队"的教学管理能力提升"五说"行动，规范、引导职业院校全面提升教学管理水平，提高教学管理质量，提升高素质技术技能人才培养水平。

各职业院校高度重视，认真推进开展"五说"行动，组织发动全校力量，全面梳理教育教学管理制度，总结凝练教学管理经验做法，从五种不同角度精心研制学校教学管理能力提升"五说"行动展示材料。55 所学校、997 个专业、8 205 位专任教师参与"五说"行动，通过讲座集训、研讨会议、分组实践、自主学习与反思等形式，组织教师、教学管理人员、中层干部、校级领导共 6 211 人，开展了平均 3 天以上的培训。通过实施"五说"行动，学校系统完善相关教学管理制度 651 个，对教务管理、教师管理及专业设置等教学运行管理规范认识更加清晰，在梳理学校专业建设情况、修订人才培养方案和课程建设方案、完善教学管理制度、修订部门规章制度等方面取得重大进展，对完善教学管理、提升教学质量发挥了积极促进作用。同时，以"五说"行动为抓手，推动北京职业教育高质量发展，通过教育教学运行管理经验做法的总结凝练、展示交流、互鉴共进，不仅彰显了北京职业教育发展瞄准特色之路和首善标准的初心，也体现了学校主动融入首都高质量发展、突出办学特色、强化内涵建设的决心，展示了学校完善教学管理体系、优化教师队伍结构、深化学生中心课堂教学改革的匠心。

经系统申报、形式审核、网络评审、评委会评议，现将北京市职业院校教学管理能力"五说"行动推进实施整体成效显著的学校，总结凝练、交流展示表现突出的优秀校长和教学副校长、师资副校长、教务处长、专业带头人名单予以公布。

各区教委、各职业院校要进一步巩固教学管理能力提升"五说"行动的成果，加大总结宣传和持续推进的力度，全面提升教学管理水平和人才培养质量。下一步，市教委将组织优秀学校的校长、教学副校长、师资副校长、教务处长和专业带头人，开展集中交流展示，充分发挥教学管理能力提升"五说"行动先进典型的引领示范作用，形成并巩固北京职业教育的发展特色和首善标准，推动北京职业教育高质量发展。

附件：2022年北京市职业院校教学管理能力提升"五说"行动获奖学校、优秀校长、优秀教学副校长、优秀教务处长、优秀专业带头人名单

北京市教育委员会

2022年11月1日

（此件公开发布）

附件

2022年北京市职业院校教学管理能力提升"五说"行动获奖学校

序号	学校类型	学校名称	奖项
1	高职	北京电子科技职业学院	特等奖
2	中职	北京市昌平职业学校	特等奖
3	高职	北京财贸职业学院	特等奖
4	中职	北京市商业学校	特等奖
5	中职	北京市丰台区职业教育中心学校	特等奖
6	高职	北京交通运输职业学院	特等奖
7	高职	北京信息职业技术学院	特等奖
8	中职	北京市信息管理学校	一等奖
9	中职	北京市电气工程学校	一等奖
10	高职	北京工业职业技术学院	一等奖
11	高职	北京戏曲艺术职业学院	一等奖
12	中职	北京市对外贸易学校	一等奖
13	中职	北京金隅科技学校	一等奖
14	高职	北京经济管理职业学院	一等奖
15	中职	北京市外事学校	一等奖
16	高职	北京劳动保障职业学院	一等奖
17	高职	北京卫生职业学院	一等奖
18	中职	北京市劲松职业高中	二等奖
19	中职	北京商贸学校	二等奖
20	中职	北京市求实职业学校	二等奖
21	高职	北京青年政治学院	二等奖
22	高职	北京体育职业学院	二等奖

序号	学校类型	学校名称	奖项
23	高职	北京农业职业学院	二等奖
24	中职	北京国际职业教育学校	二等奖
25	高职	北京社会管理职业学院	二等奖
26	高职	北京政法职业学院	二等奖
27	中职	北京水利水电学校	二等奖
28	高职	首钢工学院	二等奖
29	中职	北京市昌平卫生学校	二等奖
30	高职	北大方正软件职业技术学院	二等奖
31	中职	北京市经济管理学校	二等奖
32	中职	北京铁路电气化学校	二等奖
33	中职	北京市自动化工程学校	二等奖
34	中职	北京市房山区房山职业学校	二等奖
35	中职	密云区职业学校	三等奖
36	中职	北京市黄庄职业高中	三等奖
37	中职	北京市房山区第二职业高中	三等奖
38	中职	北京市怀柔区职业学校	三等奖
39	中职	北京市供销学校	三等奖
40	高职	北京培黎职业学院	三等奖
41	高职	北京经贸职业学院	三等奖
42	高职	北京经济技术职业学院	三等奖
43	高职	北京科技职业学院	三等奖
44	中职	北京市平谷区职业学校	三等奖
45	中职	北京新城职业学校	三等奖
46	中职	北京市门头沟区中等职业学校	三等奖
47	中职	北京市大兴区第一职业学校	三等奖

2022年北京市职业院校教学管理能力提升"五说"行动优秀校长

序号	学校类型	学校名称	姓名
1	中职	北京市昌平职业学校	段福生
2	高职	北京电子科技职业学院	姚光业
3	高职	北京财贸职业学院	杨宜
4	高职	北京工业职业技术学院	安江英
5	中职	北京市商业学校	邢连欣
6	中职	北京市丰台区职业教育中心学校	赵爱芹
7	高职	北京信息职业技术学院	卢小平
8	中职	北京市信息管理学校	董随东
9	高职	北京交通运输职业学院	马伯夷
10	高职	北京戏曲艺术职业学院	黄珊珊
11	中职	北京市电气工程学校	崇静
12	中职	北京市对外贸易学校	李倩春
13	中职	北京市外事学校	田雅莉
14	中职	北京金隅科技学校	关亮
15	高职	北京卫生职业学院	付丽
16	中职	北京市求实职业学校	吴少君
17	高职	北京劳动保障职业学院	田宏忠

2022 年北京市职业院校教学管理能力提升"五说"行动优秀教学副校长名单

序号	学校类型	学校名称	姓名
1	高职	北京财贸职业学院	李宇红
2	中职	北京市昌平职业学校	郑艳秋
3	中职	北京市商业学校	王彩娥
4	高职	北京电子科技职业学院	朱运利
5	中职	北京市丰台区职业教育中心学校	薛凤彩
6	高职	北京交通运输职业学院	高连生
7	高职	北京信息职业技术学院	张晓蕾
8	中职	北京市信息管理学校	王琦
9	中职	北京市电气工程学校	吕彦辉
10	高职	北京戏曲艺术职业学院	吴蕾
11	高职	北京经济管理职业学院	魏中龙
12	中职	北京国际职业教育学校	韩琼
13	中职	北京市对外贸易学校	徐明
14	高职	北京劳动保障职业学院	张耀嵩
15	中职	北京金隅科技学校	张玉荣
16	中职	北京市劲松职业高中	范春玥
17	中职	北京商贸学校	张茹

2022 年北京市职业院校教学管理能力提升"五说"行动优秀师资副校长

序号	学校类型	学校名称	姓名
1	高职	北京电子科技职业学院	王玮
2	高职	北京财贸职业学院	辛红光
3	中职	北京市商业学校	陈蔚
4	中职	北京市昌平职业学校	贾光宏
5	中职	北京市丰台区职业教育中心学校	张瑶
6	中职	北京市信息管理学校	杨宁
7	高职	北京信息职业技术学院	张晓蕾
8	高职	北京交通运输职业学院	贾东清
9	中职	北京市对外贸易学校	张丽君
10	中职	北京金隅科技学校	张玉荣
11	中职	北京市电气工程学校	冯佳
12	高职	北京工业职业技术学院	冯海明
13	高职	北京经济管理职业学院	魏中龙
14	高职	北京戏曲艺术职业学院	许翠
15	中职	北京市劲松职业高中	杨辉
16	中职	北京市外事学校	邓昕雯
17	中职	北京市求实职业学校	蔡翔英

2022 年北京市职业院校教学管理能力提升"五说"行动优秀教务处长

序号	学校类型	学校名称	姓名
1	高职	北京电子科技职业学院	管小清
2	高职	北京财贸职业学院	龙洋
3	中职	北京市昌平职业学校	贾光宏
4	中职	北京市商业学校	陆沁
5	高职	北京交通运输职业学院	田阿丽
6	中职	北京市丰台区职业教育中心学校	赵彦军
7	高职	北京信息职业技术学院	张海建
8	高职	北京经济管理职业学院	刘文龙
9	中职	北京市电气工程学校	王林
10	中职	北京市信息管理学校	王明佳
11	高职	北京体育职业学院	李建亚
12	高职	北京戏曲艺术职业学院	王雷
13	中职	北京市对外贸易学校	徐江琼
14	中职	北京市外事学校	刘畅
15	中职	北京市劲松职业高中	魏春龙
16	高职	北京劳动保障职业学院	宁玉红
17	高职	北京工业职业技术学院	王佼

2022年北京市职业院校教学管理能力提升"五说"行动优秀专业带头人

序号	学校类型	学校名称	姓名
1	高职	北京电子科技职业学院	陈亮
2	中职	北京市昌平职业学校	张翔
3	中职	北京市商业学校	王红蕾
4	高职	北京财贸职业学院	梁毅炜
5	中职	北京市丰台区职业教育中心学校	崔永亮
6	高职	北京交通运输职业学院	姚士新
7	中职	北京市信息管理学校	贾艳光
8	高职	北京经济管理职业学院	张晓晖
9	高职	北京信息职业技术学院	纪兆华
10	高职	北京工业职业技术学院	张丽丽
11	高职	北京戏曲艺术职业学院	祝真伟
12	中职	北京金隅科技学校	郝桂荣
13	中职	北京市对外贸易学校	梁剑锋
14	中职	北京市外事学校	吴瑞雯
15	中职	北京市劲松职业高中	裴春录
16	高职	北京青年政治学院	景晓娟
17	高职	北京劳动保障职业学院	李琦